高职高专机电系列教材

数控编程技术基础

陈乃峰　孙淑敏　主　编

孙德志　石晨迪　王贺成　副主编

清华大学出版社

北京

内 容 简 介

本书以目前国内主流、典型的 FANUC 系统数控车床、铣床为写作背景，同时也兼顾到其他常用数控系统。本书紧紧围绕数控车、铣削加工中的工艺、编程与操作等核心内容进行了全面、系统的阐述，全书共分为四章，依次介绍数控编程基础、车削循环指令、数控铣与加工中心循环指令、数控机床操作与技能实训等内容。

本书可作为高职高专院校数控技术专业、机械制造与自动化专业、机电一体化技术专业、模具技术专业及机电相关专业数控编程课程的教材，也可作为企业数控技术人员自学及培训教材。

图书在版编目(CIP)数据

数控编程技术基础/陈乃峰，孙淑敏主编. —北京：清华大学出版社，2022.8
高职高专机电系列教材
ISBN 978-7-302-58834-4

Ⅰ. ①数… Ⅱ. ①陈… ②孙… Ⅲ. ①数控机床—程序设计—高等职业教育—教材 Ⅳ. ①TG659

中国版本图书馆 CIP 数据核字(2021)第 158153 号

责任编辑：陈冬梅　桑任松
装帧设计：李　坤
责任校对：周剑云
责任印制：丛怀宇

出版发行：清华大学出版社
　　　网　　　址：http://www.tup.com.cn, http://www.wqbook.com
　　　地　　　址：北京清华大学学研大厦 A 座　　邮　　编：100084
　　　社 总 机：010-83470000　　　　　　　邮　　购：010-62786544
　　　投稿与读者服务：010-62776969, c-service@tup.tsinghua.edu.cn
　　　质量反馈：010-62772015, zhiliang@tup.tsinghua.edu.cn
　　　课件下载：http://www.tup.com.cn, 010-62791865
印 装 者：三河市铭诚印务有限公司
经　　销：全国新华书店
开　　本：185mm×260mm　　　印　张：18.25　　　字　数：444 千字
版　　次：2022 年 9 月第 1 版　　　印　次：2022 年 9 月第 1 次印刷
印　　数：1~1500
定　　价：55.00 元

产品编号：078052-01

前　言

本书是根据数控技术专业人才培养目标与企业共同开发完成的一体化教材。

本书以目前国内主流、典型的 FANUC 系统数控车床、铣床为写作背景，紧紧围绕数控车、铣削加工中的工艺、编程与操作等核心内容进行了全面、系统的阐述。

在本书的编写过程中，我们始终坚持以就业为导向，将数控车、铣削加工工艺和程序编制方法等专业技术能力融合到实训操作中，充分体现了"教—学—做"一体化的项目式教学特色，让学生边学习理论知识，边进行实训操作，增强感性认识，达到事半功倍的效果。

本书按"章"编写，由 4 章 20 个"项目"、52 个任务组成。按照学生的学习规律，从易到难，在"任务"的引领下完成该项目所需理论知识和实际操作技能的学习。第 1 章数控编程基础，包括数控技术概论、数控刀具、坐标系统、数控编程基础、基本编程指令、刀具补正、数控加工工艺等内容；第 2 章车削循环指令，包括单轮廓车削指令、多轮廓车削指令、切槽加工指令、螺纹加工指令、车削子程序编程等内容；第 3 章数控铣与加工中心循环指令，包括钻孔循环加工、镗孔循环加工、攻螺纹循环加工、特殊指令加工、铣削子程序编程等内容；第 4 章数控机床操作与技能实训，包括数控机床操作、数控高级车工技能考核试题、数控高级铣工技能考核试题等内容。

本书适合作为学习数控车、铣床编程及加工技术与技能的教材，读者对象为高职、中职、技校的数控技术专业、机械制造与自动化专业、机电一体化专业、模具专业等相关机电类专业的学生，以及数控车、铣床操作工的社会化培训学员。

本书具有以下特色。

(1) 将数控编程与数控实训紧密结合，突出实践环节的机床基本操作步骤、操作规程及方法；基本概念严谨，指导性强；注重现实社会发展和就业需求，以培养职业岗位群的综合能力为目标，充实训练模块的内容，强化应用，有针对性地培养学生较强的职业技能。

(2) 本书实例丰富，图文并茂，通俗易懂，实用性强，适用面宽。

在本书编写过程中，四平东风机械装备制造有限公司、四平东大风机工程有限公司的技术负责同志给予了大力支持和帮助，在此表示衷心感谢。

由于编者水平有限，书中疏漏和不妥之处在所难免，恳请读者批评指正，以尽早修订完善。

编　者

目　录

第 1 章　数控编程基础

项目 1.1　数控技术概论

【学习目的】

学习本项目主要目的是了解数控技术的发展过程、数控技术的基本原理以及常见数控机床的基本结构，了解数控机床的基本操作规范和日常维护保养。

【任务列表】

任务序号	任务名称	知识与能力目标
1.1.1	数字控制	① 数控的基本定义 ② 数控机床简介 ③ 数控机床的发展历史 ④ 数控加工的优势
1.1.2	数控原理	① 数控机床的组成 ② 数控机床的工作过程 ③ CNC 控制原理
1.1.3	数控加工	① 数控加工原理 ② 数控加工工作过程 ③ 数控编程方法
1.1.4	机床操作与保养	① 数控机床的加工特点 ② 数控铣床/加工中心的加工特点 ③ 安全操作与维护保养

【任务实施】

任务 1.1.1　数字控制

1. 数控的基本定义

数控技术是 20 世纪 40 年代后期发展起来的一种自动化加工技术，它综合了计算机、自动控制、电机、电气传动、测量、监控和机械制造等学科的内容，目前在机械制造业中已得到了广泛应用。

(1) 数字控制(Numerical Control，NC)，是一种用数字化信号对控制对象(如机床的运动及其加工过程)进行自动控制的技术，简称为数控。

(2) 数控技术，是指用数字、字母和符号对某一工作过程进行可编程自动控制的技术。

(3) 数控系统，是指实现数控技术相关功能的软硬件模块的有机集成系统，是数控技术的载体。

(4) 数控机床(NC Machine)，是指应用数控技术对加工过程进行控制的机床，或者说是装备了数控系统的机床。

2. 数控机床简介

数控机床是用数字代码形式的信息(程序指令),控制刀具按给定的工作程序、运动速度和轨迹进行自动加工的机床,简称数控机床。

数控机床是一种综合应用了计算机技术、自动控制、精密测量和机械设计等方面的最新成就而发展起来的一种典型的机电一体化产品。也就是,当把数字化的刀具移动轨迹的信号输入数控装置,经过译码、运算,从而实现控制刀具与工件相对运动,加工出所需零件的一种机床。

在数控机床上加工零件,是通过刀具和工件的相对运动来实现的。若把坐标系设置在工件上(工件静止),只要在该坐标系中使刀尖运动轨迹满足工件轮廓要求,就可加工出合格的零件,数控装置的任务就是要控制刀尖运动轨迹并使其满足零件图样的要求。刀尖沿各坐标轴的相对运动,是以脉冲当量为单位的,数控装置按照加工程序的要求,向各坐标轴输出一序列脉冲,控制刀具沿各坐标轴移动相应的位移量,达到要求的位置和速度。

数控机床具有广泛的适应性,加工对象改变时只需要改变输入的程序指令;加工性能比一般自动机床高,可以精确加工复杂型面,因而适合于加工中小批量、改型频繁、精度要求高、形状又较复杂的工件,并能获得良好的经济效果。

随着数控技术的发展,采用数控系统的机床品种日益增多,有车床、铣床、镗床、钻床、磨床、齿轮加工机床和电火花加工机床等。此外,还有能自动换刀、一次装卡进行多工序加工的加工中心、车削中心等。

3. 数控机床的发展历史

1948 年,美国帕森斯公司接受美国空军委托,研制飞机螺旋桨叶片轮廓样板的加工设备,由于样板形状复杂多样,精度要求高,一般加工设备难以适应,于是提出计算机控制机床的设想。

1949 年,该公司在美国麻省理工学院伺服机构研究室的协助下,开始数控机床的研究,并于 1952 年试制成功第一台由大型立式仿形铣床改装而成的三坐标数控铣床,不久即开始正式生产。

当时的数控装置采用电子管元件,体积庞大,价格昂贵,只在航空工业等少数有特殊需要的部门用来加工复杂型面零件;1959 年,制成了晶体管元件和印制电路板,使数控装置进入了第二代,体积缩小,成本有所下降;1960 年以后,较为简单和经济的点位控制数控钻床和直线控制数控铣床得到较快发展,使数控机床在机械制造业各部门逐步获得推广。

1965 年,出现了第三代的集成电路数控装置,不仅体积小、功率消耗少,而且可靠性提高,价格进一步下降,促进了数控机床品种和产量的提升。

20 世纪 60 年代末,先后出现了由一台计算机直接控制多台机床的直接数控系统(简称DNC),又称群控系统;采用小型计算机控制的计算机数控系统(简称 CNC),使数控装置进入了以小型计算机化为特征的第四代。

1974 年,研制成功使用微处理器和半导体存储器的微型计算机数控装置(简称MNC),这是第五代数控系统。第五代与第三代相比,数控装置的功能扩大了一倍,而体积则缩小为原来的 1/20,价格降低了 3/4,可靠性也得到极大的提高。

20 世纪 80 年代初，随着计算机软、硬件技术的发展，出现了能进行人机对话式自动编制程序的数控装置；数控装置愈趋小型化，可以直接安装在机床上；数控机床的自动化程度进一步提高，具有自动监控刀具破损和自动检测工件等功能。其发展历程如表 1-1 所示。

表 1-1 数控装置的发展历程

数控系统	时　间	组成、特征	划　分
第一代	1952—1959 年	电子管、继电器、模拟电路的专用数控装置(NC)	硬件数控系统：很多数字逻辑电路的硬件、连线组成(Hard-Wired NC)机床专用计算机作为数控系统(适时控制)，电路复杂、可靠性不好→NC 阶段
第二代	1959—1964 年	晶体管、印制电路的 NC 装置	
第三代	1965—1970 年	小、中规模集成电路的 NC 装置	
第四代	1970—1974 年	大规模集成电路的小型通用计算机控制系统(CNC)、直接数控系统(群控系统、DNC)	计算机数控系统：计算机硬件和软件组成，突出特点是利用存储在存储器里的软件控制系统工作(软件数控系统)。容易扩展功能、柔性好、可靠性高→CNC 阶段
第五代	1974—1990 年	以微处理器为基础的 CNC 系统	
第六代	1990 年至今	数控系统进入基于 PC 时代	

4. 数控加工的优势

数控加工是指在数控机床上进行零件加工的一种工艺方法。

数控机床加工与传统机床加工的工艺规程从总体上说是一致的，但也发生了明显的变化。以下是数控加工的特殊之处。

1) 工序集中

数控机床一般带有可以自动换刀的刀架、刀库，换刀过程由程序控制自动进行，因此工序比较集中。工序集中带来巨大的经济效益，具体如下。

(1) 减少机床占地面积，节约厂房。

(2) 减少或没有中间环节(如半成品的中间检测、暂存、搬运等)，既省时间又省人力。

2) 加工自动化

数控机床加工时，不需人工控制刀具，自动化程度高，带来的好处很明显，具体如下。

(1) 对操作工人的要求降低。一个普通机床的高级工，不是短时间内就可以培养的，而一个不需编程的数控技工培养时间极短，并且，数控技工在数控机床上加工出的零件比普通技工在传统机床上加工的零件精度要高、时间要短。

(2) 降低了工人的劳动强度。数控工人在加工过程中，大部分时间在加工过程之外，非常省力。

(3) 产品质量稳定。数控机床不仅有较高的加工精度，而且由于数控机床的加工自动化，免除了普通机床上工人的疲劳、粗心、估计等人为误差，提高了产品加工质量。

(4) 加工效率高。数控机床可以采用较大的切削用量，有效地节省了机动工时，并且具有自动换速、自动换刀和其他辅助操作的自动化功能，使辅助时间大为缩短。

3) 柔性化高

传统的通用机床，虽然柔性好，但效率低下；而传统的专用机床，虽然效率很高，但对零件的适应性很差、刚性大、柔性差，很难适应市场经济下的激烈竞争带来的产品频繁改型。而数控机床在加工时只要改变程序，就可以加工新的零件，且又能自动化操作、柔性好、效率高，因此数控机床能很好地适应市场竞争。

4) 加工能力强

数控机床能精确加工各种轮廓，而有些轮廓在普通机床上无法加工。

任务 1.1.2　数控原理

1. 数控机床的组成

数控机床是由数控程序及存储介质、输入/输出设备、计算机数控装置、伺服系统、机床本体组成。图 1-1 所示为数控车床，图 1-2 所示为数控铣床和加工中心。

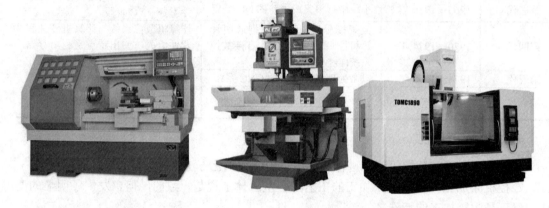

图 1-1　数控车床　　　　　　　　　图 1-2　数控铣床和加工中心

2. 数控机床的工作过程

数控机床的工作过程如图 1-3 所示。

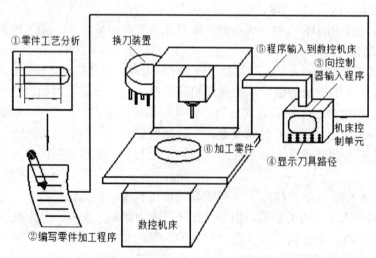

图 1-3　数控机床的工作过程

① 根据零件加工图样进行工艺分析，确定加工方案、工艺参数和位移数据。

② 用规定的程序代码和格式规则编写零件加工程序单。

③ 将加工程序的内容以代码形式完整记录下来。

④ 向机床数控系统传送代码。由手工编写的程序，可以通过数控机床的操作面板输入程序；由编程软件生成的程序，通过串行通信接口直接传输到数控机床的数控单元。

⑤ 数控装置将所接收的信号进行一系列处理后，再将处理结果以脉冲信号形式向伺服系统发出执行的命令。

⑥ 伺服系统接到要执行的信息指令后，立即驱动车床进给机构严格按照指令的要求进行位移，使车床自动完成相应零件的加工。

3. CNC 控制原理

1) 进给伺服系统

伺服机构相当于人的手、足部分，它的任务就是根据 NC 控制装置的指令，驱动机床的工作台等部件运动。也就是说，NC 控制装置指令机床移动的距离(位置)和速度。

数控机床的进给传动系统常用伺服进给系统来工作，数控机床伺服系统是以机床移动部件的位置和速度为控制量的自动控制系统，又称随动系统、拖动系统或伺服系统，如图 1-4 所示。

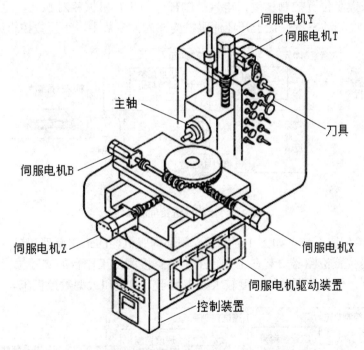

图 1-4　数控机床的构成和伺服电机的安装位置

机床进给伺服系统一般由位置控制、速度控制、伺服电动机、检测部件及机械传动机构五大部分组成。按照伺服系统的结构特点，伺服单元或驱动器通常有四种基本结构类型，即开环、半闭环、闭环及混合闭环。

① 开环进给伺服系统。无位置反馈的系统，由步进电机驱动线路和步进电机组成。每一脉冲信号使步进电机转动一定的角度，通过滚珠丝杠推动工作台移动一定的距离。这种伺服机构比较简单，工作稳定，操作方法容易掌握，但精度和速度的提高受到限制，故

该类控制方式仅限于精度不高、轻载或负载变化不大的经济型中、小型数控机床的进给传动，如图 1-5 所示。

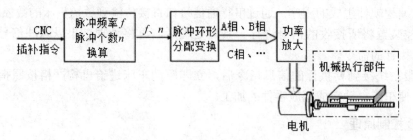

图 1-5　开环进给伺服系统

② 半闭环进给伺服系统。如图 1-6 所示，半闭环伺服机构由比较线路、伺服放大线路、伺服电机、速度检测器和位置检测器组成。位置检测器装在丝杠或伺服电机端部，利用丝杠的回转角度间接测出工作台的位置。常用的伺服电机有宽调速直流电动机、宽调速交流电动机和电液伺服电机。位置检测器有旋转变压器、光电式脉冲发生器和圆光栅等。可以通过补偿来提高位置控制精度，电气控制部分与执行机械相对独立，通用性强。所能达到的精度、速度和动态特性优于开环伺服机构，为大多数中、小型数控机床所采用。

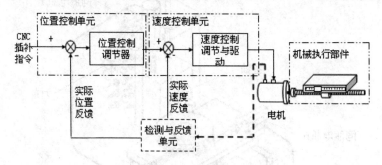

图 1-6　半闭环进给伺服系统

③ 闭环进给伺服系统。如图 1-7 所示，闭环伺服机构的工作原理和组成与半闭环伺服机构相同，只是位置检测器安装在工作台上，可直接测出工作台的实际位置，故反馈精度高于半闭环控制；但掌握调试的难度较大，常用于高精度和大型数控机床。

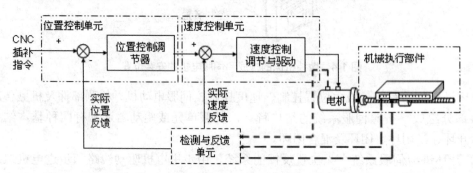

图 1-7　闭环进给伺服系统

④　混合控制方式(双重位置反馈)。如图 1-8 所示，此方式取用了半闭环方式的稳定性和全闭环方式的定位准确性双重优点的控制方式。位置检测器是采用伺服电机内的脉冲编码器和外部的直线尺，从两个方面检测位置。这种方式用于大型机床。

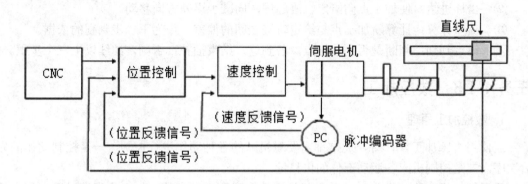

图 1-8　混合控制方式

2) 插补原理

在数控加工中，一般已知运动轨迹的起点坐标、终点坐标和曲线方程，如何使切削加工运动沿着预定轨迹移动呢？数控系统根据采集到的信息实时地计算出各个中间点的坐标，通常把这个过程称为"插补"。插补实质上是根据有限的信息完成"数据点的密化"工作。

插补的速度和精度直接影响到整个数控系统的速度和精度。

在 CNC 系统中，插补工作一般由软件完成，软件插补结构简单、灵活易变、可靠性好。

硬件插补：速度快；但电路复杂，调整修改困难。

软件插补：调整方便，随着计算机速度的提高，插补速度也得到提高。

(1) 常用插补方法。

目前普遍应用的两类插补方法为脉冲增量插补和数据采样插补。

①　脉冲增量插补。这类插补算法是以脉冲形式输出，每插补运算一次，最多给每一轴一个进给脉冲。把每次插补运算产生的指令脉冲输出到伺服系统，以驱动工作台运动，每发出一个脉冲，工作台移动一个基本长度单位，也叫脉冲当量(BLU)，脉冲当量是脉冲分配的基本单位。

脉冲增量插补主要有逐点比较法、数据积分插补法等。

②　数据采样插补。数据采样插补又称为时间增量插补，这类算法插补结果输出的不是脉冲，而是标准二进制数。根据进给速度，把轮廓曲线按插补周期将其分割为一系列微小直线段，然后将这些微小直线段对应的位置增量数据进行输出，以控制伺服系统实现坐标轴的进给。

(2) 逐点比较法。

逐点比较法插补运算是以区域判别为特征，每走一步都要将加工点的瞬时坐标与相应给定图形上的点相比较，判别一下偏差，然后决定下一步的走向。如果加工点走到图形外面，那么下一步就要向图形里面走；如果加工点已在图形里面，则下一步就要向图形外面走，以缩小偏差。这样就能得到一个接近给定图形的轨迹，其最大偏差不超过一个脉冲当量。

逐点比较法能实现直线、圆弧和非圆二次曲线的插补，插补精度较高。

一般来说，逐点比较法插补过程可按以下四个步骤进行。

① 偏差判别：根据刀具当前位置，确定进给方向。

② 坐标进给：使加工点向给定轨迹趋进，向减少误差方向移动。

③ 偏差计算：计算新加工点与给定轨迹之间的偏差，作为下一步判别的依据。

④ 终点判别：判断是否到达终点，若到达，结束插补；否则，继续以上三个步骤。

任务 1.1.3　数控加工

1. 数控加工原理

当使用机床加工零件时，通常都需要对机床的各种动作进行控制，一是控制动作的先后次序，二是控制机床各运动部件的位移量。

采用数控机床加工零件时，只需要将零件图形和工艺参数、加工步骤等以数字信息的形式编成程序代码，输入到机床控制系统中，再由其进行运算处理后转成驱动伺服机构的指令信号，从而控制机床各部件协调动作，自动加工出零件。当更换加工对象时，只需要重新编写程序代码输入机床，即可由数控装置代替人的大脑和双手的大部分功能，控制加工的全过程，制造出任意复杂的零件。数控加工过程总体上可分为数控程序编制和机床加工控制两大部分。

2. 数控加工工作过程

在数控机床上加工零件时，要预先根据零件加工图样的要求确定零件加工的工艺过程、工艺参数和走刀运动数据，然后编制加工程序，传输给数控系统，在事先存入数控装置内部的控制软件支持下，经处理与计算，发出相应的进给运动指令信号，通过伺服系统使机床按预定的轨迹运动，进行零件的加工。

因此，在数控机床上加工零件时，首先要编写零件加工程序清单，称之为数控加工程序，该程序用数字代码来描述被加工零件的工艺过程、零件尺寸和工艺参数（如主轴转速、进给速度等），将该程序输入数控机床的 NC 系统，控制机床的运动与辅助动作，完成零件的加工。

根据被加工零件的图纸和技术要求、工艺要求等切削加工的必要信息，按数控系统所规定的指令和格式编制成加工程序文件，这个过程称为零件数控加工程序编制，简称数控编程。

3. 数控编程方法

数控编程方法可以分为两类：一类是手工编程；另一类是自动编程。

1) 手工编程

手工编程是指编制零件数控加工程序的各个步骤，即从零件图纸分析、工艺决策、确定加工路线和工艺参数、计算刀位轨迹坐标数据、编写零件的数控加工程序单，直至程序的检验，均由人工来完成。编程过程如图 1-9 所示。

对于点位加工或几何形状不太复杂的轮廓加工，几何计算较简单，程序段不多，手工编程即可实现。例如，简单阶梯轴的车削加工，一般不需要复杂的坐标计算，往往可以由技术人员根据工序图纸数据直接编写数控加工程序。但对轮廓形状不是由简单的直线、圆弧组成的复杂零件，特别是空间复杂曲面零件，数值计算则相当烦琐，工作量大，容易出错，且很难校对，采用手工编程是难以完成的。

2) 自动编程

自动编程是采用计算机辅助数控编程技术实现的，需要一套专门的数控编程软件。现代数控编程软件主要分为以批处理命令方式为主的各种类型的语言编程系统和交互式 CAD/CAM 集成化编程系统，编程过程如图 1-10 所示。

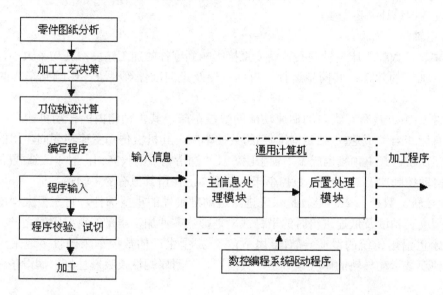

图 1-9　手工编程过程　　　　　图 1-10　计算机辅助编程过程

3) 数控加工程序编程的内容与步骤

(1) 数控编程过程的内容。

正确的加工程序不仅应保证加工出符合图纸要求的合格工件，而且应能使数控机床的功能得到合理应用与充分发挥，以使数控机床能安全、可靠、高效地工作。

一般来说，数控编程过程主要包括分析零件图样、工艺处理、数学处理、编写程序单、输入数控程序及程序检验。

(2) 数控加工程序编程的步骤。

在数控编程之前，编程员应了解所用数控机床的规格、性能、数控系统所具备的功能及编程指令格式等。根据零件形状、尺寸及其技术要求，分析零件的加工工艺，选定合适的机床、刀具与夹具，确定合理的零件加工工艺路线、工步顺序以及切削用量等工艺参数。

任务 1.1.4　机床操作与保养

1. 数控车床的加工特点

1) 数控车床的主要功能

数控车床主要用于轴类和盘类回转体零件的加工，能够自动完成内外圆柱面、圆锥面、圆弧面、螺纹等工序的切削加工，并能进行切槽以及钻、扩、铰孔和各种回转曲面的加工。数控车床具有加工效率高、精度稳定性好、加工灵活、操作劳动强度低等特点，特别适用于复杂形状的零件或中、小批量零件的加工。

2) 数控车床的组成

虽然数控车床种类较多，但一般均由车床主体、数控装置和伺服系统三大部分组成。

(1) 车床主体。

除了基本保持普通车床传统布局形式的部分经济型数控车床外，目前大部分数控车床均已通过专门设计并定型生产。

① 主轴与主轴箱。

a. 主轴。数控车床主轴的回转精度直接影响到零件的加工精度；其功率大小、回转速度影响到加工的效率；其同步运行、自动变速及定向准停等要求，影响到车床的自动化程度。

b. 主轴箱。具有有级自动调速功能的数控车床，其主轴箱内的传动机构已经大大简化；具有无级自动调速(包括定向准停)的数控车床，其机械传动变速和变向作用的机构已经不复存在了，其主轴箱也成了"轴承座"及"润滑箱"的代名词；对于改造式(具有手动操作和自动控制加工双重功能)数控车床，则基本上保留其原有的主轴箱。

② 导轨。数控车床的导轨是保证进给运动准确性的重要部件，它在很大程度上影响车床的刚度、精度及低速进给时的平稳性，是影响零件加工质量的重要因素之一。除部分数控车床仍沿用传统的滑动导轨(金属型)外，定型生产的数控车床已较多地采用贴塑导轨。这种新型滑动导轨的摩擦系数小，其耐磨性、耐腐蚀性及吸震性好，润滑条件也比较优越。

③ 机械传动机构。除了部分主轴箱内的齿轮传动等机构外，数控车床已在原普通车床传动链的基础上，做了大幅度简化，如取消了挂轮箱、进给箱、溜板箱及其绝大部分传动机构，而仅保留了纵、横进给的螺旋传动机构，并在驱动电动机至丝杠间增设了(少数车床未增设)可消除其侧隙的齿轮副。

a. 螺旋传动机构。数控车床中的螺旋副，是将驱动电动机所输出的旋转运动转换成刀架在纵、横方向上直线运动的运动副。构成螺旋传动机构的部件一般为滚珠丝杠副。

滚珠丝杠副的摩擦阻力小，可消除轴向间隙及预紧，故传动效率及精度高，运动稳定，动作灵敏。但结构较复杂，制造技术要求较高，所以成本也较高。另外，自行调整其间隙大小时，难度也较大。

b. 齿轮副。在较多数控车床的驱动机构中，其驱动电动机与进给丝杠间设置有一个简单的齿轮箱(架)。齿轮副的主要作用是保证车床进给运动的脉冲当量符合要求，避免丝杠可能产生的轴向窜动对驱动电动机的不利影响。

④ 自动转动刀架。除了车削中心采用随机换刀(带刀库)的自动换刀装置外，数控车床一般带有固定刀位的自动转位刀架，有的车床还带有各种形式的双刀架。

⑤ 检测反馈装置。检测反馈装置是数控车床的重要组成部分，对加工精度、生产效率和自动化程度有很大影响。检测装置包括位移检测装置和工件尺寸检测装置两大类，其中工件尺寸检测装置又分为机内尺寸检测装置和机外尺寸检测装置两种。工件尺寸检测装置仅在少量的高档数控车床上配用。

⑥ 对刀装置。除了极少数专用性质的数控车床外，普通数控车床几乎都采用了各种形式的自动转位刀架，以进行多刀车削。这样，每把刀的刀位点在刀架上安装的位置，或相对于车床固定原点的位置，都需要对刀、调整和测量，并加以确认，以保证零件的加工质量。

(2) 数控装置和伺服系统。

数控车床与普通车床的主要区别就在于是否具有数控装置和伺服系统这两大部分。如果说，数控车床的检测装置相当于人的眼睛，那么，数控装置相当于人的大脑，伺服系统则相当于人的双手。这样，就不难看出这两大部分在数控车床中所处的重要位置了。

① 数控装置。数控装置的核心是计算机及其软件，它在数控车床中起"指挥"作用：数控装置接收由加工程序送来的各种信息，并经处理和调配后向驱动机构发出执行命令；在执行过程中，其驱动、检测等机构同时将有关信息反馈给数控装置，以便经处理后发出新的执行命令。

② 伺服系统。伺服系统准确地执行数控装置发出的命令，通过驱动电路和执行元件(如步进电机等)，完成数控装置所要求的各种位移。

2. 数控铣床/加工中心的加工特点

1) 主要功能

(1) 点位控制功能。数控铣床的点位控制主要用于工件的孔加工，如中心钻定位、钻孔、扩孔、锪孔、铰孔和镗孔等各种孔加工操作。

(2) 连续控制功能。通过数控铣床的直线插补、圆弧插补或复杂的曲线插补运动，铣削加工工件的平面和曲面。

(3) 刀具半径补偿功能。如果直接按工件轮廓线编程，在加工工件内轮廓时，实际轮廓线将大了一个刀具半径值；在加工工件外轮廓时，实际轮廓线又小了一个刀具半径值。

使用刀具半径补偿的方法，数控系统自动计算刀具中心轨迹，使刀具中心偏离工件轮廓一个刀具半径值，从而加工出符合图纸要求的轮廓。利用刀具半径补偿的功能，改变刀具半径补偿量，还可以补偿刀具磨损量和加工误差，实现对工件的粗加工和精加工。

(4) 刀具长度补偿功能。改变刀具长度的补偿量，可以补偿刀具换刀后的长度偏差值；还可以改变切削加工的平面位置，控制刀具的轴向定位精度。

2) 加工范围

(1) 平面加工。数控机床铣削平面可以分为对工件的水平面(XY)加工、对工件的正平面(XZ)加工和对工件的侧平面(YZ)加工。只要使用两轴半控制的数控铣床就能完成各种平面的铣削加工。

(2) 曲面加工。如果铣削复杂的曲面，则需要使用三轴甚至更多轴联动的数控铣床。

3) 主要装备

(1) 夹具。数控铣床的通用夹具主要有平口钳、磁性吸盘和压板装置。对于加工中、大批量或形状复杂的工件，则要设计组合夹具。如果使用气动和液压夹具，通过程序控制夹具，实现对工件的自动装卸，则能进一步提高工作效率和降低劳动强度。

(2) 刀具。常用的铣削刀具有立铣刀、端面铣刀、成形铣刀和孔加工刀具。

刀具库有两种：圆盘形刀具库，用于刀具数目较少者，且换刀方式大都采用无臂式的换刀，换刀速度较慢，但故障率较少；链条形刀具库，用于刀具数目较多者，且换刀方式大都采用有臂式的换刀，换刀速度较快。大型工件常使用自动回转工作台交换装置；小型工件可用机械手上下工件。

3. 安全操作与维护保养

1) 安全操作基本注意事项

(1) 工作时请穿好工作服、安全鞋，戴好工作帽及防护镜，不允许戴手套操作机床。

(2) 不要移动或损坏安装在机床上的警告标牌。

(3) 不要在机床周围放置障碍物，使工作空间足够大。

(4) 某项工作如需要两人或多人共同完成时，应注意相互间的协调一致。

(5) 不允许采用压缩空气清洗机床、电气柜及 NC 单元。

2) 工作前的准备工作

(1) 机床工作前要有预热，认真检查润滑系统工作是否正常，如机床长时间未开动，可先采用手动方式向各部分供油润滑。

(2) 使用的刀具应与机床允许的规格相符，有严重破损的刀具要及时更换。

(3) 大尺寸轴类零件的中心孔是否合适，中心孔如太小，工作中易发生危险。

(4) 刀具安装好后应进行一两次试切削；检查卡盘夹紧工作的状态。

(5) 机床开动前，必须关好机床防护门。

3) 工作过程中的安全注意事项

(1) 禁止用手接触刀尖和铁屑，铁屑必须要用铁钩子或毛刷来清理。

(2) 禁止用手或其他任何方式接触正在旋转的主轴、工件或其他运动部位。

(3) 禁止加工过程中测量工件尺寸，更不能用棉丝擦拭工件，也不能清扫机床。

(4) 机床运转中，操作者不得离开岗位，机床发现异常现象应立即停车。

(5) 在加工过程中，不允许打开机床防护门。

(6) 手动原点回归时，注意机床各轴位置要距离原点 100mm 以上，机床原点回归顺序为：首先+X轴，其次+Z轴。

(7) 使用手轮或快速移动方式移动各轴位置时，一定要看清机床 X、Z 轴各方向"+""–"号标牌后再移动。移动时先慢转手轮，观察机床移动方向无误后方可加快移动速度。

(8) 学生编完程序或将程序输入机床后，须先进行图形模拟，准确无误后再进行机床试运行，并且刀具应离开工件端面 200 mm 以上。

(9) 对刀应准确无误，刀具补偿号应与程序调用刀具号符合。

(10) 站立位置应合适，启动程序时，右手做按停止按钮准备，程序在运行时手不能离开停止按钮，如有紧急情况立即按下停止按钮。

(11) 加工过程中认真观察切削及冷却状况，确保机床、刀具的正常运行及工件的质量。并关闭防护门以免铁屑、润滑油飞出。

(12) 在程序运行中须暂停测量工件尺寸时，要待机床完全停止、主轴停转后方可进行测量，以免发生人身事故。

4) 工作完成后的注意事项

(1) 清除切屑，擦拭机床，使机床与环境保持清洁状态。

(2) 检查或更换磨损坏了的机床导轨上的油擦板。

(3) 检查润滑油、冷却液的状态，及时添加或更换。

(4) 依次关掉机床操作面板上的电源和总电源。

5) 数控机床的维护

数控机床的维护如表 1-2 所示。

表 1-2　数控机床的维护

日常保养内容和要求	定期保养的内容和要求	
	保养部位	内容和要求
1. 外观保养 ① 擦清机床表面，下班后将所有的加工面抹上机油防锈 ② 清除切屑(内、外) ③ 检查机床内外有无磕、碰、拉伤现象	外观部分	清除各部件切屑、油垢，做到无死角，保持内外清洁，无锈蚀
	液压及切削油箱	① 清洗滤油器、油管畅通、油窗明亮 ② 液压站无油垢、灰尘 ③ 切削液箱内加 5～10mL 防腐剂(夏天 10mL，其他季节 5～6ml)
2. 主轴部分 主轴运转情况 3. 润滑部分 ① 各润滑油箱的油量 ② 各手动加油点、按规定加油，并旋转滤油器	机床本体及清屑器	① 卸下刀架尾座的挡屑板，清洗 ② 扫清清屑器上的残余铁屑，每 3～6 个月清扫机床内部一次 ③ 扫清回转装刀架上的全部铁屑
4. 尾座部分(车床) ① 每周一次，移动尾座清理底面、导轨 ② 每周一次拿下顶尖清理 5. 电气部分 ① 检查三色灯、开关 ② 检查操纵板上各部分位置	润滑部分	① 各润滑油管要畅通无阻 ② 各润滑点加油，并检查油箱内有无沉淀物 ③ 试验自动加油器的可靠性 ④ 每月用纱布擦拭读带机各部位，每半年对各运转点至少润滑一次
6. 其他部分 ① 液压系统无滴油、发热现象 ② 切削液系统工作正常 ③ 清理机床周围，达到清洁 ④ 认真填写好交接班记录及其他记录	电气部分	① 对电机炭刷每年要检查一次(维修电工负责)，如果不合要求，应立即更换 ② 热交换器每年至少检查清理一次 ③ 擦拭电器箱内外清洁无油垢、无灰尘 ④ 各接触点良好，不漏电 ⑤ 各开关按钮灵敏、可靠

项目 1.2　数 控 刀 具

【学习目的】

拓展阅读 1-1　工程图识读与产品检测

数控机床必须有与其相适应的切削刀具配合，才能充分发挥作用。刀具，尤其是刀片的选择是保证加工质量、提高加工效率的重要环节。

学习本项目主要目的是了解数控刀具的材料及选用、数控刀具角度以及常见刀具结构，了解数控车刀的用途和选用方法，了解数控铣刀的用途和选用方法。

【任务列表】

任务序号	任务名称	知识与能力目标
1.2.1	刀具材料及其选用	① 对刀具材料的基本要求 ② 常用刀具材料 ③ 其他刀具材料简介
1.2.2	数控刀具	① 了解数控刀具的种类及用途 ② 掌握数控刀具选用方法 ③ 了解刀具各角度及其作用 ④ 掌握数控铣刀工具系统及刀柄安装

【任务实施】

任务 1.2.1 刀具材料及其选用

刀具材料主要指刀具切削部分的材料。刀具切削性能的优劣,直接影响着生产效率、加工质量和生产成本。而刀具的切削性能,首先取决于切削部分的材料;其次是几何形状及刀具结构的选择和设计是否合理。

1. 对刀具材料的基本要求

在切削过程中,刀具切削部分不仅要承受很大的切削力,而且要承受切屑变形和摩擦产生的高温,要保持刀具的切削能力,刀具应具备以下切削性能。

(1) 高的硬度和耐磨性。

刀具材料的硬度必须高于工件材料的硬度。常温下一般应在 60HRC 以上。一般说来,刀具材料的硬度越高,耐磨性就越好。

(2) 足够的强度和韧性。

刀具切削部要承受很大的切削力和冲击力。因此,刀具材料必须要有足够的强度和韧性。

(3) 良好的耐热性和导热性。

刀具材料的耐热性是指在高温下仍能保持其硬度和强度,耐热性越好,刀具材料在高温时抗塑性变形的能力、抗磨损的能力也越强。刀具材料的导热性越好,切削时产生的热量越容易传导出去,从而降低切削部分的温度,减轻刀具磨损。

(4) 良好的工艺性。

为便于制造,要求刀具材料具有良好的可加工性,包括热加工性能(热塑性、可焊性、淬透性)和机械加工性能。

(5) 良好的经济性。

2. 常用刀具材料

刀具材料的种类很多,常用的有工具钢(包括碳素工具钢、合金工具钢和高速钢)、硬质合金、陶瓷、金刚石和立方氮化硼等。

碳素工具钢和合金工具钢,因耐热性很差,只宜作手工刀具。

陶瓷、金刚石和立方氮化硼,由于质脆、工艺性差及价格昂贵等原因,仅在较小的范围内使用。

目前最常用的刀具材料是高速钢和硬质合金。

1) 高速钢

高速钢是在合金工具钢中加入较多的钨、钼、铬、钒等合金元素的高合金工具钢。它具有较高的强度、韧性和耐热性，是目前应用最广泛的刀具材料。因刃磨时易获得锋利的刃口，又称其为"锋钢"。

高速钢按用途不同，可分为普通高速钢和高性能高速钢。

(1) 普通高速钢。普通高速钢具有一定的硬度(62～67HRC)和耐磨性、较高的强度和韧性，切削钢料时切削速度一般不高于 50～60m/min，不适合高速切削和硬材料的切削。常用牌号有 W18Cr4V、W6Mo5Cr4V2。

(2) 高性能高速钢。在普通高速钢中增加碳、钒的含量或加入一些其他合金元素而得到耐热性、耐磨性更高的新钢种。但这类钢的综合性能不如普通高速钢。常用牌号有 9W18Cr4V、9W6Mo5Cr4V2、W6Mo5Cr4V3 等。

2) 硬质合金

硬质合金是由硬度和熔点都很高的碳化物，用 Co、Mo、Ni 作黏结剂烧结而成的粉末冶金制品。其常温硬度可达 78～82HRC，能耐 850～1000℃的高温，切削速度可比高速钢高 4～10 倍。但其冲击韧性与抗弯强度远比高速钢差，因此很少做成整体式刀具。实际使用中，常将硬质合金刀片焊接或用机械夹固的方式固定在刀体上。

我国目前生产的硬质合金主要分为以下三类。

(1) K 类(YG)。

即钨钴类，由碳化钨和钴组成。这类硬质合金韧性较好，但硬度和耐磨性较差，适用于加工铸铁、青铜等脆性材料。常用的牌号有 YG8、YG6、YG3，它们制造的刀具依次适用于粗加工、半精加工和精加工。数字表示 Co 含量的百分数，YG6 即含 Co 为 6%，含 Co 越多韧性越好。

(2) P 类(YT)。

即钨钴钛类，由碳化钨、碳化钛和钴组成。这类硬质合金耐热性和耐磨性较好，但抗冲击韧性较差，适用于加工钢料等韧性材料。常用的牌号有 YT5、YT15、YT30 等，其中的数字表示碳化钛含量的百分数，碳化钛的含量越高，则耐磨性越好、韧性越低。这三种牌号的硬质合金刀具分别适用于粗加工、半精加工和精加工。

(3) M 类(YW)。

即钨钴钛钽铌类。由在钨钴钛类硬质合金中加入少量的稀有金属碳化物(TaC 或 NbC)组成。它具有前两类硬质合金的优点，用其制造的刀具既能加工脆性材料，又能加工韧性材料。同时还能加工高温合金、耐热合金及合金铸铁等难加工材料。常用牌号有 YW1、YW2。

3. 其他刀具材料简介

1) 涂层硬质合金

这种材料是在韧性、强度较好的硬质合金基体上或高速钢基体上，采用化学气相沉积 (CVD)法或物理气相沉积(PVD)法涂覆一层极薄硬质和耐磨性极高的难熔金属化合物而得到的刀具材料。通过这种方法，使刀具既具有基体材料的强度和韧性，又具有很高的耐磨性。

常用的涂层材料有 TiC、TiN、Al_2O_3 等。TiC 的韧性和耐磨性好；TiN 的抗氧化、抗黏结性好；Al_2O_3 的耐热性好。使用时可根据不同的需要选择涂层材料。

2) 陶瓷

陶瓷的主要成分是 Al_2O_3，刀片硬度可达 78HRC 以上，能耐 1200~1450℃的高温，故能承受较高的切削速度。但抗弯强度低、冲击韧性差、易崩刃。主要用于钢、铸铁、高硬度材料及高精度零件的精加工。

3) 金刚石

金刚石分人造和天然两种，做切削刀具的大多数是人造金刚石，其硬度极高，可达 10000HV(硬质合金仅为 1300~1800HV)。其耐磨性是硬质合金的 80~120 倍。但韧性差，对铁族材料亲和力大。因此，一般不宜加工黑色金属，主要用于硬质合金、玻璃纤维塑料、硬橡胶、石墨、陶瓷、有色金属等材料的高速精加工。

4) 氮化硼(CNB)

这是人工合成的超硬刀具材料，其硬度可达 7300~9000HV，仅次于金刚石的硬度。但热稳定性好，可耐 1300~1500℃高温，与铁族材料亲和力小，但强度低、焊接性差。目前主要用于加工淬火钢、冷硬铸铁、高温合金和一些难加工材料。

刀具材料的选用应对使用性能、工艺性能、价格等因素进行综合考虑，做到合理选用。

例如，车削加工 45 钢自由锻齿轮毛坯时，由于工件表面不规则且有氧化皮，切削时冲击力大，选用韧性好的 K 类(钨钴类)就比 P 类(钨钴钛类)有利。

又如，车削较短钢料螺纹时，按理要用 YT，但由于车刀在工件切入处要受冲击，容易崩刃，所以一般采用 YG 比较有利。虽然它的热硬性不如 YT，但工件短，散热容易，热硬性就不是主要矛盾了。

任务 1.2.2 数控刀具

1. 可转位车刀

数控车床一般使用标准的机夹可转位刀具，如图 1-11 所示。

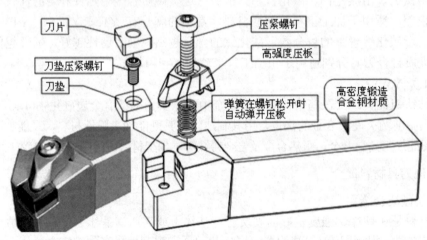

图 1-11 机夹可转位刀具结构与实物

可转位刀具是将预先加工好并带有若干个切削刃的多边形刀片，用机械夹固的方法夹紧在刀体上的一种刀具。当使用过程中一个切削刃磨钝后，只要将刀片的夹紧松开，转位或更换刀片，使新的切削刃进入工作位置，再经夹紧就可以继续使用。

机夹可转位刀具的刀片和刀体都有标准，刀片材料采用硬质合金、涂层硬质合金以及高速钢。

数控车床机夹可转位刀具类型有外圆刀具、外螺纹刀具、内圆刀具、内螺纹刀具、切断刀具、孔加工刀具(包括中心孔钻头、镗刀、丝锥等)。

可转位刀具一般由刀片、刀垫、夹紧元件和刀体组成，如图 1-11 所示。

其中各部分的作用如下。

(1) 刀片：承担切削，形成被加工表面。

(2) 刀垫：保护刀体，确定刀片(切削刃)位置。

(3) 夹紧元件：夹紧刀片和刀垫。

(4) 刀体：刀体及(或)刀垫的载体，承担和传递切削力及切削扭矩，实现刀片与机床的连接。

2. 可转位铣刀

1) 可转位铣刀类型

(1) 可转位面铣刀：主要用于加工较大平面，主要有平面粗铣刀、平面精铣刀、平面粗精复合铣刀三种。

(2) 可转位立铣刀：主要用于加工凸台、凹槽、小平面、曲面等。主要有立铣刀、孔槽铣刀、球头立铣刀、R 立铣刀、T 形槽铣刀、倒角铣刀、螺旋立铣刀、套式螺旋立铣刀等。

(3) 可转位槽铣刀：主要有三面刃铣刀、两面刃铣刀、精切槽铣刀。

(4) 可转位专用铣刀：用于加工某些特定零件，其形式和尺寸取决于所用机床和零件的加工要求。

2) 可转位铣刀角度的选择

(1) 主偏角：可转位铣刀的主偏角有 90°、88°、75°、70°、60°、45° 等几种。

(2) 前角：铣刀的前角可分解为径向前角和轴向前角。

常用的前角组合形式为双负前角、双正前角、正负前角(轴向正前角、径向负前角)三种。

3) 可转位铣刀直径的选择

(1) 面铣刀直径选择。主要是根据工件宽度选择，同时要考虑机床的功率、刀具的位置和刀齿与工件接触形式等，也可将机床主轴直径作为选取的依据，面铣刀直径可按 $D=1.5d(d$ 为主轴直径)选取。一般来说，面铣刀的直径应比切宽大 20%～50%。

(2) 铣刀直径选择。主要考虑工件加工尺寸的要求，并保证刀具所需功率在机床额定功率范围以内。如系小直径立铣刀，则应主要考虑机床的最高转速能否达到刀具的最低切削速度要求。面铣刀的直径应比切宽大 20%～50%，且两次走刀铣削平面，轨迹之间须有重叠部分，如图 1-12 所示。

4) 刀片牌号和断屑槽形的选择

(1) 一般用户选用可转位铣刀时，均由刀具制造厂根据用户加工的材料及加工条件配备相应牌号的硬质合金刀片。

P 类合金(含金属陶瓷)：P01、P05、P10、P15、P20、P25、P30、P40、P50。

M 类合金：M10、M20、M30、M40。

K 类合金：K01、K10、K20、K30、K40。

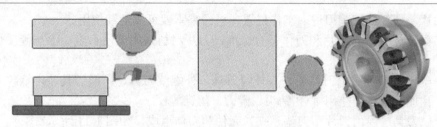

图 1-12　可转位铣刀直径的选择

(2) 断屑槽形的选择，如图 1-13 所示。

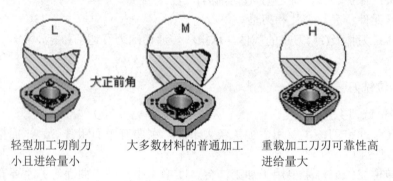

轻型加工切削力
小且进给量小

大多数材料的普通加工

重载加工刀刃可靠性高
进给量大

图 1-13　断屑槽形的选择

3. 工具系统

1) 分类

工具系统分类如图 1-14 所示。

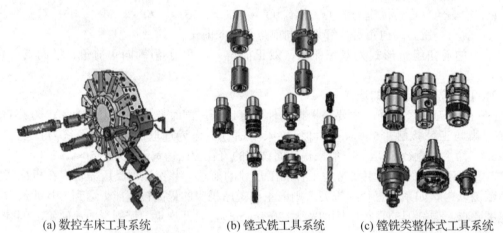

(a) 数控车床工具系统　　(b) 镗式铣工具系统　　(c) 镗铣类整体式工具系统

图 1-14　工具系统分类

工具系统是针对数控机床要求与之配套的刀具必须可快换和高效切削而发展起来的，是刀具与机床的接口。

模块式刀柄通过将基本刀柄、接杆和加长杆(如需要)进行组合，可以用很少的组件组装成多种类的刀柄。

整体式刀柄用于刀具装配中装夹不改变或不宜使用模块式刀柄的场合。

2) 工具系统型号表示方法

工具系统型号表示方法如图 1-15 所示。

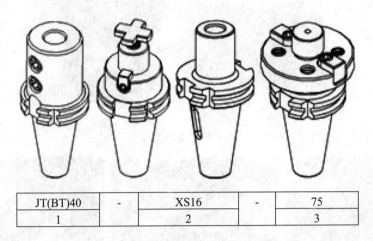

JT(BT)40	-	XS16	-	75
1		2		3

图 1-15　工具系统型号表示方法

(1) 柄部形式及尺寸。

JT：表示采用国际标准 ISO 7388 号加工中心机床用锥柄柄部。

BT：表示采用日本标准 MAS403 号加工中心机床用锥柄柄部，其后数字为相应的 ISO 锥度号：如 50 和 40 分别代表大端直径 69.85 和 44.45 的 7：24 锥度。

(2) 刀柄用途及主参数。

XD – 装三面铣刀刀柄；MW—无扁尾氏锥柄刀柄；XS—装三面刃铣刀刀柄；M—有扁尾氏锥柄刀柄；Z(J)—装钻夹头刀柄(贾式锥度加 J)；P—装削平柄铣刀刀柄。

(3) 拉钉。

拉钉是带螺纹的零件，常固定在各种工具柄的尾端。机床主轴内的拉紧机构借助它把刀柄拉紧在主轴中。数控机床刀柄有不同的标准，机床刀柄拉紧机构也不统一，故拉钉有多种型号和规格，如图 1-16 所示。

注意：如果拉钉选择不当，装在刀柄上使用可能会造成事故。

(a) DIN A 型拉钉　　　　(b) DIN B 型拉钉　　　　(c) MAS BT 的拉钉

图 1-16　拉钉

4. 常用刀柄使用方法

常见的弹簧夹头刀柄使用的准备工具见图 1-17，应用过程见图 1-18。

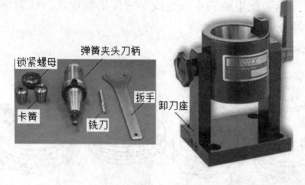

图 1-17　准备工具

① 将刀柄放入卸刀座并锁紧　② 根据刀具直径选取合适的卡簧　③ 将卡簧装入锁紧螺母内

④ 将铣刀装入卡簧孔内　⑤ 用扳手将锁紧螺母锁紧　⑥ 将刀柄装上主轴

图 1-18　常用刀柄使用方法

① 将刀柄放入卸刀座并锁紧。

② 根据刀具直径选取合适的卡簧，清洁工作表面。

③ 将卡簧装入锁紧螺母内。

④ 将铣刀装入卡簧孔内，并根据加工深度控制刀具悬伸长度。

⑤ 用扳手将锁紧螺母锁紧。

⑥ 检查，将刀柄装上主轴。

项目 1.3　坐 标 系 统

【学习目的】

学习本项目主要目的是了解数控机床坐标系的作用、数控机床坐标系确定原则、坐标轴运动方向的确定、机床坐标系与工件坐标系的关系。

【任务列表】

任务序号	任务名称	知识与能力目标
1.3.1	数控机床坐标定义	① 机床原点、参考点及机床坐标系 ② 工件坐标系和工件原点 ③ 刀具运动原则 ④ 参考点
1.3.2	车床坐标系的设定	① 数控车床的原点 ② 数控车床的参考点 ③ 编程坐标系 ④ 坐标设置指令
1.3.3	铣床坐标系的设定	① 数控铣床的原点 ② 数控铣床的参考点 ③ 编程坐标系 ④ 坐标设置指令

【任务实施】

任务 1.3.1　数控机床坐标定义

1. 坐标定义

数控机床是依据坐标系统来确定其刀具运动的路径，因此坐标系统对数控机床的程序设计极为重要。

数控机床坐标系是为了确定工件在机床中的位置、机床运动部件特殊位置及运动范围，即描述机床运动，产生数据信息而建立的几何坐标系。通过机床坐标系的建立，可确定机床位置关系，获得所需的相关数据。

2. 数控机床坐标系确定原则

1) 刀具相对静止工件而运动的原则

假设：工件固定，刀具相对工件运动。这一原则使编程人员能在不知道是刀具移近工件还是工件移近刀具的情况下，就能根据零件图样确定机床的加工过程。当工件运动时，在坐标轴符号上加"'"表示。

2) 标准坐标系(机床坐标系)的规定

数控机床的坐标系采用笛卡儿坐标系。为使编程方便，对坐标轴的名称和正负方向都有统一规定，符合右手法则。无论哪一种数控机床都规定 Z 轴作为平行于主轴中心线的坐标轴。

大拇指指向表示 X 轴，食指指向表示 Y 轴，中指指向表示 Z 轴，且手指头所指的方向为正方向。

X、Y、Z 轴向用于线性移动轴；另外定义三个旋转轴，绕 X 轴旋转者称为 A 轴，绕 Y 轴旋转者称为 B 轴，绕 Z 轴旋转者称为 C 轴。

三旋转轴的正方向皆定义为顺着移动轴正方向看，顺时针旋转为正，逆时针旋转为负，如图 1-19 所示。

3) ISO 标准规定

(1) 不论何种机床，其具体结构一律看作工件相对静止，刀具运动。

(2) 机床的直线坐标轴 X、Y、Z 的判定顺序是：先 Z 轴，再 X 轴，最后按右手定则判定 Y 轴。

(3) 增大工件与刀具之间距离的方向为坐标轴正方向。

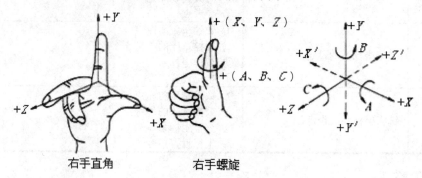

右手直角　　　　右手螺旋

图 1-19　标准坐标系的规定

3. 坐标轴运动方向的确定

1) X、Y、Z 坐标轴与正方向的确定

(1) Z 坐标轴。

Z 坐标轴的运动由传递切削力的主轴决定，与主轴平行的标准坐标轴为 Z 坐标轴，其正方向为增加刀具和工件之间距离的方向；若机床没有主轴(刨床)，则 Z 坐标轴垂直于工件装夹面；若机床有几个主轴，可选择一个垂直于工件装夹面的主要轴为主轴，并以它确定 Z 坐标轴。

(2) X 坐标轴。

X 坐标轴的运动是水平的，它平行于工件装夹面，是刀具或工件定位平面内运动的主要坐标；对于工件旋转的机床(车床、磨床)，X 坐标的方向在工件的径向上，并且平行于横滑座，刀具离开工件旋转中心的方向为 X 坐标的正方向。

对于刀具旋转的机床(铣床)，若 Z 坐标轴是水平的(卧式铣床)，当由主轴向工件看时，X 坐标轴的正方向指向右方；若 Z 坐标轴是垂直的(立式铣床)，当由主轴向立柱看时，X 坐标轴的正方向指向右方；对于双立柱的龙门铣床，当由主轴向左侧立柱看时，X 坐标轴的正方向指向右方；对刀具和工件均不旋转的机床(刨床)，X 坐标轴平行于主要切削方向，并以该方向为正方向。

具体设定如图 1-20 所示。

(3) Y 坐标轴。

根据 X、Z 坐标轴，按照右手直角笛卡儿坐标系确定。

注：如在 X、Y、Z 主要直线运动之外还有第二组平行于它们的运动，可分别将它们坐标定为 U、V、W，如图 1-21 所示。

2) 旋转运动坐标轴

旋转运动 A、B、C 相应地表示其轴线平行于 X、Y、Z 的旋转运动，其正方向按照右旋螺纹旋转的方向，如图 1-22 所示。

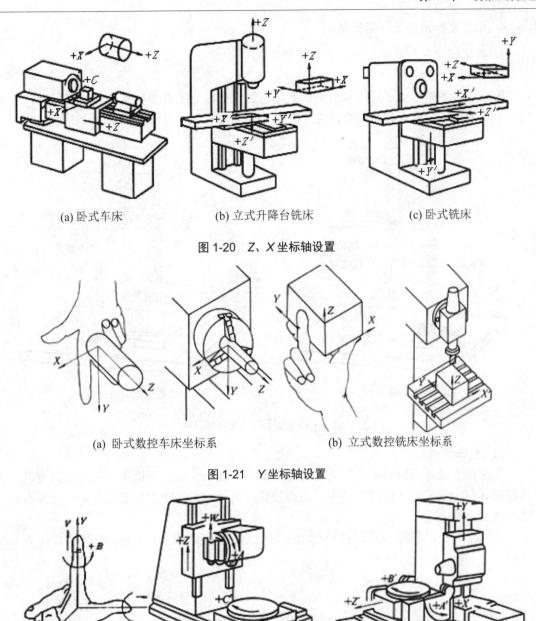

(a) 卧式车床　　　　(b) 立式升降台铣床　　　　(c) 卧式铣床

图 1-20　Z、X 坐标轴设置

(a) 卧式数控车床坐标系　　　　(b) 立式数控铣床坐标系

图 1-21　Y 坐标轴设置

(a) 右手笛卡儿坐标系　　(b) 立式五轴数控铣床坐标轴　　(b) 卧式五轴数控铣床坐标轴

图 1-22　旋转运动坐标轴设置

3) 主轴正旋转方向与 C 轴正方向的关系

从主轴尾端向前端(装刀具或工件端)看，顺时针方向旋转为主轴正旋转方向。

对于普通卧式数控车床，主轴的正旋转方向与 C 轴正方向相同。

对于钻、镗、铣加工中心机床，主轴的正旋转方向为右旋螺纹进入工件的方向，与 C 轴正方向相反。

4. 机床坐标系与工件坐标系

1) 机床坐标系与机床原点、机床参考点

(1) 机床坐标系。

机床坐标系(MCS)是最基本的坐标系，它是用来确定工件坐标系的基本坐标系，是由机床原点为坐标系原点建立起来的 X、Y、Z 轴直角坐标系，如图 1-23 所示。

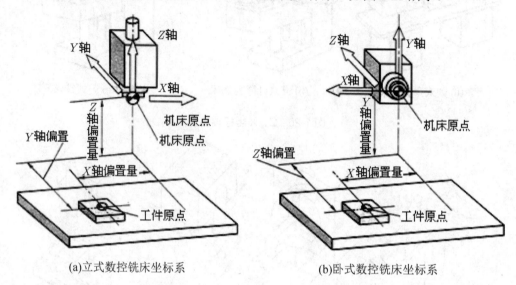

(a)立式数控铣床坐标系   (b)卧式数控铣床坐标系

图 1-23　工件坐标系与机床坐标系的关系

(2) 机床原点。

机床原点又称为机械原点，它是机床坐标系的原点。该点是机床上的一个固定点，它在机床装配、调试时就已确定下来，是数控机床进行加工运动的基准参考点，通常不允许用户改变。

机床原点的作用是使机床与控制系统同步，建立测量机床运动坐标的起始点，如图 1-24 和图 1-25 所示。

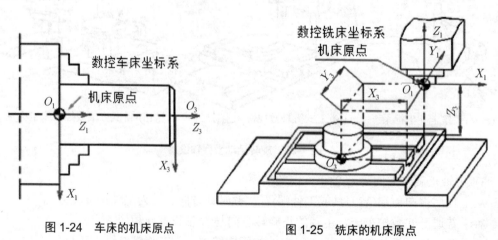

图 1-24　车床的机床原点   图 1-25　铣床的机床原点

一般机床原点取在机床运动方向的最远点。

通常车床的机床零点多在主轴法兰盘接触面的中心，即主轴前端面的中心上。主轴即为 Z 轴，主轴法兰盘接触面的水平面则为 X 轴。+X 轴和+Z 轴的方向指向加工空间。

在数控铣床上，机床原点一般取在 X、Y、Z 坐标的正方向极限位置上。

(3) 机床参考点。

机床参考点是设置机床坐标系的一个基准点，通常设置在机床各轴靠近正向的极限位置。

机床参考点与机床原点的相对位置由机床参数设定，因此，机床开机时必须先进行回机床参考点操作，这样才能确定机床原点的位置，从而建立起机床坐标系，如图 1-26 所示。

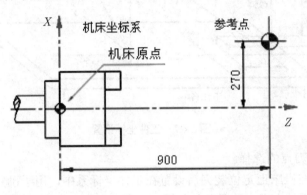

图 1-26　数控车床的参考点

通常在数控铣床上机床原点和机床参考点是重合的；而在数控车床上机床参考点是离机床原点最远的极限点。

机床参考点可作下列用途。

① 作为刀具的交换点。数控加工中心进行刀具交换之前，为求操作安全，必须先让 Z 轴(主轴)回机床参考点后再进行换刀，以免刀具与工件产生干涉。

② 其他坐标点的参考点、程序原点等，设定其坐标位置及测量时均以机床参考点为基准。

③ 机床开机后初始坐标设定。通常 CNC 系统开机后，先使机械各轴回机械原点，才能执行程式或其他动作。

2) 工件坐标系与工件坐标系原点

(1) 工件坐标系。

编程人员在编程时设定的坐标系，也称为编程坐标系。工件坐标系坐标轴的确定与机床坐标系坐标轴方向一致。

(2) 工件坐标系原点。

工件坐标系原点也称为工件原点或编程原点，由编程人员根据编程计算方便性、机床调整方便性、对刀方便性、在毛坯上位置确定的方便性等具体情况定义在工件上的几何基准点，一般为零件图上最重要的设计基准点。

工件原点选择：与设计基准一致；尽量选在尺寸精度高、粗糙度低的工件表面；最好在工件的对称中心上；要便于测量和检测，如图 1-27 所示。

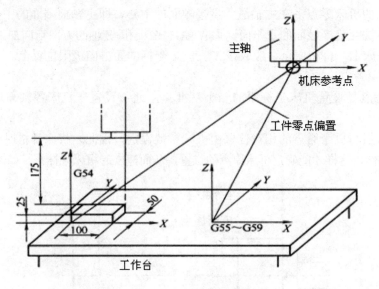

图 1-27 工件坐标设置

3) 对刀点与换刀点的选择

对刀点是工件在机床上定位装夹后设置在工件坐标系中，用于确定工件坐标系与机床坐标系空间位置关系的参考点，是数控加工时刀具相对工件运动的起点。

对刀点可以设置在工件上，也可以设置在夹具上，但应尽量选择在零件的设计基准或工艺基准上，如图 1-28 所示。

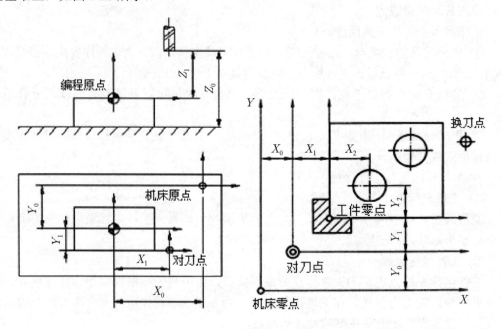

图 1-28　机床零点、工件零点、对刀点和换刀点的关系

由于数控铣床采用手动换刀，换刀时操作人员的主动性较高，换刀点只要设在零件外面，不发生换刀阻碍即可。

操作 CNC 切削中心机床时，在控制系统重新启动后，需先使机械各轴回机械原点，当执行时可由手动操作模式或程序控制模式分别使机械各轴回到机械原点。

5. 附加坐标系

对于直线运动，通常应建立附加坐标系。指定平行于 X、Y、Z 坐标轴可以采用的附加坐标系：第二组 U、V、W 坐标，第三组 P、Q、R 坐标；指定不平行于 X、Y、Z 的坐标轴也可以采用的附加坐标系：第二组 U、V、W 坐标，第三组 P、Q、R 坐标。对于旋转运动，如果还有平行或不平行于 A、B、C 的第二旋转运动，可指定为 D、E 和 F。

6. 工件的运动

对于移动部分是工件而不是刀具的数控机床，用带 " $'$ " 的字母表示工件的正向运动。例如，$+X'$、$+Y'$、$+Z'$ 分别表示工件相对于刀具正向运动的指令，它们与 $+X$、$+Y$、$+Z$ 表示的运动方向恰好相反。

任务 1.3.2　车床坐标系的设定

1. 数控车床的原点

在数控车床上，机床原点一般取在卡盘端面与主轴中心线的交点处，见图 1-29。同时，通过设置参数的方法，也可将机床原点设定在 X、Z 坐标的正方向极限位置上。

2. 车床参考点

车床参考点是用于对机床运动进行检测和控制的固定位置点，是由机床制造厂家在每个进给轴上用限位开关精确调整好的，坐标值已输入数控系统中，因此参考点对机床原点的坐标是一个已知数，如图 1-30 所示。

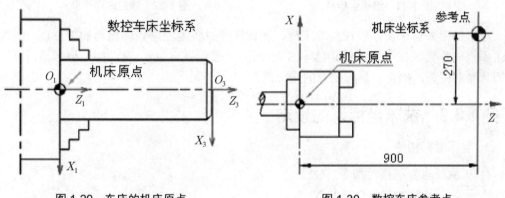

图 1-29　车床的机床原点　　　　　　　　图 1-30　数控车床参考点

3. 编程坐标系

(1) 编程坐标系是编程人员根据零件图样及加工工艺等建立的坐标系。

编程坐标系一般供编程使用，确定编程坐标系时不必考虑工件毛坯在机床上的实际装夹位置，如图 1-31 所示，其中 O_2 即为编程坐标系原点。

(2) 编程原点是根据加工零件图样及加工工艺要求选定的编程坐标系的原点。编程原点应尽量选择在零件的设计基准或工艺基准上，编程坐标系中各轴的方向应该与所使用的数控机床相应的坐标轴方向一致。图 1-32 所示为车削零件的编程原点。

(3) 加工坐标系的确定。

加工坐标系是指以确定的加工原点为基准所建立的坐标系。加工原点也称为程序原点,是指零件被装夹好后,相应的编程原点在机床坐标系中的位置。在加工时,工件各尺寸的坐标值都是相对于加工原点而言的,因此机床才能按照准确的加工坐标系位置开始加工。

在加工过程中,数控机床是按照工件装夹好后所确定的加工原点位置和程序要求进行加工的。编程人员在编制程序时,只要根据零件图样就可以选定编程原点、建立编程坐标系、计算坐标数值,而不必考虑工件毛坯装夹的实际位置。

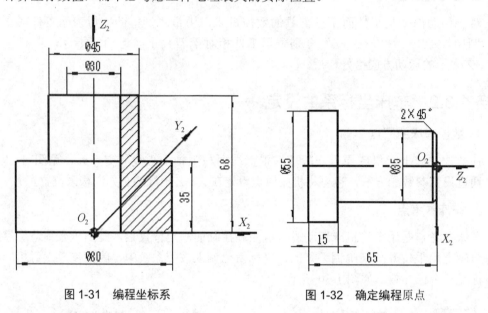

图 1-31　编程坐标系　　　　　图 1-32　确定编程原点

对于加工人员来说,应在装夹工件、调试程序时将编程原点转换为加工原点,并确定加工原点的位置,在数控系统中给予设定(即给出原点设定值),设定加工坐标系后就可根据刀具当前位置,确定刀具起始点的坐标值。

任务 1.3.3　铣床坐标系的设定

1. 坐标复归指令

1) 机械原点复归核对指令　G27

指令格式　G90(G91) G27 X_Y_Z_;

指令功能　G27 指令是命令工作台(X、Y 轴)及主轴(Z 轴)以 G00(快速定位)方式,迅速回机械原点并执行侦测功能,刀具移至机械原点时,将自行减慢速度到达机械原点,且机械原点的信号灯亮起,若程序有误,则刀具不会回至机械原点,机械原点的信号灯不会亮起。

一般 CNC 机械通常是 24h 运转做切削加工,为了提高加工的可靠性及工件尺寸的正确性,可用此指令来核对程序原点的正确性。

指令格式：

(1) G90 G27 X，Y，Z，表示程序原点与机械原点间的轴向距离。

(2) G91 G27 X，Y，Z，表示刀具所在位置与机械原点间的轴向距离。

此参考点(Reference point)是复归参考点，它是机械预先设定的固定点，主要功能如下。

① 执行刀具交换时，使主轴回到机械原点(复归参考点)。

② 程序结束前让主轴及床台均回到机械原点。此机械原点就是第一参考点。

用法如下：当执行加工完成一循环，在程序终止前，执行 G27 X_Y_Z_;（其 X、Y、Z 值必须是目前使用刀具的程序原点到机械原点的向量值），则刀具将以快速定位(G00)移动方式自动回归机械原点，此时可检查执行操作面板上机械原点复归灯是否被"点亮"。若 X、Y、Z 灯皆亮，则表示程序原点位置正确；若某灯不亮，则表示该轴向的程序原点位置有误差不正确，将自动中断执行，且出现警示信息。

使用 G27 指令时，若先前有使用 G41 或 G42、G43 或 G44 做刀具补正，则必须先用 G40 或 G49 将刀具补正取消后，才可使用 G27 指令。

例 1　FANUC 系统加工中心。

```
：
M06 T01;                    =>        将 1 号刀换装于主轴上
：
G40 G49;                    =>        将刀具半径及长度补正取消
G27 X -385.612 Y210.812 Z421.226;=>其中 X、Y、Z 值是指 1 号刀的程序原点到机械原
                                    点的向量值
```

2) 经中间点自动机械原点复归　G28

指令格式：G28 X(U) Z(W);

指令功能：从起点开始以快速移动速度到达 X(U)、Z(W)指定的中间点位置后再回机械零点。

指令说明：G28 为非模态 G 指令。

X：中间点 X 轴的绝对坐标；Z：中间点 Z 轴的绝对坐标；

U：中间点与起点 X 轴绝对坐标的差值；W：中间点与起点 Z 轴绝对坐标的差值。

指令地址 X(U)、Z(W)可省略一个或全部，详见表 1-3。

表 1-3　G28 指令及其功能

指　令	功　能
G28　X(U)＿＿＿	X 轴回机械零点，Z 轴保持在原位
G28　Z(W)＿＿＿	Z 轴回机械零点，X 轴保持在原位
G28	两轴保持在原位，继续执行下一程序段
G28　X(U)＿＿＿ Z(W)＿＿＿	X、Z 轴同时回机械零点

指令动作过程如图 1-33 所示。

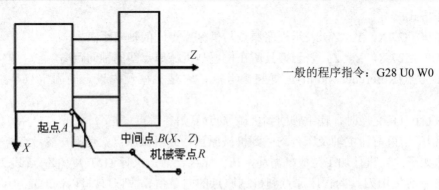

一般的程序指令：G28 U0 W0

图 1-33　G28 指令应用

(1) 快速从当前位置定位到指定轴的中间点位置(A 点→B 点)。

(2) 快速从中间点定位到参考点(B 点→R 点)。

(3) 若非机床锁住状态，返回参考点完毕时，回零灯亮。

通常 G28 指令用于返回参考点后自动换刀，执行该指令前必须取消刀具半径补偿和刀具长度补偿。

在执行三轴同时回机械原点时，最好先令主轴(Z 轴)回原点，再令工作台(X 轴，Y 轴)回原点，并以增量坐标模式执行，以策安全。其指令如下：

```
G91 G28 Z0;
G28 X0 Y0;
```

3) 自动从机械原点经中间点到指定点 G29

指令格式　G29　X__ Y__ Z__

指令功能　刀具从参考点经过指定的中间点快速移动到目标点。

指令说明　返回参考点后执行该指令，刀具从参考点出发，以快速点定位的方式，经过由 G28 所指定的中间点到达由坐标值 X__ Y__ Z__ 所指定的目标点位置；X__ Y__ Z__ 表示目标点坐标值。G90 指令表示目标点为绝对值坐标方式，G91 指令表示目标点为增量值坐标方式，则表示目标点相对于 G28 中间点的增量；如果在 G29 指令前，没有 G28 指令设定中间点，执行 G29 指令时，则以工件坐标系零点作为中间点。

2. 设定工件坐标系指令

通常编程人员开始编程时，并不知道被加工零件在机床上的位置，他所编制的零件程序通常是以工件上的某个点作为零件程序的坐标系原点来编写加工程序，当被加工零件被夹压在机床工作台上以后，再将 NC 所使用的坐标系原点偏移到与编程使用的原点重合的位置进行加工。所以，坐标系原点偏移功能对于数控机床来说是非常重要的。

在 FANUC 0M 系统的机床上可以使用下列三种坐标系，即机床坐标系、工件坐标系及局部坐标系。

编写 CNC 程序时必须依据程序坐标系来描述工件轮廓尺寸，此程序坐标系的零点即程序原点。

1) 选择机床坐标系 (G53)

指令格式　(G90) G53 X_ Y_ Z_;

指令功能 取消零件偏移。

刀具根据这个命令执行快速移动到机床坐标系里的 X_Y_Z 位置。

该指令使刀具以快速进给速度运动到机床坐标系中指定的坐标值位置，一般地，该指令在绝对命令(G90)模态下执行，在增量命令里(G91)无效。G53 指令是一条非模态的指令，也就是说它只在当前程序段中起作用。机床坐标系零点与机床参考点之间的距离由参数设定，若无特殊说明，则各轴参考点与机床坐标系零点重合。

注意：①刀具直径偏置、刀具长度偏置和刀具位置偏置应当在它的 G53 命令调用之前提前取消，否则机床将依照设置的偏置值移动；②在执行 G53 指令之前，必须手动或者用 G28 命令让机床返回原点，这是因为机床坐标系必须在 G53 命令发出之前设定。

2) 工件坐标系选择(G54～G59)

指令格式 G54；

指令功能 通过使用 G54～G59 命令，最多可设置六个工件坐标系(1～6)。

在接通电源和完成原点返回后，系统自动选择工件坐标系 1(G54)。它们均为模态指令，执行某个坐标系命令后将保持其有效性，直到其他坐标系指令发出。

大多数情况下，当前坐标系是 G54～G59 中之一(G54 为上电时的初始模态)，直接使用机床坐标系的情况不多。

G54；其后面不得书写 X、Y、Z 值，其定义是指机械原点到程序原点的向量值。

通过在数控机床面板上的操作，设置每个工件坐标系原点相对于机床坐标系原点的偏移量，然后使用 G54～G59 指令来选用它们，G54～G59 都是模态指令，分别对应 1～6 号预置工件坐标系，如图 1-34 所示。

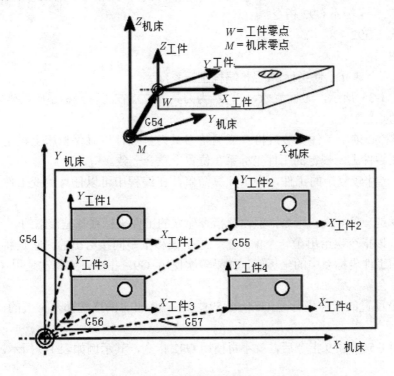

图 1-34 工件坐标系选择(G54～G59)

使用预置的工件坐标系(G54～G59)示例，如表 1-4 所示。

表 1-4 使用预置的工件坐标系示例

程序段内容	坐标系中的坐标值	注　释
N1 G90 G54 G00 X50. Y50.	X-100,Y-160	选择 1 号坐标系，快速定位
N2 Z-70.	Z-160	
N3 G01 Z-72.5 F100	Z-160.5	直线插补，F 值为 100
N4 X37.4	X-112.6	直线插补
N5 G00 Z0	Z-90	快速定位
N6 X0 Y0	X-150,Y-210	
N7 G53 X0 Y0 Z0	X0,Y0,Z0	选择使用机床坐标系
N8 G57 X50. Y50.	X-380,Y-280	选择 4 号坐标系
N9 Z-70.	Z-190	
N10 G01 Z-72.05	Z-192.5	直线插补，F 值为 10
N11 X37.4	X392.6	
N12 G00 Z0	Z-120	
N13 G00 X0 Y0	X-430,Y-330	

从以上举例可以看出，G54～G59 指令的作用就是将数控机床所使用的坐标系的原点移动到机床坐标系中坐标值为预置值的点。

3) 设定工件坐标系 G92 指令

指令格式　G92　X__ Y__ Z__。

指令说明

(1) 在机床上建立工件坐标系(也称编程坐标系)。

(2) 如图 1-35 所示，坐标值 X、Y、Z 为刀具刀位点在工件坐标系中的坐标值(也称为起刀点或换刀点)。

(3) 操作者必须于工件安装后检查或调整刀具刀位点，以确保机床上设定的工件坐标系与编程时在零件上所规定的工件坐标系在位置上重合一致。

(4) 对于尺寸较复杂的工件，为了计算简单，在编程中可以任意改变工件坐标系的程序零点。

G92 指令是一条非模态指令，但由该指令建立的工件坐标系却是模态的。

实际上，该指令也给出了一个偏移量，这个偏移量是间接给出的，它是新工件坐标系原点在原来的工件坐标系中的坐标值，如果多次使用 G92 指令，则每次使用 G92 指令给出的偏移量将会累积叠加。

对于每个预置的工件坐标系(G54～G59)，这个叠加的偏移量都是有效的，如图 1-36 所示。

一般使用 G54～G59 指令后，就不再使用 G92 指令，其示例如表 1-5 所示。

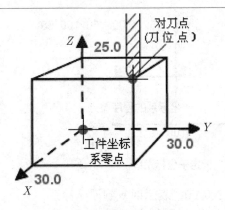

图 1-35 G92 设定工件坐标系

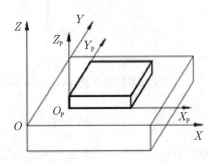

图 1-36 G54 设定工件坐标系

表 1-5 G54～G59 指令使用示例

程序段内容	坐标系中的坐标值	注 释
N1 G90 G54 G00 X0 Y0 Z0	X-150,Y-210,Z-90	选择 1 号坐标系,快速定位到坐标系原点
N2 G92 X70.Y100. Z50.	X-150,Y-210,Z-90	刀具不运动,建立新坐标系,新坐标系中当前点坐标值为 X70,Y100,Z50
N3 G00 X0 Y0 Z0	X-220,Y-310,Z-140	快速定位到新坐标系原点
N4 G57 X0 Y0 Z0	X-500,-Y430,Z-170	选择 4 号坐标系,快速定位到坐标系原点 (已被偏移)
N5 X70.Y100.Z50.	X-430,Y-330,Z-120	快速定位到原坐标系原点

数控铣床在编程中用 G92 和 G54 的区别如下。

(1) G92 指令需后续坐标值指定当前工件坐标值,因此必须单独使用一个程序段指定,该程序段中尽管有位置指令值,但并不产生运动。另外,在使用 G92 指令前,必须保证机床处于加工起始点,该点称为对刀点。

(2) 使用 G54～G59 设定工件坐标系时,可单独指定,也可以与其他程序段配合指定,如果该程序中有位置指令就会产生运动。使用该指令前,先用 MDI 方式输入指定该坐标原点,在程序中使用对应的 G54～G59 之一,就可建立该坐标系,并可使用定位指令指定到加工起始点。

(3) 机床断电后 G92 设定工件坐标系的值将不复存在,而 G54～G59 设定工件坐标系的值是存在的。

4) 局部坐标系(G52)

G52 可以建立一个局部坐标系,局部坐标系相当于 G54～G59 坐标系的子坐标系。

指令格式 G52 IP_;

该指令中,IP_给出了一个相对于当前 G54～G59 坐标系的偏移量,也就是说,IP_给定了局部坐标系原点在当前 G54～G59 坐标系中的位置坐标,是原坐标系的程序原点到子坐标系的程序原点的向量值。即使用 G52 指令执行前已经由 G52 指令建立了一个局部坐标系,如图 1-37 所示。

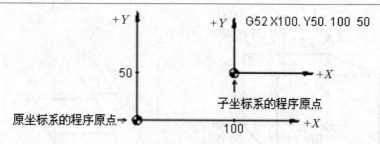

图 1-37　利用 G52 设定子坐标系统

使用 G52 IP0 指令取消局部坐标系。G52 X0 Y0；表示回复到原坐标系。

例 2　加工图纸如图 1-38 所示，使用 G54 设定程序坐标系，再用 G52 指令设定子坐标系。

配合子程序呼叫指令 M98 及钻孔固定循环指令 G81，可简化程序的编写。

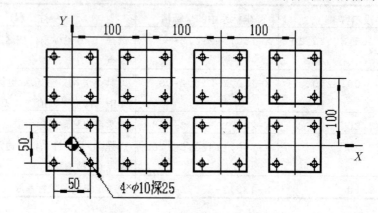

图 1-38　八个位置各钻四个孔

```
O2001；主程序
G91 G28 Z0；
G28 X0 Y0 M03 S500；
G80 G54 G90 G00 G43 Z5. H01；
G52 X0 Y0 M98 P2011；
G52 X100. M98 P2011；
G52 X200. M98 P2011；
G52 X300. M98 P2011；
G52 X300. Y100. M98 P2011；
G52 X200. Y100. M98 P2011；
G52 X100. Y100. M98 P2011；
G52 X0. Y100. M98 P2011；
G91 G28 Z0. ；
M30；
```

```
O2011；子程序
G98 G81 X25.Y25.R3.Z-25.F80；
X-25. ；
Y-25. ；
X25. ；
G52 X0 Y0；
M99；
```

5) 数控铣床(加工中心)的坐标系及尺寸传递关系

刀位点通过刀具尺寸(R、L)及刀具磨损补偿值(I、K)到刀柄相关点 T 刀柄(与主轴刀具相关点 T 主轴相重合)，此点通过访问机床参考点建立了坐标尺寸关系，从机床原点通过 G54～G59(或 G92)得到工件原点，如图 1-39 所示。

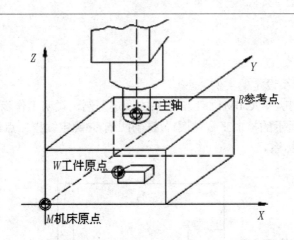

图 1-39   数控铣床(加工中心)的坐标及尺寸传递关系

3. 加工坐标系的设定应用实例

1) 通过刀具起始点设定加工坐标系

(1) 加工坐标系的选择。

加工坐标系的原点可设定在相对于刀具起始点的某一符合加工要求的空间点上。

应注意的是，当机床开机回参考点后，无论刀具运动到哪一点，数控系统对其位置都是已知的。也就是说，刀具起始点是一个已知点。

(2) 设定加工坐标系指令。

G92 为设定加工坐标系指令。在程序中出现 G92 程序段时，通过刀具当前所在位置即刀具起始点来设定加工坐标系。

G92 指令的编程格式：G92 X_ Y_ Z_

该程序段运行后，就根据刀具起始点设定了加工原点，如图 1-40 所示。

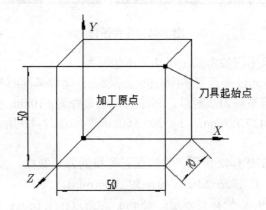

图 1-40   设定加工坐标系及应用

从图 1-40 中可以看出，用 G92 设置加工坐标系，也可看作在加工坐标系中确定刀具起始点的坐标值，并将该坐标值写入 G92 编程格式中。

例如，在图 1-40 中，当 $X=50$mm，$Y=50$mm，$Z=10$mm 时，用 G92 指令设定加工坐标系。

设定程序为：

`G92 X50 Y50 Z10`

2) 机床加工坐标系设定的实例

下面以数控铣床(FANUC 0M)加工坐标系的设定为例，说明工作步骤。

在选择图 1-41 所示的被加工零件图样(铣削凹槽)并确定编程原点位置后，可按以下方法对刀，建立加工坐标系。

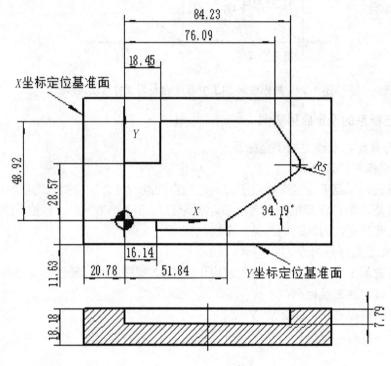

图 1-41　零件图样

(1) 坐标系设定。机床回参考点，确认机床坐标系。

(2) 装夹工件毛坯。通过夹具使零件定位，并使工件定位基准面与机床运动方向一致。

(3) 对刀测量。用简易对刀法测量，方法为：用直径为 $\phi 10mm$ 的标准测量棒、塞尺对刀，得到测量值为 $X=-437.726mm$，$Y=-298.160mm$，如图 1-42 所示。$Z=-31.833mm$，如图 1-43 所示。

(4) 计算设定值。按图 1-42 所示，将前面已测得的各项数据，按设定要求运算。

X 坐标设定值：$X=-437.726+5+0.1+40=-392.626(mm)$。

注：-437.726mm 为 X 坐标显示值；+5mm 为测量棒半径值；+0.1mm 为塞尺厚度；+40 为编程原点到工件定位基准面在 X 坐标方向的距离。

Y 坐标设定值：$Y=-298.160+5+0.1+46.5=-246.56(mm)$。

注：如图 1-42 所示，-298.160mm 为坐标显示值；+5mm 为测量棒半径值；+0.1mm 为塞尺厚度；+46.5mm 为编程原点到工件定位基准面在 Y 坐标方向的距离。

Z 坐标设定值：$Z=-31.833-0.2=-32.033(mm)$。

注：-31.833 为坐标显示值；-0.2 为塞尺厚度，如图 1-43 所示。

通过计算结果为：$X=-392.626$；$Y=-246.560$；$Z=-32.033$。

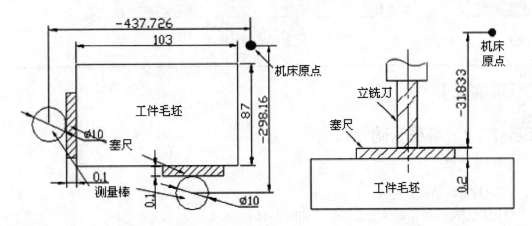

图 1-42 X、Y 向对刀方法　　　　图 1-43 Z 向对刀方法

(5) 设定加工坐标系。将开关置于 MDI 方式下，进入加工坐标系设定页面。输入数据为：$X=-392.626$、$Y=-246.560$、$Z=-32.033$。

表示加工原点设置在机床坐标系的 $X=-392.626$、$Y=-246.560$、$Z=-32.033$ 的位置上。

(6) 校对设定值。对于初学者，在进行加工原点的设定后，应进一步校对设定值，保证参数的正确性。校对工作的具体过程如下。

在设定了 G54 加工坐标系后，再进行回机床参考点操作，其显示值为：$X+392.626$，$Y+246.560$，$Z+32.033$。

这说明在设定了 G54 加工坐标系后，机床原点在加工坐标系中的位置为：$X+392.626$、$Y+246.560$、$Z+32.033$，这反过来也说明 G54 的设定值是正确的。

项目 1.4 数控编程基础

【学习目的】

学习本项目主要目的是了解数控机床编程的基础知识，掌握数控机床辅助编程指令和数控机床速度控制指令。

【任务列表】

任务序号	任务名称	知识与能力目标
1.4.1	编程基础知识	① 编程概要 ② 程序的构成 ③ 准备机能 G 指令 ④ 刀具机能 T 指令
1.4.2	辅助编程指令	① 基本概念 ② M 指令详解 ③ M00、M01、M02 和 M30 的区别与联系

任务序号	任务名称	知识与能力目标
1.4.3	速度控制指令	① 主轴转速机能 ② 进给速率机能 ③ 切削进给指令

【任务实施】

任务 1.4.1　编程基础知识

1. 编程概要

1) 机械加工的作业流程

使用数控机床加工零件的大致步骤如图 1-44 所示。

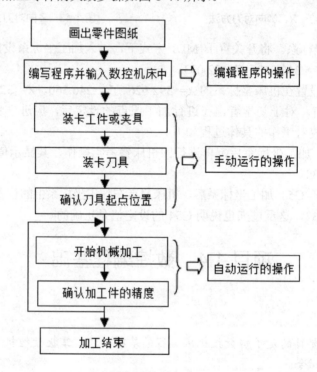

图 1-44　数控机床加工零件流程框图

2) 给数控机床的指令

加工零件时，需要用指令指定使用的刀具、刀具的转速和旋转方向，是否使用切削油，工件的夹紧等内容。其次应指定刀具的运动方法及运动轨迹，如定位、直线插补、圆弧插补以及进给速度等，以便加工出符合图纸尺寸的工件。

2. 程序的构成

通过程序使数控机床运动。从零件图纸到获得数控机床所需控制介质的全部过程，称为数控编程。程序是按加工顺序编写的，编好的程序可以全部输入存储器中。

存储器可以事先存储多个程序(存储器容量随系统的不同而不同)，根据需要随时调用。

1) 程序

程序由字母和数字组成，组成程序的字母和数字的含义如下。

(1) 程序名字。由字母 O +四位数字组成(有些数控系统使用%+四位数字)。

(2) 顺序号 N。顺序号又称程序段号或程序段序号。顺序号位于程序段之首，由顺序号字 N 和后续数字组成。顺序号 N 是地址符，后续数字一般为 1～4 位的正整数。

数控加工中的顺序号实际上是程序段的名称，与程序执行的先后次序无关。

注意：数控系统不是按顺序号的次序执行程序，而是按照程序段编写时的排列顺序逐段执行。

(3) 准备功能字 G。准备功能字的地址符是 G，又称为 G 功能或 G 指令，是用于建立机床或控制系统工作方式的一种指令。后续数字一般为 1～3 位正整数。

(4) 尺寸字。尺寸字用于确定机床上刀具运动终点的坐标位置。

第一组 X、Y、Z、U、V、W、P、Q、R 用于确定终点的直线坐标尺寸。

第二组 A、B、C、D、E 用于确定终点的角度坐标尺寸。

第三组 I、J、K 用于确定圆弧轮廓的圆心坐标尺寸。另外，用 P 指令暂停时间，用 R 指令设定圆弧的半径等。

(5) 进给功能字 F。进给功能字的地址符是 F，又称为 F 功能或 F 指令，用于指定切削的进给速度。对于车床，F 可分为每分钟进给和主轴每转进给两种，对于其他数控机床，一般只用每分钟进给。F 指令在螺纹切削程序段中常用来指定螺纹的导程。

(6) 主轴转速功能字 S。主轴转速功能字的地址符是 S，又称为 S 功能或 S 指令，用于指定主轴转速。单位为 r/min。对于具有恒线速度功能的数控车床，程序中的 S 指令用来指定车削加工的线速度数。

(7) 辅助功能字 M。辅助功能字的地址符是 M，后续数字一般为 1～2 位正整数，又称为 M 功能或 M 指令，用于指定数控机床辅助装置的开关动作。

2) 编制程序

数控机床编程方法有手动编程、自动编程及图形对话式自动编程三种，如图 1-45 所示。

(1) 编程步骤如图 1-45 所示。

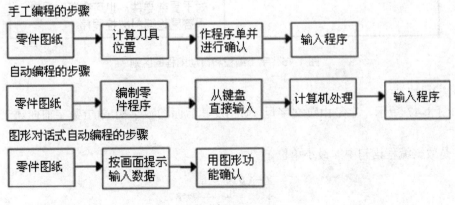

图 1-45　编程步骤

(2) 加工程序的一般格式。

① 程序开始符、结束符。程序开始符、结束符是同一个字符，ISO 代码中是%，EIA 代码中是 EP，书写时要单列一段。

② 程序名。程序名有两种形式：一种是由英文字母 O 和 1～4 位正整数组成；另一种是由英文字母开头，字母和数字混合组成的。一般要求单列一段。

③ 程序主体。程序主体是由若干个程序段组成的。每个程序段一般占一行。

④ 程序结束指令。程序结束指令可以用 M02 或 M30。一般要求单列一段。

加工程序的一般格式举例如下：

O1000   // 程序名
N10 G00 G54 X50 Y30 M03 S3000
N20 G01 X88.1 Y30.2 F500 T02 M08   // 程序主体
N30 X90
…
N300 M30
%   // 结束符

(3) 手工编程和自动编程的不同点，如图 1-46 所示。

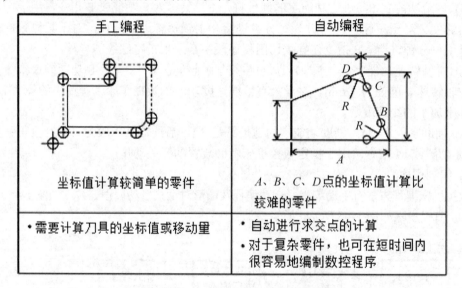

图 1-46　手工编程和自动编程的区别

3) 字和地址

如图 1-47 所示，字是由英文字母(地址)及其后面的数字构成的(数字前面还带有+、−符号)。

字是数据编程语句中的最小单位。

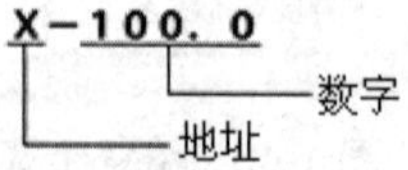

X−100.0

数字
地址

图 1-47　编程语句组成

地址是英文字母(A～Z)。关于地址的含义如表 1-6 所示，有时其含义随准备功能的指令而变化。

基本地址和指令值范围如表 1-6 所示。但是，这只是对数控机床的限制，对机床的限制是与此不同的。

表 1-6　各地址的意义

机　能	位　址	意　义
程序号码	:　(ISO)，O (EIA)	程序号码
顺序号码	N	顺序号码
准备功能	G	动作模式(直线、圆弧等)
坐标轴字语	X、Y、Z	坐标轴移动指令
	A、B、C、U、V、W	附加轴移动指令
	R	圆弧半径
	I、J、K	圆弧中心坐标
进给功能	F	进给速率
主轴转速功能	S	主轴转速
刀具功能	T	刀具号码、刀具补正号码
辅助功能	M	机械侧开/关控制
	B	床台位置
补正号码	H、D	补正号码指令
暂　停	P、X	暂停时间
子程序号码指定	P	子程序号码指定
重复次数	L	子程序重复次数
参　数	P、Q、R	固定循环

编程时，在参照本书的同时，也要参照机床厂家的说明书。

(1) 输入小数点。

可使用小数点的地址为 X、Y、Z、A、B、C、U、V、W、I、J、K、R、Q、F。

不能使用小数点的地址为 P、D/H、S、T、M，如果指定了带小数点的数值，则出现报警。

数值的单位是 mm、inch、deg(度)、秒等。

例如，X15.0→在 X 的正方向移动 15.0 mm；G04 X1.0 → 机床暂停时间 1.0s；B30.0 →B 轴的旋转角度 30°。

(2) 设定单位。

对于数控程序坐标值的单位，用参数可以选择以下 3 种之一。

设定单位 A：0.01mm/0.01°/0.01s。

设定单位 B：0.001mm/0.001°/0.001s。

设定单位 C：0.0001mm/0.0001°/0.0001s。

对于一般机床，基本上都是用设定单位 B，本书也是用设定单位 B 来讲述的。

4) 坐标位置数值的表示方式

数控机床程序控制刀具移动到某坐标位置，其坐标位置数值的表示方式有两种。

(1) 用小数点表示法。即数值的表示用小数点"."明确地标示个位在哪里，如 X25.36，其中 5 为个位，故数值大小很明确。

(2) 不用小数点表示法。即数值中无小数点者，则数控机床控制器会将此数值乘以最小移动量(公制 0.001mm，英制 0.0001 英寸)作为输入数值。如 X25，则数控机床控制器会将 25×0.001mm =0.025mm 作为输入数值。所以，要表示"25mm"，可用"25."或"25000"表示，一般用小数点表示法较方便，并可节省系统的记忆空间，故常被使用。

以下地址均可选择使用小数点表示法或不使用小数点表示法：X、Y、Z、I、J、K、F、R 等。但也有一些地址不允许使用小数点表示法，如 P、Q、D 等。

例如，暂停指令，如指令程序暂停 5s，必须按以下方法书写：G04 X5.；或 G04 X5000；或 G04 U5.；或 G04 U5000；或 G04 P4000 皆可。

一般皆采用小数点表示方式来描述坐标位置数值，故在输入数控机床程序，尤其是坐标数值是整数时，常常会遗漏小数点。如欲输入"25mm"，但输入"Z25"，其实际的数值是 0.025mm，相差 1000 倍，可能会导致撞机或大量铣削，请谨慎。

程序中用小数点表示与不用小数点表示的数值，可以混合使用。

例 1 程序中小数点用法一。

```
G00 X25. Y3000 Z5.；
G01 Z-5. F100.；
X36000 Y50.；
```

某些专用的 G 功能指令必须置于特定的数值之前。

例 2 程序中小数点用法二。

```
G20；=>设定英制单位
X2.0 G04；=>其暂停时间是 20s。因为现处于英制单位(G20)故 X2.0 先被以距离译码为
20000 英寸，接着执行 G04 暂停指令，则 20000 会被转换成 20s。
```

例 3 程序中小数点用法三。

```
G20；
G04 X2.0；=>    其暂停时间为 2s。因为 X2.0 在 G04 之后，直接被解读为时间，以 s 为单
位，故 X2.0 是 2s
```

例 4 程序中小数点用法四。

```
F100. G98；(错误)
G98 F100.；(正确)，表示进给速率是 100 mm/min
```

3. 准备功能(又称为 G 功能)

G 功能是命令机械准备以何种方式切削加工或移动。以地址 G 后面接两位数字组成，其范围为 G00～G99，不同的 G 功能代表不同的意义与不同的动作方式，表 1-7 是常用的 G 功能。

表 1-7　准备功能的字及其功能(FANUC 0iM)

代　码	组	意　义	代　码	组	意　义	代　码	组	意　义
G00		快速点定位	G28	00	回参考点	G52	00	局部坐标系设定
G01		直线插补	G29		参考点返回	G53		机床坐标系编程
G02	01	顺圆插补	G40	09	刀径补正取消	G54～	11	工件坐标系 1～6 选择
G03		逆圆插补	G41		刀径左补正	G59		
G33		螺纹切削	G42		刀径右补正	G92		工件坐标系设定
G04	00	暂停延时	G43	10	刀径正补正	G65	00	宏指令调用
G07	00	虚轴指定	G44		刀径负补正	G73～	06	钻、镗循环
G11	07	单段允许	G49		刀径补正取消	G89		
G12		单段禁止	G50	04	缩放关	G90	13	绝对坐标编程
G17		XY 加工平面	G51		缩放开	G91		增量坐标编程
G18	02	ZX 加工平面	G24	03	镜像开	G94	14	每分钟进给方式
G19		YZ 加工平面	G25		镜像关	G95		每转进给方式
G20	08	英制单位	G68	05	旋转变换	G98	15	回初始平面
G21		公制单位	G69		旋转取消	G99		回参考平面

4. 英制/公制单位指令：G20/G21

G20 表示英制输入；G21 表示米制输入。G20 和 G21 是两个可以互相取代的代码。

注意：在程序执行时，绝对不能切换 G20 和 G21。

在一个程序段内，不能同时使用 G20 或 G21 指令，且必须在坐标系确定前指定。

G20 或 G21 指令断电前后一致，即停电前使用 G20 或 G21 指令，在下次后仍有效，除非重新设定。

G20：设定程序以"寸"为单位，最小数值 0.0001 寸。

G21：设定程序以"mm"为单位，最小数值 0.001mm。

一般机床均采用公制单位，一开机即自动设定为公制单位。程序中不须再用指令 G21。但若欲加工以"寸"为单位的工件，则于程序的第一单节必须先写指令 G20，如此以下所指定的坐标值、进给速率、螺纹导程、刀具半径补正值、刀具长度补正值、手动脉波产生器(MPG)手轮每格的单位值等皆被设定成英制单位。

G20 或 G21 通常单独使用，不和其他指令一起出现在同一单节，且应位于程序的第一单节。

刀具补正值及其他有关数值均须随单位系统的改变而重新设定。

5. 绝对指令和增量指令(以下为 FANUC 车削系统)

绝对指令：指定从程序原点到目标点(绝对坐标系的坐标值)的坐标值，用地址 X、Z 指定。

增量指令：指定从刀具的当前点到目标点的移动距离(位移量)，用地址 U、W 指定。

注：绝对值和增量值指令可以一起用在一个程序段中，在图 1-48 中也可以指定指令 X400.W-50.；当 X 和 U 或者 Z 和 W 在一个程序段中，后指定者有效。

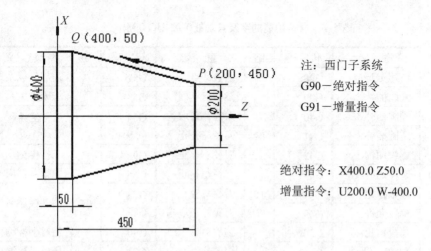

注：西门子系统

G90—绝对指令

G91—增量指令

绝对指令：X400.0 Z50.0

增量指令：U200.0 W-400.0

图 1-48 绝对指令和增量指令示例

6. 直径指定和半径指定

一般用数控车床加工的工件断面形状呈圆形。此时的尺寸指定有直径值和半径值两种。

在数控机床中，用参数设定选择直径值或半径值指定，如图 1-49 所示。

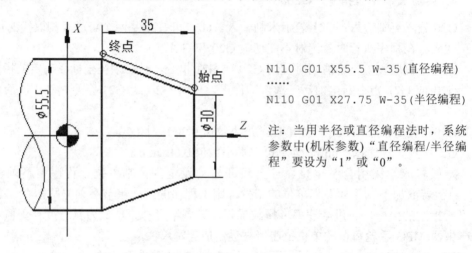

N110 G01 X55.5 W-35(直径编程)

......

N110 G01 X27.75 W-35(半径编程)

注：当用半径或直径编程法时，系统参数中(机床参数)"直径编程/半径编程"要设为"1"或"0"。

图 1-49 直径指定和半径指定

7. 选择性单节删除/

在单节的最前端加一斜线/(选择性单节删除指令)时，该单节是否被执行，是由执行操作面板上的选择性单节删除开关来决定。当此开关处于 ON(灯亮)，则该单节会被忽略而不被执行；当此开关处于 OFF(灯熄)，则该单节会被执行。所以，程序中有/指令的单节可由操作者视情况选择该单节是否被执行。

示例：

N1;　　=>粗铣外形

　　:

```
/M00;
N2;      =>粗铣凹槽
 :
/M00;
N3;      =>精铣外形
 :
/M00;
N4;      =>精铣凹槽
```

以上例子，当单节删除开关处于 ON 时，则所有的 M00(程序停止指令)皆不被执行；反之处于 OFF 时，则全部执行。

/指令常置于单节的最前端，若置于单节中的任何位置，则从/至；(单节结束)间的所有指令皆被忽略不执行。

若含有/指令的单节被读入缓冲暂存区后，再将单节删除开关置于 ON，则此单节因已被辨认正确无误，故会被执行。

8. 刀具功能

刀具功能又称为 T 功能。

1) 数控车削系统刀具功能(T 功能)

用地址 T 及其后面的数值指定刀具号，可以选择刀具。

功能格式　　T□□□□。

T 后面通常用四位数字，前两位是刀具号，后两位是刀具补正号与刀尖圆弧半径补正号。

例如，T0303 表示选用 3 号刀及 3 号刀具长度补正值和刀尖圆弧半径补正值。

T0300 表示取消刀具补正。

2) 数控铣削系统 T 功能数控以地址 T 后面接两位数字组成。

数控铣床无 ATC，必须用手换刀，所以 T 功能是用于 MC。

(1) MC 的刀具库有两种：一种是圆盘形；另一种为链条形。换刀的方式分为无臂式及有臂式两种。

无臂式换刀方式是刀具库靠向主轴，先卸下主轴上的刀具，再旋转至欲换的刀具，上升装上主轴。此种刀具库大都用于圆盘形较多，且是固定刀号式(即 1 号刀必须插回 1 号刀具库内)，故换刀指令的书写方式如下：

M06 T02；=>M06(换刀指令)，执行时，主轴上的刀具先装回刀具库，再旋转至 2 号刀，将 2 号刀装上主轴孔内。

(2) 有臂式换刀大都配合链条形刀具库且是无固定刀号式，即 1 号刀不一定插回 1 号刀具库内，其刀具库上的刀号与设定的刀号由控制器的 PLC(可编程控制器)管理。此种换刀方式的 T 指令后面所接数字代表欲呼叫刀具的号码。

当 T 功能被执行时，被呼叫的刀具会转至准备换刀位置，但无换刀动作，因此 T 指令可在换刀指令 M06 之前即已设定，以节省换刀时等待刀具的时间。故有换刀臂式的换刀程序指令书写如下：

```
T01:=> 1 号刀就换刀位置
 :
```

```
M06 T03;=> M06 换刀指令，将 1 号刀换到主轴孔内，3 号刀就换刀位置
 :
M06 T04;=> M06 换刀指令，将 3 号刀换到主轴孔内，4 号刀就换刀位置
 :
M06 T05;=> M06 换刀指令，将 4 号刀换到主轴孔内，5 号刀就换刀位置
```

(3) 执行刀具交换时，并非刀具在任何位置均可交换，各制造厂商依其设计不同，均在一安全位置实施刀具交换动作，以避免与床台、工件发生碰撞。

Z 轴的机械原点位置是远离工件最远的安全位置，故一般以 Z 轴先回归机械原点后才能执行换刀指令。

但有些制造厂商，如台中精机的 MC，除了 Z 轴先回归 HOME 点外，还必须做第二参考点复归，即 G30 指令。故 MC 的换刀程序应书写如下。

① 只需 Z 轴回 HOME 点(无臂式的换刀)：

```
G91 G28 Z0;       => Z 轴回归 HOME 点
M06 T03;          => 主轴更换为 3 号刀
 :
G91 G28 Z0;
M06 T04;          => 主轴更换为 4 号刀
 :
G91 G28 Z0;
M06 T05;          => 主轴更换为 5 号刀
 :
```

② Z 轴先回归 HOME 点且必须将 Y 轴作第二参考点复归 G30 Y0(有臂式的换刀)：

```
T01;              => 1 号刀就换刀位置
G91 G28 Z0;       => Z 轴回归 HOME 点
G30 Y0;           => Y 轴第二参考点复归
M06 T03;          => 将 1 号刀换到主轴孔内，3 号刀就换刀位置
 :
G91 G28 Z0;
G30 Y0;
M06 T04;          =>将 3 号刀换到主轴孔内，4 号刀就换刀位置
 :
G91 G28 Z0;
G30 Y0;
M06 T05;          =>将 4 号刀换到主轴孔内，5 号刀就换刀位置
 :
```

任务 1.4.2 辅助编程指令

1. 基本概念

在数控机床上，有些单纯的开(ON)或关(OFF)的动作，如主轴正转、主轴停止、切削液开、切削液关等，用地址 M 后面接两位数字组成指令，称为辅助编程指令。

通常 M 功能除某些有通用性的标准码外(如 M03、M05、M08、M09、M30 等)，还可由制造厂商依其机械的动作要求，设计出不同的 M 指令，以控制不同的开/关动作。

在同一单节中若有两个 M 功能出现时，虽其动作不相冲突，但以排列在最后面的 M 功能有效，前面的 M 功能皆被忽略而不执行。

例如，S600 M03 M08；执行此单节时，主轴不会正转，只喷出切削液。

一般数控机床 M 功能的前导零可省略，如 M01 可用 M1 表示、M03 可用 M3 来表示，余者类推，如此可节省内存空间及输入的字数。

2. 指令详解

M 功能的范围为 M00～M99，不同的 M 功能代表不同的动作，常用指令如表 1-8 所示。

表 1-8 常用辅助功能的指令及其功能

指　令	功　能
M00	程序停止
M01	选择性程序停止
M02	程序结束
M03	主轴正转
M04	主轴反转
M05	主轴停止
M06	自动换刀
M07	切削液开(雾状)
M08	切削液开
M09	切削液关
M19	主轴定向停止
M30	程序结束(记忆回原)
M98	主程序呼叫子程序
M99	子程序结束，并跳回主程序

1) M00：程序停止

程序中若使用 M00 指令，当执行至 M00 指令时，程序即停止执行，且主轴停止转动、切削液关闭，系统现场保护。欲执行下一单节，只要按循环启动按钮，系统将继续执行后面的程序段。例如：

```
N10  G00  X100.0  Z100.0;
N20  M00;
N30  X50.0  Z50.0;
...
```

执行到 N20 程序段时，进入暂停状态，重新启动后将从 N30 程序段开始继续进行。如进行尺寸检验、清理切屑或插入必要的手工动作时，用此功能很方便。对于铣床来说，不像加工中心可以自动换刀，如果同一工件需要多把刀具时，就需要手工换刀，这时也需要使用此指令。

另外，有两点需要说明：一是 M00 须单独设一程序段；二是在 M00 状态下按复位键，则程序将回到开始位置。

2) M01：选择性程序停止

此指令的功能和 M00 相同，但选择停止或不停止，可由执行操作面板上的"选择停止"按钮来控制。

当按钮置于 ON(灯亮)时则 M01 有效，其功能等于 M00；若按钮置于 OFF(灯熄)时，则 M01 将不被执行，即程序不会停止。

例如：

```
N10  G00 X100.0 Z200.0;
N20  M01;
N30  X50.0 Z110.0;
```

如"任选停止"开关处于断开位置，则当系统执行到 N20 程序段时，不影响原有的任何动作，而是接着往下执行 N30 程序段。

此功能通常是用来进行尺寸检查，而且 M01 应作为一个程序段单独设定。它与 M00 比较优点在于，调试程序时"任选停止"开关处于"开"位置，正常加工时可以将"任选停止"开关处于"关"位置。

M00 和 M01 常用于数控铣床在粗铣后执行 M00 或 M01 时，此时可用手动方式更换精铣刀，再按 CYCLE START 程序执行键，继续执行精铣程序。

3) M02：程序结束

此指令应置于程序最后单节，表示程序到此结束。此指令会自动将主轴停止(M05)及关闭切削液(M09)，但程序执行指针(CURSOR)不会自动回到程序的第一单节，而是停在 M02 单节上。如欲使程序执行指针回到程序开头，必须先将"模式选择"按钮转至"EDIT"(编辑)上，再按 RESET 键，使程序执行指针回到程序开头。

4) M03：主轴正转

程序执行至 M03，主轴即正方向旋转(由主轴上方向床台方向看，沿顺时针方向旋转)，参考图 1-50(a)。一般铣刀大都用主轴正转 M03。

5) M04：主轴反转

程序执行至 M04，主轴即反方向旋转(由主轴上方向床台方向看，沿逆时针方向旋转)，参考图 1-50(b)。

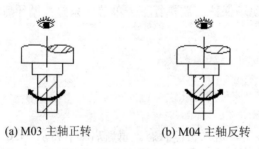

(a) M03 主轴正转   (b) M04 主轴反转

图 1-50　主轴正、反转

对于铣床来说，只有攻螺纹时主轴反转，不过此时由攻螺纹循环指令控制，所以一般不用 M04 主轴反转指令。

6) M05：主轴停止

程序执行至 M05，主轴即瞬间停止，此指令用于下列情况。

(1) 程序结束。但一般常可省略，因为 M02、M30 指令皆包含 M05。

(2) 若数控机床有主轴高速挡(M42)、主轴低速挡(M41)指令时，在换挡之间必须使用 M05，使主轴停止再换挡，以免损坏换挡机构。

(3) 主轴正、反转之间的转换，也必须加入此指令，使主轴停止后，再变换转向指令，以免伺服电动机受损。

7) M06：自动换刀

程序执行至 M06，控制器即命令 ATC(自动刀具交换装置)执行换刀动作。加工中心常用该指令。

在铣床上有时也利用此功能实现粗、精加工转换。例如，粗加工时，把刀具的半径值按真实半径与精加工余量之和输入半径补正寄存器中，真实半径作为另一个刀号处理。

8) M07：开启雾状切削液

有喷雾装置的机床，令其开启喷雾泵浦，喷出雾状切削液。

9) M08：切削液喷出

程序执行至 M08，即启动切削液泵浦，但必须配合执行操作面板上的 CLNT AUTO 键，处于 ON(灯亮)状态；(切削液程序键处于 ON)否则液泵不会启动。

一般数控机床主轴附近有一阀门可以手动调节切削液流量大小。

10) M09：喷雾及切削液关闭

喷雾及冷却剂泵浦关闭，停止切削液喷出。常用于程序执行完毕之前。但常可省略，因为一般 M02、M30 指令皆包含 M09。

11) M19：主轴定向停止

令主轴旋转至一固定方向后停止旋转，在装置精镗孔刀及背镗孔刀使用 G76 或 G87 指令时，因其包含 M19 指令且刀具会平移一小段距离，故必须先以 MDI 方式执行 M19 指令，以确定偏位方向，以便提供给 G76 或 G87 指令使用。

12) M30：程序结束

此指令应置于程序最后单节，表示程序到此结束。此指令会自动将主轴停止(M05)及关闭切削液(M09)，程序执行指针会自动回到程序的第一单段，以方便此程序再次被执行。此即与 M02 指令不同之处，故程序结束使用 M30 较方便。

13) M98：主程序呼叫子程序

此指令置于主程序的某一单节，当执行至 M98 时，控制器即从内存呼叫 M98 后面所指定的子程序出来执行。执行次数大多为 1～99。指令格式如图 1-51 所示。

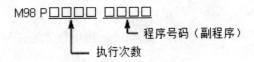

图 1-51　M98 的指令格式

14) M99：子程序结束并跳回主程序

此指令用于子程序最后单节，表示子程序结束，且命令程序执行指针跳回主程序中

M98 的下一单节继续执行程序。

M99 指令也可用于主程序最后单节，此时程序执行指针会跳回主程序的第一单节继续执行此程序，所以此程序将一直重复执行，除非按 RESET 键才能中断执行。此种方法常用于数控铣床或 MC 开机后的暖机程序，表 1-9 所示例子可供参考(也常用于展览会场展示用)。

数控铣床或 MC 暖机程序参见表 1-9(此程序适合无臂式 ATC)。

表 1-9　M99 指令示例程序

指　　令	功　　能
O8888; G91 G28 Z0;	Z 轴回归机械原点
G28 X0 Y0;	X、Y 轴回归机械原点
M06 T01;	将 1 号刀装上主轴孔内
M03 S100;	主轴正转 100r/min
G01 G91 X500. Y-350. F50.;	以 50mm/min 进给速率移动到 X500. Y−350.
Z -400.;	Z 轴向下移动
X -450. Y300.;	X、Y 轴移动
G28 Z0;	Z 轴归 HOME 点
M06 T07;	将 7 号刀装上主轴
Z -400.;	Z 轴向下移动
X500. Y -350.;	X、Y 轴移动
Z200.;	Z 轴向上移动
X -250. Y170.;	X、Y 轴移动
G 28 Z0;	Z 轴归 HOME 点
M06 T14;	将 14 号刀装上主轴
Z -400.;	Z 轴向上移动
M 99;	将程序执行指针跳回第一单节继续执行此程序

3. M00、M01、M02 和 M30 指令应用

(1) M00 为程序无条件暂停指令。程序执行到此进给停止，主轴停转。重新启动程序，必须先回到 JOG 状态下，按 CW(主轴正转)键启动主轴，接着返回 AUTO 状态下，按 START 键才能启动程序。

(2) M01 为程序选择性暂停指令。程序执行前必须打开控制面板上的 OP STOP 键才能执行，执行后的效果与 M00 相同，要重新启动程序同上。

M00 和 M01 常用于加工中途工件尺寸的检验或排屑。

(3) M02 为主程序结束指令。执行到此指令，进给停止，主轴停止，冷却液关闭。但程序光标停在程序末尾。

(4) M30 为主程序结束指令。功能同 M02，不同之处是，光标返回程序头位置，不管 M30 后是否还有其他程序段。

任务 1.4.3　速度控制指令

1. 主轴转速机能

S □ □ □ □

S 功能指令用于控制主轴转速，S 后面的数字表示主轴转速，单位为 r/min。在具有恒线速功能的机床上，S 功能指令还有控制速度的作用。

1) 用于指令主轴的回转速数值(r/min)

S 机能以地址 S 后面接 4 位数字组成。如其指令的数值大于或小于制造厂商所设定的最高或最低转速时，将以厂商所设定的最高或最低转速为实际转速。一般 MC 的转速为 0～6000r/min。

在操作中为了实际加工条件的需要，也可由执行操作面板的"主轴转速调整率"旋钮来调整主轴实际转速。

S 指令只是设定主轴转速大小，并不会使主轴回转，需要有 M03(主轴正转)或 M04(主轴逆转)指令时，主轴才开始旋转。

例如，S1000 M03；=>主轴以顺时针方向旋转 1000r/min。

主转转速可由下式计算而得，即

$$S=1000\ v/\pi D$$

式中，S 为主轴转速 r/min；v 为切削速度 m/min；D 为刀具直径 mm；π 为圆周率 3.14。

例如，已知用 ϕ10 mm 高速钢端铣刀，v=22 m/min，求 S。

解答：S=1000×22/3.14×10≈700(r/min)。

2) 最高转速限制

在车削端面或工件直径变化较大时，为了保证车削表面质量的一致性，使用恒线速度控制。

用恒线速度控制加工端面、锥面和圆弧面时，由于 X 轴的值不断变化，当刀具接近工件的旋转中心时，主轴的转速会越来越高。采用主轴最高转速限定指令，可防止因主轴转速过高、离心力太大，产生危险及影响机床寿命。

编程格式　G50 S～

S 后面的数字表示的是最高转速，单位为 r/min。

例如，G50 S3000，表示最高转速限制为 3000r/min。

3) 恒线速控制

编程格式　G96 S～

S 后面的数字表示的是恒定的线速度，单位为 m/min。

例如，G96 S150，表示切削线速度控制在 150 m/min。

4) 恒线速取消

编程格式　G97 S～

S 后面的数字表示恒线速度控制取消后的主轴转速，如 S 未指定，将保留 G96 的最终值。

例如，G97 S3000，表示恒线速控制取消后主轴转速 3000 r/min。

编程举例：利用恒线速度功能编写图 1-52 所示图纸精加工程序。

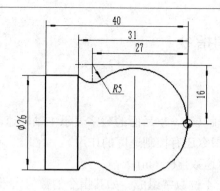

图 1-52   恒线速度编程实例

在精加工中，必须保证零件的尺寸精度要求以及表面粗糙度要求，因此零件球面加工时应保证整个球面线速度恒定。所以，本例编程使用恒线速度控制指令。

```
%0001
N0 T0101 G00 X40 Z5;          调用第一把刀，设立坐标系
N1 M03 S400;                  主轴以 400r/min 旋转
N2 G50 S1500;                 把主轴最高速度限定为 1500r/min
N3 G96 S80;                   恒线速度有效，线速度为 80m/min
N4 G00 X0;                    刀到中心，转速升高，直至主轴到最大限速
N5 G01 Z0 F60;               工进接触工件
N6 G03 U24 W-24 R15;         加工 R15mm 圆弧段
N7 G02 X26 Z-31 R5;          加工 R5mm 圆弧段
N8 G97 S300;                 取消恒线速度功能，设定主轴按 300r/min 旋转
N9 G01 Z-40;                 加工φ26mm 外圆
N10 G00 X40 Z5;             刀具回起始点
N11 T0100 M30;              刀具复位，主轴停，主程序结束
```

2. 进给速率功能

F 功能用于控制刀具移动时的速率，如图 1-53 所示。

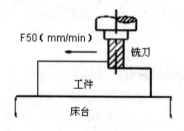

图 1-53   进给功能

F 后面所接数值代表每分钟刀具进给量，单位为 mm / min。

F 功能指令值如超过制造厂商所设定的范围时，则以厂商所设定的最高或最低进给率为实际进给率。在操作中为了实际加工条件的需要，也可由执行操作面板上的"切削进给

率"旋钮来调整实际进给率。

F 功能一经设定，如未被重新指定，则表示先前所设定的进给率继续有效。

F 功能的数值可由下列公式计算而得，即

$$F = F_t \cdot T \cdot S$$

式中，F_t 为铣刀每刃的进给量(mm/tooth)；T 为铣刀的刀刃数；S 为刀具的转数(r/min)。

例如，使用 $\phi75$mm，六刃的面铣刀，铣削碳钢表面，$v=100$m/min，$F_t=0.08$mm/刃，求 S 及 F。

解答：$S=1000v/\pi D=(1000\times100)/(75\times3.14) \approx425$(r/min)

$F = F_t TS = 0.08\times6\times425 = 204$(mm/min)

刀具材质及被切削材料不同，则切削速度、每刃的进给量也不相同。

3. 切削进给指令(F、G98/G99)

1) F

切削进给速度用指令 F 直接指定。已指定的速度可以用 0～200%的进给倍率。

2) G98

指令格式　G98 F__；

指令功能　以 mm/min 为单位给定切削进给速度，G98 为模态 G 指令。如果当前为 G98 模态，可以不输入 G98。

3) G99

指令格式　G99 F__；

指令功能　以 mm/r 为单位给定切削进给速度，G99 为模态 G 指令。如果当前为 G99 模态，可以不输入 G99。数控机床执行 G99 F__时，把 F 指令值(mm/r)与当前主轴转速(r/min)的乘积作为指令进给速度控制实际的切削进给速度，主轴转速变化时，实际的切削进给速度随之改变(见图 1-54)。

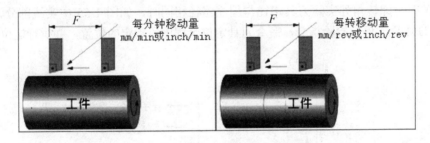

表 1-54　G98、G99 指令图示

注：使用 G99 F__给定主轴每转的切削进给量，可以在工件表面形成均匀的切削纹路。

G98、G99 为同组的模态 G 指令，只能一个有效。通常 G98 为初态 G 指令，数控机床上电时默认 G98 有效。

每转进给量与每分钟进给量的换算公式为

$$F_m=F_r \cdot S$$

式中，F_m 为每分钟的进给量(mm/min)；F_r 为每转进给量(mm/r)；S 为主轴转速(r/min)。

注意：①G98、G99 是模态的，一旦指定了，在另一个代码出现前，一直有效。

②使用每转进给时，主轴上必须装有位置编码器。

4) 螺纹切削

数控机床根据给定螺距、跟随主轴的运动实现切削。切削时，主轴每旋转一圈，刀具移动一个螺距。切削的速度与指定的螺距大小、主轴实际的旋转速度有关。螺纹切削时须安装主轴编码器，主轴的实际转速由主轴编码器反馈给数控机床。此时，进给倍率、快速倍率对螺纹切削无效。

$$F=f \cdot S$$

式中，F 为螺纹切削速度(mm/min)；f 为给定螺距(mm)；S 为主轴实际转速(r/min)。

5) 转角的速度控制

段间过渡方式指令 G09、G61、G64。

(1) 准停检验指令 G09。

功能格式：G09

一个包括 G09 的程序段在继续执行下个程序段前，准确停止在本程序段的终点。该功能用于加工尖锐的棱角。G09 仅在其被规定的程序段中有效。

(2) 精确停止检验 G61。

功能格式：G61

在 G61 后的各程序段的移动指令都要准确停止在该程序段的终点，然后再继续执行下个程序段。此时，编辑轮廓与实际轮廓相符。

(3) 连续切削方式 G64。

功能格式：G64

在 G64 之后的各程序段间，轴的运动刚减速时就开始执行下一程序段，直至遇到 G61 为止。

一般数控机床工具机一开机即自动设定处于 G64 切削模式，此指令功能即具有自动加减速，使切削工件时在转角处形成一小圆角，具有去除毛边的效果。但若要求在转角处加工成尖锐角时，即转角处实际刀具路径与程序路径相同时，如图 1-55 中实线部分，则可使用 G09 或 G61 确实停止检验指令，命令刀具定位于程序所指定的位置，并执行定位检查。

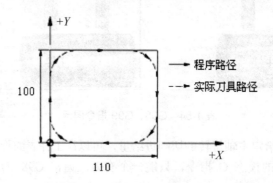

图 1-55　自动加、减速使转角处形成小圆角

两者的差别在于 G09 为单节有效，而 G61 为持续有效。

6) G62 自动转角进给速率调整指令

当启动刀径补正指令(G41 或 G42)时，控制器会自动执行 G62 指令，使切削内圆弧的转角处自动降低进给速率，以减轻刀具的负荷，因此能切削出一个较好的表面。

在一般切削模式(G01、G02、G03)时，其进给速率可由操作面板上的"进给速率调整钮"随时依实际情况调整。但只要使用切削螺纹指令(如 G33、G74、G84)，则控制器会自动进入攻螺纹模式，使"进给速率调整钮"无效(即锁定于 100%)，以避免切削螺纹时，因误转"进给速率调整钮"而改变切削螺纹的进给速率使刀具断裂，或切削出螺距不等的螺纹。

例 1　如图 1-55 所示，使刀具运动路径在转角处会沿虚线部分运动。

```
G28 G91 Z0;
G28 X0 Y0;
G54 G00 G90 X -20. Y -20.;
S800 M03;
G43 Z5. H01;
G01 Z -10. F80;
G41 X0 Y0 D11 F100;
Y100.;
X110.;
Y0;
X0;
G00 G40 X -20. Y -20.;
Z20.;
G28 G91 Z0;
M30;
```

例 2　如图 1-55 所示，使刀具运动路径在左上转角处沿实线部分切削，其余转角处沿虚线部分切削。

```
G28 G91 Z0;
G28 X0 Y0;
G54 G90 G00 X -20. Y -20.;
M03 S800;
G43 Z5. H01;
G01 Z -10. F80;
G41 X0 Y0 D11 F100;
Y100.;
G09; 停止检验 G09 指令，只使左上角沿实线切削。因 G09 为单节有效功能，故其他转角仍沿虚线切削
X110.;
Y0;
X0;
G00 G40 X -20. Y -20.;
Z20.
G28 G91 Z0;
M30;
```

例 3　如图 1-55 所示，使刀具运动路径在全部转角处会沿实线部分切削。

```
G28 G91 Z0;
G28 X0 Y0;
G54 G90 G00 X -20. Y -20.;
M03 S800;
```

```
G43 Z5. H01;
G01 Z -10. F80;
G41 X0 Y0 D11 F100;
Y100.;
G61; 停止检验 G61，使刀具运动路径在全部转角处沿实线部分切削
X110.;
Y0;
X0;
G64; 恢复切削模式指令，具自动加、减速功能
G00 G40 X -20. Y -20.;
Z20.
G28 G91 Z0;
M30;
```

项目 1.5 基本编程指令

【学习目的】

学习本项目主要目的是掌握数控机床快速定位指令 G00、直线进给指令 G01、圆弧插补指令 G02/G03、暂停指令 G04 等基本编程指令。

【任务列表】

任务序号	任务名称	知识与能力目标
1.5.1	快速定位指令 G00	① 车削系统编程 ② 铣削系统编程
1.5.2	直线进给指令 G01	① 车削系统编程 ② 铣削系统编程 ③ 编程实例
1.5.3	圆弧插补指令 G02/G03	① 平面选择 G17～G19 指令 ② 圆弧切削指令 ③ 编程举例 ④ 圆弧加工工艺知识
1.5.4	暂停指令 G04	① 指令详解 ② 主要应用 ③ 应用范例

【任务实施】

任务 1.5.1 快速定位指令 G00

G00 指令命令机床以最快速度运动到下一个目标位置，运动过程中有加速和减速，该指令对运动轨迹没有要求(也可以写为 G0)。

1. 车削系统编程

功能格式：G00 X(U)＿＿＿ Z(W)＿＿＿。

其中：X、Z——目标点的绝对值坐标；U、W——目标点的相对坐标。X(U)、Z(W)可

省略一个或全部，当省略一个时，表示该轴的起点和终点坐标值一致；同时省略表示终点和始点是同一位置，X 与 U、Z 与 W 在同一程序段时 X 和 Z 有效、U 和 W 无效，如图 1-56 所示。

　　G00 指令的移动速率可以通过执行操作面板上的"快速进给率"旋钮调整，并非由 F 功能指定。

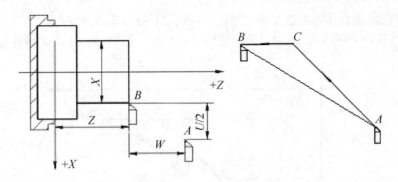

图 1-56　G00 运动轨迹图

　　指令说明：

　　(1) G00 指令刀具相对于工件从当前位置以各轴预先设定的快移进给速度移动到程序段所指定的下一个定位点。

　　(2) G00 指令中的快进速度由机床参数对各轴分别设定，不能用程序规定。由于 G00 快速定位的路径一般皆设定成斜进 45°(又称为非直线形定位)方式，而不以直线形定位方式移动，即各轴以各自速度移动，不能保证各轴同时到达终点，所以联动直线轴的合成轨迹并不总是直线。因此，在使用 G00 指令时，一定要注意避免刀具和工件及夹具发生碰撞。

　　(3) G00 在实际应用中，一般用于加工前快速定位或加工后快速退刀，以节省加工时间。

　　(4) G00 为模态功能，可由 G01、G02、G03 或 G33 功能注销。

　　例如，如图 1-57 所示，刀具从 A 点快速移动到 B 点。

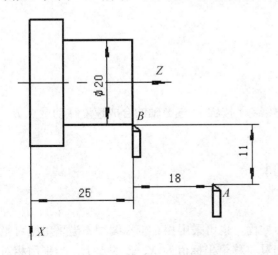

```
G0 X20 Z25;绝对坐标编程
G0 U-22 W-18;相对坐标编程
G0 X20 W-18;混合坐标编程
G0 U-22 Z25;混合坐标编程
```

图 1-57　G00 编程示例

2. 铣削系统编程

指令格式　G00　X__ Y__ Z__。

指令说明：

① 刀具以各轴内定的速度由始点(当前点)快速移动到目标点。

② 刀具运动轨迹与各轴快速移动速度有关。

③ 刀具在起始点开始加速至预定的速度，到达目标点前减速定位。

例如，如图 1-58 所示，刀具从 A 点快速移动至 C 点，使用绝对坐标与增量坐标方式编程。

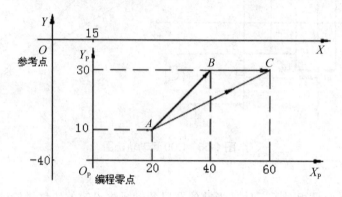

图 1-58　快速定位

绝对坐标编程：

```
G92  X0  Y0  Z0;        设工件坐标系原点，换刀点 O 与机床坐标系原点重合
G90  G00  X15  Y-40;    刀具快速移动至 Op 点
G92  X0  Y0;            重新设定工件坐标系，换刀点 Op 与工件坐标系原点重合
G00  X20  Y10;          刀具快速移动至 A 点定位
X60  Y30;               刀具从始点 A 快移至终点 C
```

用增量值方式编程：

```
G92  X0  Y0  Z0;
G91  G00  X15  Y-40;
G92  X0  Y0;
G00  X20  Y10;
X40  Y20;
```

在上例中，刀具实际运动轨迹为从始点 A 按 X 轴与 Y 轴的合成速度移动至点 B，然后再沿 X 轴移动至终点 C。

任务 1.5.2　直线进给指令 G01

1. 车削系统编程

使用 G01 指令时可以采用绝对坐标编程，也可采用相对坐标编程。当采用绝对坐标编程时，数控系统在接受 G01 指令后，刀具将移至坐标值为 X、Z 的点上；当采用相对坐标编程时，刀具移至距当前点距离为 U、W 值的点上(也可以写为 G1)。

指令格式　G01 X(U)__Z(W)__F;

指令功能　直线插补运动。

指令说明：

① G01 指令刀具从当前位置以联动的方式，按程序段中 F 指令规定的合成进给速度，按合成的直线轨迹移动到程序段所指定的终点。

② 实际进给速度等于指令速度 F 与进给速度(修调)倍率的乘积。

③ G01 和 F 都是模态代码，如果后续的程序段不改变加工的线形和进给速度，可以不再书写这些代码。

④ G01 可由 G00、G02、G03 或 G33 功能注销。

注意：编程时忘记在 G01 指令后面加 F 指令是初学者常犯的错误。

直线运动指令如图 1-59 所示。

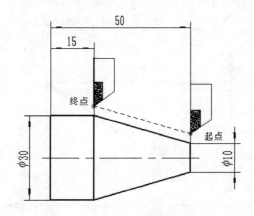

图 1-59　G01 运动轨迹

例如，从直径ϕ40mm 切削到ϕ60mm 的程序指令，如图 1-60 所示。

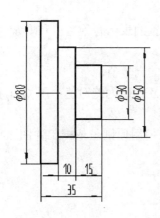

绝对编程	相对编程
G0 X30.Z10.	G0 X30.Z10.
G1 Z0 F0.2	G1W-1F0.2
X30.Z-5.	U10.W-5.
Z-15.	W-10.
X48.	U18.
X50.Z-16.	U2.W-1.
Z-25.	W-9.
X80.	U30.
G0 Z20.M05	G0 Z20.M05
X200.Z120.	X200.Z120.

图 1-60　G01 编程示例

2. 铣削系统编程

1) 直线插补 G01 指令

指令格式　G01　X__ Y__ Z__ F__。

指令功能　直线插补运动。

指令说明：

① 刀具按照 F 指令所规定的进给速度直线插补至目标点。

② F 代码是模态代码，在没有新的 F 代码替代前一直有效。

③ 各轴实际的进给速度是 F 速度在该轴方向上的投影分量。

④ 用 G90 或 G91 可以分别按绝对坐标方式或增量坐标方式编程。

例如，如图 1-61 所示，刀具从 A 点直线插补至 B 点。

```
G90  G01  X60  Y30  F200          使用绝对坐标方式编程
G91  G01  X40  Y20  F200          使用增量坐标方式编程
```

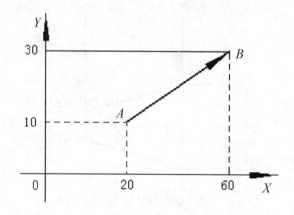

图 1-61　直线插补

2) 坐标位置的表示方式：绝对值和增量值

当刀具移动或切削至某一坐标位置时，坐标位置的表示有绝对值和增量值两种方式。

绝对值是以"程序原点"为依据表示坐标位置。

增量值是以"前一点"为依据表示两点间实际的向量值。

数控铣床或 MC 大都以 G90 指令设定 X、Y、Z 数值为绝对值；用 G91 指令设定 X、Y、Z 数值为增量值。

在同一程序中可以增量值与绝对值混合使用。使用原则是依据工件图上尺寸的标示，用何种方式表示较方便就使用此种方式。

下面以图 1-62 至图 1-64 进行说明。

(1) 绝对值指令格式：G90 X__ Y__ Z__ ；

(2) 增量值指令格式：G91 X__ Y__ Z__ ；

(3) 在实际编程过程中，大都以绝对值和增量值混合使用较多。简而言之，如果能用不加减计算即可得到坐标位置，则以此种方式表示。

下面以图 1-64 所示工件为例加以说明。

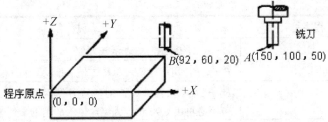

铣刀由 A 点至 B 点移动用增量值表示：G90 X92.Y60.Z20.；

图 1-62　绝对值坐标位置的表示方法

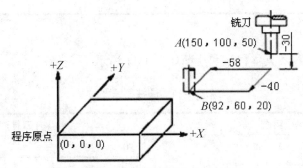

铣刀由 A 点至 B 点移动用增量值表示：G91 X-58.Y-40.Z-30.；

图 1-63　增量值坐标位置的表示方法

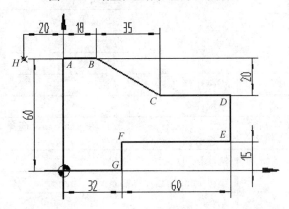

图 1-64　绝对值和增量值混合使用

假设铣刀已定位至 H 点，接着沿 $A{\rightarrow}B{\rightarrow}C{\rightarrow}D{\rightarrow}E{\rightarrow}F{\rightarrow}G{\rightarrow}$程序原点$\rightarrow A$ 点，完成全部轮廓切削。

具体编程如表 1-10 所示。

表 1-10　图 1-64 所示工件编程

序　号	程序段	注　解
N110	G90 G01 X18. F100；	$H \rightarrow B$，用绝对值表示较方便
N120	G91 X35. Y -20.；	$D \rightarrow C$，用增量值表示较方便
N130	G90 X92.；	$C \rightarrow D$，用绝对值表示较方便

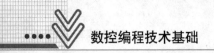

续表

序　号	程序段	注　解
N140	Y15.;	$D \rightarrow E$，用绝对值表示较方便
N150	G91 X -60.;	$E \rightarrow F$，用增量值表示较方便
N160	Y -15.;	$F \rightarrow G$，增量值或绝对值皆方便，但沿用上单节增量指令，可不必再用 $G90$ 设定为绝对值，故用增量值表示之
N170	X -32.;	$G \rightarrow$ 程序原点，理由同上
N180	Y60.;	程序原点 $\rightarrow A$，理由同上
N190	:	

3. 编程实例

例 1　圆柱面编程。具体程序和注释如表 1-11 所示。

表 1-11　圆柱面编程

编程实图	刀具表	
	T01	93° 外圆下偏刀
	切削用量表	
	主轴转数	500r/min
	进给量	0.2mm/r
	切削深度	< 4mm

加工程序	程序注释
O0123	主程序名
N10　G54　G99　S500　M03　T0101	设定工件坐标系，主轴正转 500r/min，选择 1 号刀，用 G99 设定每转进给量
N20　G00 X18 Z2	快速移动点定位
N30　G01 Z-15 F0.2	车 ϕ18mm 外圆，进给量 F=0.2mm/r
N40　　X24	车台阶面
N50　　Z-30	车 ϕ24mm 外圆长 30mm(比零件总长+切割刀刀宽略长)
N60　　X26	车出毛坯外圆
N70　G00 X50 Z200	快速定位点至换刀点
N80　M05	主轴停止
N90　M02	程序结束

例 2　圆锥面编程。

加工如图 1-65 所示零件，已知材料为 45 钢，毛坯为 ϕ60mm×67mm，编写零件的加工程序。

(1) 工艺分析。该零件由外圆柱面和两个圆锥面 Ⅰ、Ⅱ 组成，有较高的表面粗糙度要求。零件材料为 45 钢，切削加工性能较好，无热处理要求。

(2)　加工过程.。

① 手动切除毛坯至∮55mm，长度大于 20mm，调头、装夹、找正。

② 对刀，设置编程原点为零件右端面中心处。

③ 粗车各段外圆及锥面。

④ 倒角、精车各段外圆及锥面至要求尺寸。

(3)　刀具选择。选用硬质合金 93°偏刀，置于 T01 号刀位。

(4)　确定切削用量，参见图 1-65。

(5)　参考程序如下。

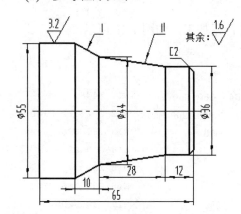

图 1-65　圆锥面编程

阶梯轴切削用量表		
	粗车∮36mm、外圆及各锥面	精车∮36mm、外圆及各锥面
主轴转数	500r/min	800r/min
进给量	0.25/r	0.1/r
切削深度	≤ 3mm	0.5mm

加工程序：

程序注释：

加工程序	程序注释
N10 G99 S500 M03 T0101	主轴正转 500r/min，选择 1 号刀，G99 设定每转进给量
N12 G00 X50 Z2 M08	快速进刀，准备粗车∮46mm 外圆，打开冷却液
N14 G01 Z-40 F0.25	粗车∮44mm 外圆第一刀，进给量 F=0.25mm/r
N20　　X55 Z−50	粗车圆锥 I 第一刀
N30 G00 Z2	快速退刀
N40　　X45	快速进刀，准备粗车∮44mm 外圆第二刀
N50 G01 Z-40 F0.25	粗车∮44mm 外圆第二刀
N60　　X55 Z−50	粗车圆锥 I 第二刀
N70 G00 Z2	快速退刀
N80　　X41	快速进刀，准备粗车∮36mm 外圆第一刀
N90 G01 Z-12 F0.25	粗车∮36mm 外圆第一刀，进给量 F=0.25mm/r
N100　　X45 Z−40	粗车圆锥 II 第一刀
N110 G00 Z2	快速退刀
N120　　X37	快速进刀，准备粗车∮36mm 外圆第二刀
N130 G01 Z-12 F0.25	粗车∮36mm 外圆第二刀
N140　　X45 Z−40	粗车圆锥 II 第二刀
N150 G00 Z2	快速退刀
N160　　X0 S800	快速进刀，准备车端面，主轴转速 800r/min
N170 G01 Z0 F0.1	准备车端面，进给量 F=0.1 mm/r
N180　　X32	车端面
N190　　X36 Z-2	车 C2 倒角

N200	Z-12	精车φ36mm 外圆
N210	X44 Z-40	精车圆锥面 I
N220	X55 Z-50	精车圆锥面 II
N230	G00 X100 Z50	回换刀点
N240	T0100 M05	取消刀补
N250	M05	主轴停
N260	M30	程序结束

提示：本程序 N180 段车端面可以放在加工结束后，经测量以保证 65mm 尺寸后手动 MDI 方式车削。

例 3 编程完成铣削零件图上的四个槽，只进行粗加工，如图 1-66 所示。

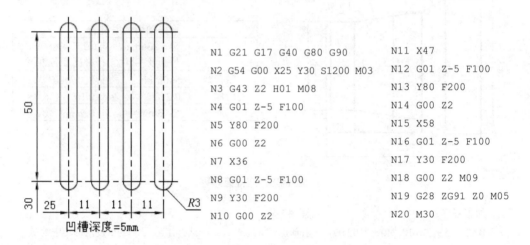

N1 G21 G17 G40 G80 G90   N11 X47

N2 G54 G00 X25 Y30 S1200 M03   N12 G01 Z-5 F100

N3 G43 Z2 H01 M08   N13 Y80 F200

N4 G01 Z-5 F100   N14 G00 Z2

N5 Y80 F200   N15 X58

N6 G00 Z2   N16 G01 Z-5 F100

N7 X36   N17 Y30 F200

N8 G01 Z-5 F100   N18 G00 Z2 M09

N9 Y30 F200   N19 G28 ZG91 Z0 M05

N10 G00 Z2   N20 M30

图 1-66　铣削槽零件

附：M00 与 G01 的编程技巧。

G00 是快速定位指令，也是最容易造成数控机床碰撞事故发生的指令，在实际应用时，可以改用 G01 指令，此时可增大进给速度。另外，在精加工前，巧用 M00 指令使程序暂停，检测尺寸，更正刀补中的"磨耗"，再继续精加工，从而最终保证零件的加工质量。

下面通过具体实例加以说明，如图 1-67 所示。

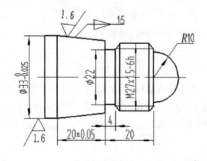

①号刀：93°，正偏刀，刀尖圆弧 R0.4mm。

②号刀：车槽刀，刀宽为 4mm，刀位点为左刀尖。

③号刀：三角形外螺纹车刀。

编程坐标系：选择工件最右端回转中心为编程原点。

图 1-67　螺纹轴零件

具体程序如表 1-12 所示。

表 1-12　加工螺纹轴零件

N10 G21 G99 G40	
N20 T0101	选择 1 号 93° 正偏刀，执行 1 号刀补
N30 M3 S500	
N40 G1 Z1 F4	加工过程中，可以适时降低进给倍率，观察刀具位置情况，防止碰撞事故的发生
N50 X37	
N60 G71 U1.5 R1.0	
N70 G71 P80 Q180 U0.5 W0.0 F0.3	
N80 G0 X0	
N90 G42 G1 Z0 F0.1	
N100 G3 X20 Z-10 R10	
N110 G1 X22.8	
N120 X26.8 Z-12	
N130 Z-30	
N140 X29	
N150 X33 Z-50	
N160 Z-55	
N170 X36	
N180 G40 G1 Z-56	
N190 G1 X100 F6	刀具以 F6 速度径向退出
N200 Z100	
N210 M5	
N220 M00	
N230 T0101	重新选择 1 号 93° 正偏刀，执行 1 号刀补
N240 M3 S900	
N250 G1 Z1 F6	以 F6 速度进给至循环起点 (X37，Z1) 位置
N260 X37	
N270 G70 P80 Q180	
N280 G1 X100 F6	刀具以 F6 速度径向退出
N290 Z100	
N300 M5	
N310 M00	
N320 T0202	选择 2 号车槽刀，执行 2 号刀补
N330 M3 S250	
N340 G1 Z-30 F6	
N350 X30	
N360 G1 X22 F0.05	
N370 G04 X1	
N380 G1 X30 F0.3	
N390 Z-28	
N400 G1 X26.8 Z-30	
N410 X22.8 Z-30	
N420 X30 F0.3	
N430 G1 X100 F6	刀具以 F6 速度径向退出
N440 Z100	
N450 M5	
N460 M00	
N470 T0303	选择 3 号三角形螺纹刀，执行 3 号刀补
N480 M3 S250	
N490 G1 X28 F6	
N500 Z-5	
N510 G92 X26.3 Z-28 F1.5	第 1 次螺纹切削循环，切深 0.5mm
N520 X25.9	第 2 次螺纹切削循环，切深 0.4mm
N530 X25.6	第 3 次螺纹切削循环，切深 0.3mm
N540 X25.45	第 4 次螺纹切削循环，切深 0.15mm
N550 X25.38	第 5 次螺纹切削循环，切深 0.07mm
N560 X25.38	再次车光一刀螺纹
N570 G1 X100 Z100 F6	
N580 M30	

操作说明如下。

(1) N40～N50：在程序执行至该步时，可适当降低进给倍率，注意观察刀具位置情况，防止碰撞。

(2) N220：程序暂停，对粗加工后的零件进行测量，由于数控车床具有加工一致性的特点，此时只需测量一处外径尺寸，如测量 ϕ33mm 外圆，若此时测量值为 ϕ33.50mm，与理论值留下的 0.50mm 的余量正好符合，可按程序启动键，继续执行下面的程序；若此时测量值为 ϕ33.52mm，比理论值留下的 0.5mm 的余量大了 0.02mm，此时，应在 1 号刀 X 磨耗中，将"0"值改为"-0.02"。然后按程序启动键，继续执行下面的程序；若此时测量值为 ϕ33.48mm，比理论值留下的 0.50mm 的余量小了 0.02mm，也就是多切削了 0.02mm，此时，只要将刀具向 X 正方向移动 0.02mm，即在 1 号刀 X 磨耗中，将"0"值改为"+0.02"即可，然后按程序启动键，继续执行下面的程序。

(3) N310：程序暂停，对精加工后的零件进行测量。一般情况下，由于在精加工前已经检测并调整了磨耗值，故这时测量的值一般在公差范围内。万一尺寸还略大，则再次修改磨耗值，同时复位，并在编辑状态下，光标移动到 N230 位置，再调整到自动方式下，执行程序，重新精加工外形轮廓。

(4) N460：程序暂停，对槽的相关尺寸进行测量。若尺寸还未到，可调整 2 号刀的磨耗值，复位后，在编辑状态下，将光标移动到 N320 位置，再调整到自动方式下，重新执行程序，重新车槽。

(5) N580：程序结束。此时用螺纹环规对螺纹进行检测，若此时通规旋不进去，则可先将 3 号刀的 X 磨耗中"0"值改为"-0.05"，复位后，在编辑状态下，将 N520～N540 程序段删除，再把光标移动到 N470 处，再调整到自动方式下，启动自动执行程序，待程序执行结束后，再用通止规检测，若通规还旋不进去，则可再将 3 号刀的 X 磨耗再减小，若再减小 0.03mm，则 X 磨耗改为"-0.08"，再同上步骤执行程序，直到通规旋进去，止规止住为止。注意，X 磨耗的减少量逐步减小。

任务 1.5.3　圆弧插补指令 G02/G03

1. 平面选择 G17～G19 指令

1) G17 选择 XY 平面

从 +Z 方向观察，如图 1-68 所示。

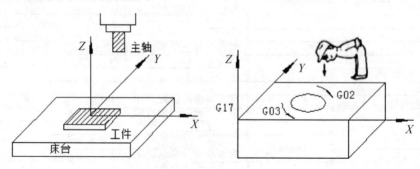

图 1-68　G17 平面

2) G18 选择 *ZX* 平面

从+*Y* 方向观察，如图 1-69 所示。

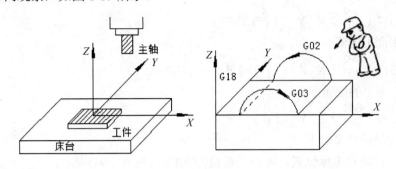

图 1-69 G18 平面

3) G19 选择 *YZ* 平面

从+*X* 方向观察，如图 1-70 所示。

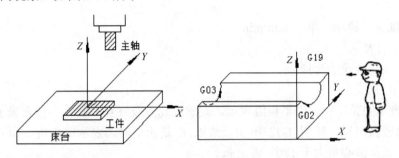

图 1-70 G19 平面

2. 圆弧切削指令：G02、G03

G02：顺时针方向(CW)圆弧切削；G03：逆时针方向(CCW)圆弧切削，如图 1-71 所示。

工件上有圆弧轮廓皆以 G02 或 G03 切削，因铣床工件是立体的，故在不同平面上其圆弧切削方向(G02 或 G03)如图 1-71 所示。其定义方式：依右手坐标系统，视线朝向平面垂直轴的正方向往负方向看，顺时针为 G02，逆时针为 G03。

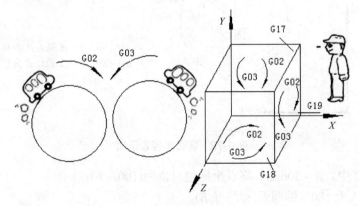

图 1-71 圆弧顺、逆判别

1) 指令格式

(1) XY 平面上的圆弧。

$$G17 \left\{ {G02 \atop G03} \right\} X\_Y\_ \left\{ {R \atop I\_J\_} \right\} F\_;$$

(2) ZX 平面上的圆弧。

$$G18 \left\{ {G02 \atop G03} \right\} X\_Z\_ \left\{ {R \atop I\_J\_} \right\} F\_;$$

(3) YZ 平面上的圆弧。

$$G19 \left\{ {G02 \atop G03} \right\} Z\_Y\_ \left\{ {R \atop I\_J\_} \right\} F\_;$$

指令各地址的意义如下。

X、Y、Z：终点坐标位置，可用绝对值(G90)或增量值(G91)表示。

R：圆弧半径，以半径值表示(以 R 表示者又称为半径法)。

I、J、K：从圆弧起点到圆心位置，在 X、Y、Z 轴上的分向量(以 I、J、K 表示者又称为圆心法)。X 轴的分向量用地址 I 表示；Y 轴的分向量用地址 J 表示。Z 轴的分向量用地址 K 表示。

F：切削进给速率，单位 mm/min。

2) 圆弧的表示

有圆心法及半径法两种。

(1) 半径法。

以 R 表示圆弧半径，以半径值表示。此法以起点及终点和圆弧半径来表示一圆弧，在圆上会有两段弧出现，如图 1-72 所示。故以 R 是正值时，表示圆心角≤180°者之弧；R 是负值时，表示圆心角大于 180°者之弧。

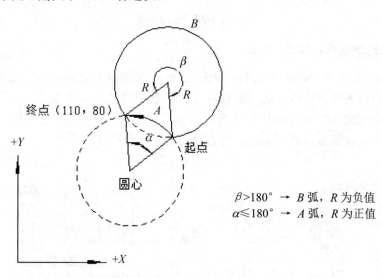

图 1-72 圆弧半径表示法

假设图 1-72 中，R = 50mm，终点坐标绝对值为(100，80)则

① 圆心角大于 180°的圆弧(即路径 B)。

```
G90 G03 X100. Y80. R -50. F80;
```

② 圆心角不大于 180° 的圆弧(即路径 A)。

```
G90 G03 X100. Y80. R50. F80;
```

(2) 圆心法。

I、J、K 后面的数值是定义为从圆弧起点到圆心位置，在 X、Y、Z 轴上分向量值，如图 1-73(a)所示。

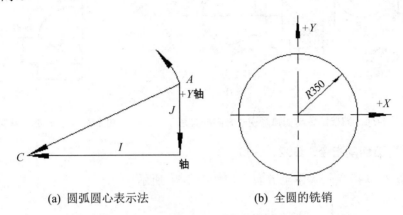

(a) 圆弧圆心表示法　　　　(b) 全圆的铣销

图 1-73　圆弧圆心表示法和全圆铣销方式

I、J 为圆弧起始点 A 至圆心 X、Y 轴的分量。I、J 值的正负由圆弧起点视圆心位置而决定，即 I 值右正左负、J 值上正下负。

数控铣床上使用半径法或圆心法来表示一圆弧，看工作图上的尺寸标示而定，以使用较方便者(即不用计算，即可看出数值者)为取舍。但若要铣削一全圆时，只能用圆心法表示，半径法无法执行。若用半径法以两个半圆相接，其真圆度误差会太大。

例如，图 1-73(b)所示为全圆铣削，指令写法如下：

```
G02 I -50.;
```

3. 车削圆弧切削指令：G02、G03

圆弧插补 G02、G03。

指令格式：$\left.\begin{matrix}\text{G02}\\\text{G03}\end{matrix}\right\}$ X(U)_ Z(W)_ $\left\{\begin{matrix}R\\I\_K\_\end{matrix}\right.$

指令功能：通常根据刀台在操作者同侧(见图 1-74(a))或对面(见图 1-74(b))确定 X 轴的正方向，由此来选择 G02 或 G03 指令。

通常刀架与操作者同侧为多，以下示例及习题均以图 1-74(a)给定的坐标系编程。

圆弧中心用地址 I、K 指定时，其分别对应于 X、Z 轴，I、K 表示从圆弧起点到圆心的矢量分量，是增量值；如图 1-75 所示。

I＝圆心坐标 X-圆弧起始点的 X 坐标，K＝圆心坐标 Z-圆弧起始点的 Z 坐标。

I、K 根据方向带有符号，I、K 方向与 X、Z 轴方向相同，则取正值；否则，取负值。

注意：①当 I = 0 或 K = 0 时，可以省略。但指令地址 I、K 或 R 必须至少输入一个；否则系统会产生报警；②I、K 和 R 同时输入时，R 有效，I、K 无效。③R 值不得小于起点到终点的一半，如果终点不在用 R 指令定义的圆弧上，系统会产生报警。④地址 X(U)、

Z(W)可省略一个或全部；当省略一个时，表示省略的该轴的起点和终点一致；同时省略表示终点和始点是同一位置。

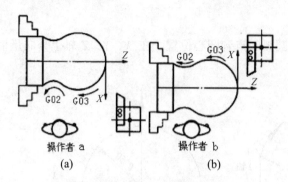

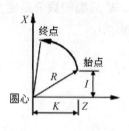

图 1-74　刀架位置与圆弧顺逆子方向的关系　　　图 1-75　*I*、*K* 的矢量关系图

4. 铣削圆弧切削指令：G02、G03

例 1　以 *I*、*J* 指令，从 *A* 至 *B* 移动，如图 1-76 所示。

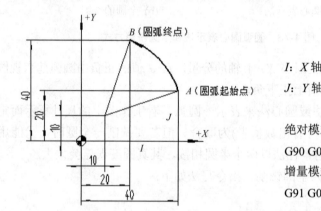

I：*X* 轴方向的距离

J：*Y* 轴方向的距离

绝对模式：

G90 G03 X20 Y40 I-30 J-10 F100

增量模式：

G91 G03 X-20 Y20 I-30 J-10 F100

图 1-76　铣削圆弧切削指令 *I*、*J* 编程

例 2　以 *R* 指令，从 *A* 至 *B* 移动，如图 1-77 所示。

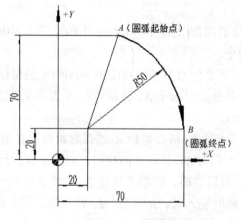

绝对模式：

G90 G02 X70 Y20 R50 F100

增量模式：

G91 G02 X50 Y-50 R50 F100

注：当圆弧大于 180°时，*R* 值以负值表示。

图 1-77　铣削圆弧切削指令 *R* 编程

例 3　从点 *A* 以顺时针方向切削全圆，如图 1-78 所示。

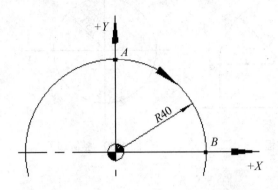

绝对模式：
G90 G02　（X0Y40）J-40 F100
增量模式：
G91 G02（X0Y0）)　J-40 F100
从点 *B* 开始以顺时针方向切削全圆
绝对模式：
G90 G02　（X40Y0）I-40 F100
增量模式：
G91 G02（X0Y0）I-40 F100
注：()内的指令可省略。切全圆时半径不可用 *R*。

图 1-78　铣削全圆编程

使用 G02、G03 圆弧切削指令时应注意下列几点。

(1) 一般数控铣床或 MC 开机后，即设定为 G17(*XY* 平面)，故在 *XY* 平面上铣削圆弧，可省略 G17 指令。

(2) 当一单节中同时出现 *I*、*J* 和 *R* 时，以 *R* 为优先(即有效)，*I*、*J* 无效。

(3) I0 或 J0 或 K0 时，可省略不写。

(4) 省略 *X*、*Y*、*Z* 终点坐标时，表示起点和终点为同一点，是切削全圆。若用半径法则刀具无运动产生。

(5) 当终点坐标与指定的半径值非交于同一点时，会显示警示信息。

(6) 直线切削后面接圆弧切削，其 G 指令必须转换为 G02 或 G03，若再行直线切削时，则必须再转换为 G01 指令，这些是很容易被疏忽的。

(7) 使用切削指令 G01、G02、G03 时，须先指定主轴转动，且须指定进给速率 *F*。

5. 编程举例

例 1　如图 1-79 所示，设起刀点在坐标原点 *O*，刀具沿 *A*→*B*→*C* 路线切削加工，使用绝对坐标与增量坐标方式编程。

绝对坐标编程：

```
G92  X0  Y0  Z0          设工件坐标系原点、机床坐标系原点与换刀点重合(参考点)
G90  G00  X200  Y40      刀具快速移动至 A 点
G03  X140  Y100  I-60    (或 R60)  F100
G02  X120  Y60  I-50     (或 R50)
```

增量坐标编程：

```
G92  X0  Y0  Z0
G91  G00  X200  Y40
G03  X-60  Y60  I-60     (或 R60)  F100
G02  X-20  Y-40  I-50    (或 R50)
```

例 2　如图 1-80 所示，起刀点在坐标原点 *O*，从 *O* 点快速移动至 *A* 点，沿逆时针方向加工整圆，使用绝对坐标与增量坐标方式编程。

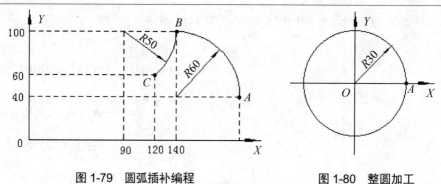

图 1-79 圆弧插补编程   图 1-80 整圆加工

绝对坐标编程：

```
G92  X0  Y0  Z0
G90  G00  X30  Y0
G03  I-30  J0  F100
G00  X0  Y0
```

增量坐标编程：

```
G92  X0  Y0  Z0
G91  G00  X30  Y0
G03  I-30  J0  F100
G00  X-30  Y0
```

例 3　如图 1-81 所示，试编制从直径 ϕ45.25mm 切削到 ϕ63.06mm 的圆弧程序。

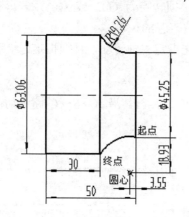

G02 X63.06 Z-20 R19.26 F300
或 G02 U17.81 W-20 R19.26 F300

G02 X63.06 Z-20 I18.93 K-3.55 F300
或 G02 U17.81 W-20 I18.93 K-3.55 F300

图 1-81　车削圆弧

例 4　如图 1-82 所示，G02、G03 指令综合编程实例。

例 5　毛坯为 120mm×60mm×10mm 板材，5mm 深的外轮廓已粗加工过，周边留 2mm 余量，要求加工出图 1-83 所示的外轮廓及 ϕ20mm 的孔，工件材料为铝。

(1) 根据图纸要求，确定工艺方案及加工路线。

① 以底面为定位基准，两侧用压板压紧，固定于铣床工作台上。

② 工步顺序：钻孔 ϕ20mm；按 O'A B C D E F G O'线路铣削轮廓。

(2) 选用数控铣钻床(手工换刀)。

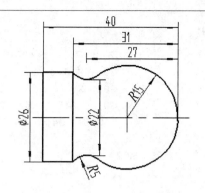

程序：O0001

N1 G0 X40 Z5

N2 M3 S200

N3 G1 X0 Z0 F900

N4 G3 U24 W-24 R15

N5 G2 X26 Z-31 R5

N6 G1 Z-40

N7 X40 Z5 F1500

N8 M30

图 1-82　圆弧综合编程

(3) 选择刀具，现采用ϕ20mm 的钻头，钻削ϕ20mm 孔；ϕ4mm 的平底立铣刀用于轮廓的铣削，并把该刀具的直径输入刀具参数表中。

(4) 确定切削用量，切削用量的具体数值应根据该机床性能、相关的手册，并结合实际经验确定，详见加工程序。

(5) 确定工件坐标系和对刀点，在XOY 平面内确定以O 点为工件原点，Z 方向以工件表面为工件原点，建立工件坐标系。

采用手动对刀法把O 点作为对刀点。

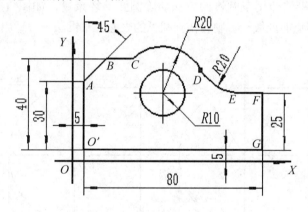

图 1-83　零件图纸

(6) 编写程序。

按该机床规定的指令代码和程序段格式，把加工零件的全部工艺过程编写成程序清单。该工件的加工程序如下：

① 加工ϕ20 mm孔程序(手工安装好ϕ20 mm钻头)：

```
%0001
        G54  G91  M03  S400；相对坐标编程
        G00  X40  Y30；在XOY 平面内加工
        G90  G98  G81  Z-5  R15  F120；钻孔循环
        G00  X5  Y5  Z50
        M05  M02
```

② 铣轮廓程序(手工安装好ϕ4mm 立铣刀)：

```
%0002
     G54 G90 G41 G00 X-20 Y-          G03  X17.3  Y-10  R20
10 Z-5 D01                            G01  X10.4  Y0
     G01 X5 Y-10 F150                 G01  X0  Y-25
     G01 Y35                          G01  X-100  Y0
     G91 G01 X10 Y10                       G90  G40  G00  X0  Y0
     G01 X11.8 Y0                Z100
     G02 X30.5 Y-5 R20           M05  M02
```

6. 车削圆弧时的工艺知识

1) 成形面加工方法

成形面加工一般分为粗加工和精加工。

圆弧加工的粗加工与一般外圆、锥面的加工不同。曲线加工的切削用量不均匀，背吃刀量过大，容易损坏刀具，在粗加工中要考虑加工路线和切削方法。其总体原则是在保持背吃刀量尽可能均匀的情况下，减少走刀次数及空行程。

(1) 粗加工凸圆弧表面。

圆弧表面为凸表面时，通常有两种加工方法，即车锥法(斜线法)和车圆法(同心圆法)。

① 车锥法。车锥法即用车圆锥的方法切除圆弧毛坯余量，如图 1-84(a)所示。加工路线不能超过 A、B 两点的连线；否则会伤到圆弧的表面。车锥法一般适用于圆心角小于 90° 的圆弧。

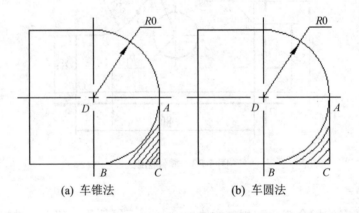

(a) 车锥法　　　　　　　　　(b) 车圆法

图 1-84　圆弧表面加工方法

采用车锥法需计算 A、B 两点的坐标值，方法如下：

$CD=\sqrt{2}\,R$；$CF=\sqrt{2}\,R-R=0.414R$；$AC=BC=\sqrt{2}\,CF=0.586R$；

A 点坐标($R-0.586R$，0)；B 点坐标(R，$-0.586R$)。

② 车圆法。车圆法即用不同的半径切除毛坯余量。此方法的车刀空行程时间较长，如图 1-84(b)所示。车圆法适用于圆心角大于 90° 的圆弧粗车。

(2) 粗加工凹圆弧表面。

当圆弧表面为凹表面时，其加工方法有等径圆弧形式(等径不同心)、同心圆形式(同心不等径)、梯形形式和三角形形式，如图 1-85 所示。其各自的特点见表 1-13。

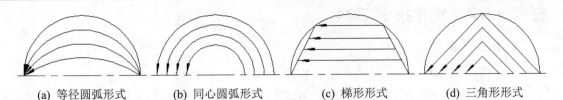

(a) 等径圆弧形式　　(b) 同心圆弧形式　　(c) 梯形形式　　(d) 三角形形式

图 1-85　圆弧凹表面车削方式

表 1-13　各种形式圆弧特点

形　式	特　点
等径圆弧形式	计算和编程最简单，但走刀路线较其他几种方式长
同心圆弧形式	走刀路线短，且精车余量最均匀
梯形形式	切削力分布合理，切削率最高
三角形形式	走刀路线较同心圆弧形式长，但比梯形、等径圆弧形式短

2) 切削用量的选择

由于成形面在粗加工中常常出现切削不均匀的情况，背吃刀量应小于外圆及圆锥面加工的背吃刀量，一般粗加工背吃刀量取 $\alpha_p=1\sim1.5\text{mm}$，精加工背吃刀量取 $\alpha_p=0.2\sim0.5\text{mm}$，其进给速度也较低，在参考切削用量表时要有所考虑。

(1) 刀具的种类。加工成形面，一般使用的刀具为尖形车刀。

(2) 刀具的特点及选用。

① 尖形车刀。对于大多数精度要求不高的成形面，一般可选用尖形车刀。选用这类车刀切削圆弧，一定要选择合理的负偏角，防止副切削刃与加工圆弧面产生干涉。如图 1-86 所示，刀具在 P 点产生干涉。

② 圆弧形车刀。圆弧形车刀的主要特征是构成主切削刃的刀刃形状为一条轮廓误差很小的圆弧，该圆弧刃每一点都是圆弧形车刀的刀尖，因此刀位点在圆弧的圆心上。

圆弧形车刀用于切削内、外表面，特别适宜于车削各种光滑连接的成形面，加工精度和表面粗糙度较尖形车刀高。在选用圆弧车刀切削圆弧时，切削刃的圆弧半径不应大于零件凹形轮廓上的最小曲率半径，以免发生加工干涉。

一般加工圆弧半径较小的零件，可选用成形圆弧车刀，刀具的圆弧半径等于零件圆弧半径，使用 G01 直线插补指令用直进法加工(见图 1-87)。

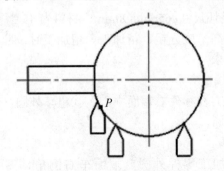

图 1-86　刀具与已加工表面产生干涉

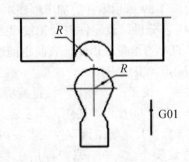

图 1-87　圆弧形车刀直进法加工

任务 1.5.4 暂停指令 G04

1. 指令详解

指令格式 G04 P__ ；或 G04 X__ ；或 G04 U__ ；

指令功能 各轴运动停止，不改变当前的 G 指令模态和保持的数据、状态，延时给定的时间后，再执行下一个程序段。该指令可使刀具作短暂停留，以获得圆整而光滑的表面，除用于切槽、钻镗孔外，还可用于拐角轨迹控制。

指令说明：

① G04 为非模态 G 指令；

② G04 延时时间由指令字 P__、X__或 U__指定；

③ P、X、U 指令范围为 0.001～99999.999 秒。

指令字 P__、X__或 U__指令值的时间单位：P1 0.001s；X1 1s；U1 1s。

注意：

① 当 P、X、U 未输入时或 P、X、U 指定负值时，表示程序段间准确停。

② P、X、U 在同一程序段，P 有效；X、U 在同一程序段，X 有效。

G04 指令执行中，做进给保持的操作，当前延时的时间要执行完毕后方可暂停。

2. 主要应用

常用于车槽、锪孔等加工，刀具相对零件做短时间的无进给光整加工，以降低表面粗糙度及工件圆柱度。

如图 1-88 所示，加工槽用 G01 指令直进切削。精度要求较高时，切削至尺寸后，用 G04 指令使刀具在槽底停留几秒钟，以光整槽底。

应用及注意事项如下。

(1) 用于主轴有高速、低速挡切换时，以 M05 指令后，用 G04 指令暂停几秒，使主轴真正停止时，再行换挡，以避免损伤主轴的伺服电动机。

(2) 用于孔底加工时暂停几秒，使孔的深度正确及增加孔底面的光度，如钻柱孔、钻锥孔、切鱼眼等。

(3) 用于切削大直径螺纹时，暂停几秒使转速稳定后再行切削螺纹，使螺距正确。

(4) G04 为非模态指令。

3. 应用范例

编写图 1-89 所示零件的加工程序。已知毛坯尺寸 ϕ65mm×90mm，材料为 45 钢。

(1) 工艺分析。该零件表面粗糙度要求较高，应分粗、精加工。精加工时，应加大主轴转速，减小进给量，以保证表面粗糙度的要求。

(2) 确定加工过程。

①装夹、找正；②对刀，设置编程原点 O 在零件右端面中心；③粗车外圆，车右倒角，精车外圆；④换刀，切削，车左倒角，切断。

(3) 选择刀具。加工该零件应准备两把刀具。

①选硬质合金 90°偏刀，用于粗、精加工零件外圆、端面车右倒角，刀尖半径 R=0.4mm，刀尖方位 T=3，置于 T01 刀位；②选硬质合金切刀(刀宽为 4mm)，以左刀尖为

刀位点，用于加工槽、左倒角及切断，置于 T03 刀位。

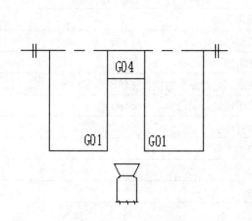

图 1-88　加工槽的刀路

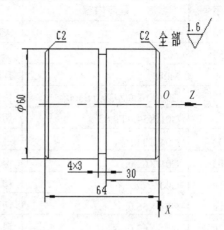

图 1-89　零件加工

(4) 确定切削用量，见表 1-14。

表 1-14　确定切削用量

加工内容	背吃刀量 a_p /mm	进给量 f /(mm/r)	主轴转速 n /(r/min)
粗车外圆	2	0.25	500
精车外圆	0.5	0.15	800
切槽、切断	4	0.05	300

(5) 程序，如表 1-15 所示。

表 1-15　程序及说明

程序号	程序内容	说　明
N010	G40 G97 G99 M03 S500;	取消刀具补正，设主轴正转，转速为 500r/min
N020	T0101;	用 90°偏刀
N030	M08;	打开切削液
N040	G42 G00 X61.0 Z2.0;	设刀具右补正，快速进给，准备粗车
N050	G01 Z-68.0 F0.25;	粗车 ϕ60mm 外圆，设进给量 0.25min/r
N060	G00 X62.0 Z2.0 ;	快速退刀
N070	X0.0;	快速进刀
N080	G01 Z0.0 F0.15;	慢速进刀，准备车端面，设进给量 0.15min/r
N090	X56.0;	车端面
N100	X60.0 Z-2.0;	车右倒角
N110	Z-68.0 S800;	精车 ϕ60mm 外圆至要求尺寸，设主轴转速 800r/min
N120	G40 G01 X65.0;	取消刀具补正
N130	G00 X200.0 Z100.0;	快速退刀至换刀点

续表

程序号	程序内容	说　明
N140	M09;	关闭切削液
N150	T0303;	换切刀
N160	M08;	打开切削液
N170	G00 X62.0 Z-34.0 S300;	快速进刀，准备车槽，设主轴转速 300r/min
N180	G01 X54.0 F0.05;	切槽至槽底，设进给量 0.05min/r
N190	G04 U2.0;	进给暂停 2s
N200	G01 X62.0;	退刀
N210	G00 Z-68.0;	移刀
N220	G01 X56.0;	切槽
N230	X62.0;	退刀
N240	G00 W2.0;	移刀，准备切倒角
N250	G01 X60.0;	慢速进刀
N260	X56.0 Z-68.0;	车左倒角
N270	X0.0;	切断
N280	G00 X200.0 Z100.0;	快速回换刀点
N290	M30	程序结束

附参考资料：

1. 加工中心螺旋线插补

螺旋线的形成是刀具做圆弧插补运动的同时与之同步地做轴向运动，其指令格式为：

G17 G02(G03)X_ Y_ Z_ I_ J_ (R)K_ F_ ;

G18 G02(G03)X_ Y_ Z_ I_ K_ (R)J_ F_ ;

G19 G02(G03)X_ Y_ Z_ J_ K_ (R)I_ F_ 。

说明：G02、G03 为螺旋线的旋向，其定义同圆弧；X、Y、Z 为螺旋线的终点坐标；I、J 为圆弧圆心在 XY 平面上 X、Y 轴上相对于螺旋线起点的坐标；R 为螺旋线在 XY 平面上的投影半径；K 为螺旋线的导程，如图 1-90 所示。

螺旋半径 15mm
螺距 5mm
高度 50mm

图 1-90　螺旋线插补示例

其程序为：

G17 G03 X0. Y0. Z50. I15. J0. K5. F100

或

G17 G03 X0. Y0. Z50. R15. K5. F100

2. 圆柱插补 G07.1

格式：G07.1 C　旋转轴半径；　(1)

　　　G07.1 C0；　　　　　　(2)

说明：

以(1)的指令进入圆柱插补模式，指定圆柱插补的旋转轴名称。

以(2)的指令解除圆柱插补模式。

例如：

```
O0001
N1 G28
N2 …
N6 G07.1 C125.0;      进行圆柱插补的旋转轴为 C 轴，圆柱半径为 125mm
N7 G07.1 C0;          圆柱插补模式解除
```

注意：

① G07.1 必须在单独程序段中。

② 圆柱插补可设定的旋转轴只有一个。因此，G07.1 不可指定两个以上的旋转轴。

③ 定位模式(G00)中，不可指定圆柱插补。

④ 圆柱插补模式中，不可指定钻孔用固定循环(G73、G74、G76、G81～G89)。

⑤ 长度补偿必须在进入圆柱插补模式前写入。插补模式中，不可进行补偿变更。

项目 1.6　刀 具 补 正

【学习目的】

学习本项目主要目的是掌握数控加工编程中的数值计算方法。学习数控加工编程中刀具半径补正指令、刀具长度补正指令，并掌握应用补正指令完成数控编程。

【任务列表】

任务序号	任务名称	知识与能力目标
1.6.1	数控铣削刀具半径补正	刀具半径补正原理、指令格式
1.6.2	数控车削刀具半径补正	刀尖圆弧半径补正原理、指令详解
1.6.3	数控铣削刀具长度补正	长度补正原理、长度补正格式
1.6.4	数控车刀的位置补正	基本含义、实际应用

【任务实施】

任务 1.6.1　数控铣削刀具半径补正

1. 刀具半径补正原理

在进行轮廓铣削编程时，由于铣刀的刀位点在刀具中心，与切削刃不一致，为了确保铣削加工出的轮廓符合要求，编程时就必须在图纸要求轮廓的基础上，整个周边向外或向内预先偏离一个刀具半径值，做出一个刀具刀位点的行走轨迹，求出新的节点坐标，然后按这个新的轨迹进行编程，这就是刀具半径补正编程。

对有刀具半径补正功能的数控系统，可不必求刀具中心的运动轨迹，直接按零件轮廓轨迹编程，同时在程序中给出刀具半径的补正指令，即机床自动刀补编程，如图 1-91 所示。

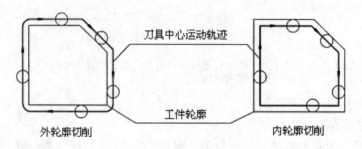

图 1-91　刀具半径补正原理

2. 指令格式

1) 刀具半径补正指令　G40、G41、G42

G41 刀具半径向左补正；G42 刀具半径向右补正；G40 刀具半径补正消除。

补正指令：
```
G17 G00(G01) G41(G42) X_ Y_ D_
G18 G00(G01) G41(G42) X_ Z_ D_
G19 G00(G01) G41(G42) Y_ Z_ D_
```
补正消除指令：
```
G00(G01) G40
```

说明：D 为刀补号地址，用 D00~D99 来指定，它用来调用内存中刀具半径补正的数值。

G41、G42、G40 均为模态指令，可相互注销。

2) 不同平面内的刀具半径补正

(1) 刀具半径补正用 G17、G18、G19 指令在被选择的工作平面内进行补正。比如，当 G17 指令执行后，刀具半径补正仅影响 X、Y 轴的移动，而对 Z 轴不起补正作用。

(2) 刀具半径左补正指令 G41 与刀具半径右补正指令 G42。

由于立铣刀可以在垂直刀具轴线的任意方向做进给运动，因此铣削方式可分为两种，即沿着刀具进给方向看，刀具在加工工件轮廓的左边叫左刀补，用 G41 指令；刀具在加工工件轮廓的右边叫右刀补，用 G42 指令。如图 1-92 所示，图 1-92(a)、(b) 所示为外轮廓加工，图 1-92(c)、(d)所示为内轮廓加工。无论是内轮廓加工还是外轮廓加工，顺铣用左刀补 G41，逆铣用右刀补 G42。

(3) G40 为取消刀具半径补正指令，它和 G41、G42 为同一组指令。调用和取消刀具补正指令是在刀具的移动过程中完成的。

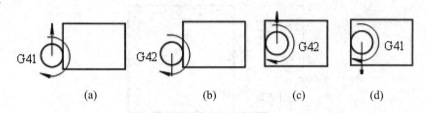

图 1-92　刀具半径补正方向判断 1

3) 注意事项

(1) G41 刀径左补正，G42 刀径右补正，刀补位置的左、右应是顺着编程轨迹前进的方向进行判断的，G40 为取消刀补，如图 1-93 所示。

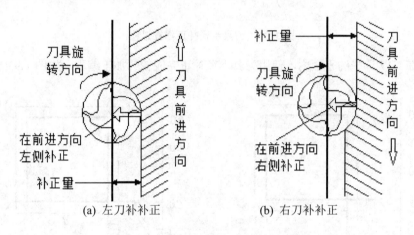

图 1-93　刀具补正沿着刀具前进的方向

(2) 在进行刀径补正前，必须用 G17 或 G18、G19 指定刀径补正是在哪个平面上进行。在多轴联动控制中，投影到补正平面上的刀具轨迹受到补正。平面选择的切换必须在补正取消的方式下进行；否则将产生报警。

(3) 刀补的引入和取消要求必须在 G00 或 G01 程序段，不应在 G02 或 G03 程序段进行。

(4) 当刀补数据为负值时，则 G41、G42 功效互换。

(5) G41、G42 指令不要重复规定；否则会产生一种特殊的补正。

(6) G40、G41、G42 都是模态代码，可相互注销。

3. 刀具半径补正建立的过程

1) 补正的建立

(1) 刀补的建立。在刀具从起点接近工件时，刀心轨迹从与编程轨迹重合过渡到与编程轨迹偏离一个偏置量的过程。

(2) 刀补进行。刀具中心始终与编程轨迹相距一个偏置量直到刀补取消。

(3) 刀补取消。刀具离开工件，刀心轨迹要过渡到与编程轨迹重合的过程，如图 1-94 所示。

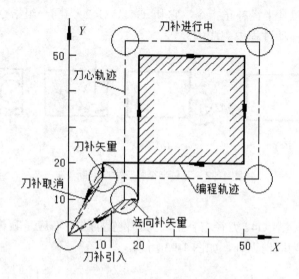

图 1-94　刀具半径补正建立过程

例 1　在 G17 选择的平面内，使用刀具半径补正完成轮廓加工编程，如图 1-95(a)所示。

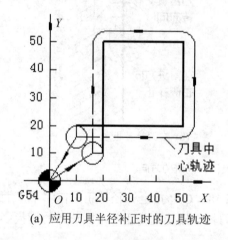

(a) 应用刀具半径补正时的刀具轨迹

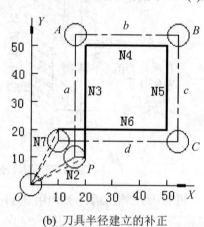

(b) 刀具半径建立的补正

图 1-95　使用刀具半径补正实现轮廓加工编程

程序如下(刀具的半径值事先存储在系统的寄存器中):

```
O0005
N5  T1  M06;          调用1号刀(平底刀)
N10 G90 G54 G00 X0 Y0 M03 S800 F50;
N15 G00 Z50.0;     起始高度(仅用一把刀具，可不加刀长补正)
N20    Z10.0;        安全高度
N25  G41 X20.0 Y10.0 D01;刀具半径补正，D01 为刀具半径补正号
N30  G01 Z-10.0;          落刀，切深10mm
N35      Y50.0;
```

```
N40     X50.0;
N45     Y20.0;
N50     X10.0;
N55 G00 Z50.0;              抬刀到起始高度
N60 G40 X0 Y0 M05;          取消补正
N65 M30;
```

例 2　在 G17 选择的平面内，使用刀具半径补正完成轮廓加工编程，如图 1-95(b)所示。
程序如下：

```
N10 G90 G54 G17 G00 X0 Y0 S1000 M03;
N20 [G41]X20.0 Y10.0 [D01];    补正的建立
N30 G01 Y50.0 F100;
N40     X50;
N50     Y20;
N60     X10;
N70 G00 [G40] X0 Y0 M05;       补正的取消
N80 M30;
```

2) 刀具半径补正过程描述

在上例中，当 G41 被指定时，包含 G41 句子的下面两句被预读(N30、N35)。N25 指令执行完成后，机床的坐标位置由以下方法确定：将含有 G41 句子的坐标点与下面两句中最近的、在选定平面内有坐标移动语句的坐标点相连，其连线垂直方向为偏置方向，G41 左偏，G42 右偏，偏置大小为指定的偏置号(D01)地址中的数值。在这里 N25 坐标点与 N35 坐标点运动方向垂直于 X 轴，所以刀具中心的位置应在(X20.0，Y10.0)左面刀具半径处。

3) 使用刀具半径补正的注意事项

例如，刀具半径补正使用不当出现过切削程序。

如图 1-96 所示，起始点在(X_0，Y_0)，高度为 50mm 处，使用刀具半径补正时，由于接近工件及切削工件时要有 Z 轴的移动，容易出现过切削现象，切削时应避免发生过切削现象。

程序如下：

```
O0004;
N5  T1  M06;               调用 T1 号刀(平底刀)
N10 G90 G54 G00 X0 Y0 M03 S500;
N15 G00 Z50.0;            起始高度(仅用一把刀具，可不加刀长补正)
N20 G41 X20.0 Y10.0 D01;  刀具半径补正，D01 为刀具半径补正号
N25     Z5.0;
N30 G01 Z-10.0F50;        连续两句 Z 轴移动(只能有一句与刀具半径补正无关的语句，
                          此时会出现过切削)
N35     Y50.0;
N40     X50.0;
N45     Y20.0;
N50     X10.0;
N55 G00 Z50.0;            抬刀到起始高度
N60 G40 X0 Y0 M05;        取消补正
N65 M30;
```

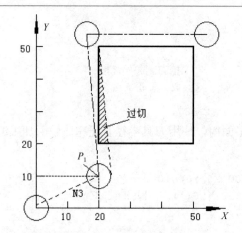

图 1-96 刀具半径补正使用不当出现过切削现象

当补正从 N20 开始建立时，系统只能预读两句，而 N25、N30 都为 Z 轴的移动，没有 X、Y 轴移动，系统无法判断下一步补正的矢量方向，这时系统不会报警，补正照常进行，只是 N20 的目的点发生变化。刀具中心将会运动到 P_1 点，其位置是 N20 的目的点，由目标点看原点，目标点与原点连线垂直方向左偏 D01 值，于是发生过切削。

正确的程序如下：

```
N10 G90 G54 G17 S1000 M03;
N20 G00 Z100;
N30 X0 Y0;
N40 Z5;
N50 G01 Z-10 F100;
N60 G41 X20 Y10 D01;
N70 Y50;
N80 X50;
N90 Y20;
N10 X10;
N11 Z100;
N12 G40 X0 Y0 M05;
N13 M30;
```

4) 使用刀具半径补正的注意事项

(1) 使用刀具半径补正时应避免过切削现象。这又包括以下三种情况。

① 使用刀具半径补正和取消刀具半径补正时，刀具必须在所补正的平面内移动，移动距离应大于刀具补正值。

② 加工半径小于刀具半径的内圆弧时，进行半径补正将产生过切削，如图 1-97 所示。只有过渡圆角 R≥刀具半径 r+精加工余量的情况下才能正常切削。

③ 被铣削槽底宽小于刀具直径时将产生过切削，如图 1-98 所示。

(2) G41、G42、G40 须在 G00 或 G01 模式下使用，有一些系统也可以在 G02、G03 模式下使用。

(3) D00～D99 为刀具补正号，D00 意味着取消刀具补正。刀具补正值在加工或试运行之前须设定在刀具半径补正存储器中。

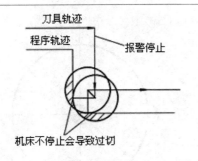

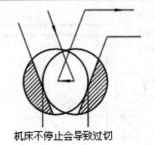

图 1-97　刀具半径大于工件内凹圆弧半径　　　　图 1-98　刀具半径大于工件槽底宽度

4. 刀具半径补正的作用

刀具半径补正除了方便编程外，还可以通过改变刀具半径补正大小的方法，利用同一程序实现粗、精加工。其中：

粗加工刀具半径补正=刀具半径+精加工余量

精加工刀具半径补正=刀具半径+修正量

利用刀具半径补正并用同一把刀具进行粗、精加工时，刀具半径补正原理如图 1-99 所示。

例 1　如图 1-99 所示，刀具为 ϕ20mm 立铣刀，现零件粗加工后给精加工留单边余量为 1.0 mm，则粗加工刀具半径补正 D01 的值为

$$R_{补}=R_{刀}+1.0=10.0+1.0=11.0(\text{mm})$$

粗加工后实测尺寸为 $L+0.08$，则精加工刀具半径补正 D11 的值应为

$$R_{补}=11.0-\dfrac{0.08+\left(\dfrac{0.06}{2}\right)}{2}=10.945(\text{mm})$$

则加工后工件实际值为 $L-0.03$。

例 2　如图 1-100 所示，用 ϕ14mm 的平键槽铣刀，切深为 5mm，完成工件外轮廓的铣削加工。不考虑加工工艺问题，编写加工程序。

程序如下：

```
O05671;
G90 G54 G00 X0 Y0;
Y-40.0;
S500 M03 F200;
    Z100.0;
    Z2.0;
G01 Z-5.0 F50;
G41 X10.0 D01;              调入 1 号刀具半径补正(O→A)
G03 X0 Y-30.0 R10.0;        圆弧切入(A→B)
G02 X0 Y-30.0 I0 J30.0;     铣削整圆(B→C→D→E→B)
G03 X-10.0 Y-40.0 R10.0;    圆弧切出(B→F)
G01 G40 X0;                 取消刀具半径补正(F→O)
G00 Z2.0;
G00 Z100.0;
M05;
M30;
```

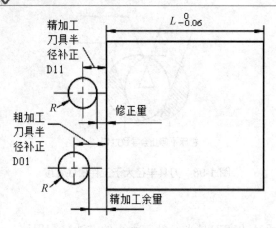

图 1-99 利用刀具半径补正进行粗、精加工   图 1-100 切向切入、切向切出外轮廓加工

5. 刀具半径补正的应用实例

例如，加工图 1-101 所示内外轮廓，用刀具半径补正指令编程，刀具直径为 8mm。

分析：外轮廓沿圆弧切线方向切入 $P_1 \rightarrow P_2$，切出时沿切线方向 $P_2 \rightarrow P_3$，根据判断，用左边刀具半径补正。内轮廓加工时，$P_4 \rightarrow P_5$ 为切入段，$P_6 \rightarrow P_4$ 为切出段，故用右边刀具半径补正。外轮廓加工完毕取消左边刀具半径补正，待刀具移至 P_4 点，再建立右边刀具半径补正。

加工应选用高度为 14mm、边长为 240mm 的正方形毛坯。

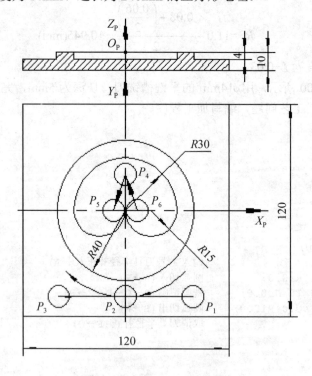

图 1-101 刀具半径补正的应用

程序如表 1-16 所示。

表 1-16　刀具半径补正示例程序

程　　序	注　　释
O0100 ;	程序号
N010 G90 G92 X0. Y0. Z100. ;	绝对值输入，建立工件坐标系
N020 G00 Z2. S150 M03 ;	Z 轴快移至 $Z=2$，主轴正转，转速 150r/min
N030 X20. Y-44. ;	快速进给至 $X=20$，$Y-=-44$
N040 G01 Z-4. F100 ;	Z 轴进给至 $Z=-4$，进给速度 100mm/s
N050 G41 X0. Y-40. H01 ;	直线插补至 $X=0$，$Y=-40$，刀具半径左补正 $H_{01}=4$mm
N060 G02 X0. Y-40. I0. J40. ;	顺圆插补至 $X=0$，$Y=-40$
N070 G40 X-20. Y-44. ;	直线插补至 $X=-20$，$Y=-44$，取消刀具半径补正
N080 G00 Z2. ;	Z 轴快移至 $Z=2$
N090 X0. Y15. ;	快速进给至 $X=0$，$Y=15$
N100 G01 Z-4. ;	Z 轴进给至 $Z=-4$
N110 G42 X0. Y0. H01 ;	直线插补至 $X=0$，$Y=0$，刀具半径右补正 $H_{01}=4$mm
N120 G02 X-30. Y0. I-15. J0. ;	顺圆插补至 $X=-30$，$Y=0$
N130 X30. Y0. I30. J0. ;	顺圆插补至 $X=30$，$Y=0$
N140 X0. Y0. I-15. J0. ;	顺圆插补至 $X=0$，$Y=0$
N150 G40 G01 X0. Y15. ;	直线插补至 $X=0$，$Y=15$，取消刀具半径补正
N160 G00 Z100. ;	Z 轴快移至 $Z=100$
N170 X0. Y0. M05 ;	快速进给至 $X=0$，$Y=0$，主轴停
N180 M30 ;	主程序结束

任务 1.6.2　数控车削刀具半径补正

1. 刀尖圆弧半径补正原理

在加工锥形和圆形工件时，由于刀尖的圆度只用刀具偏置很难对精密零件进行必需的补正。刀尖半径补正功能自动补正这种误差。

1) 假想刀尖

在图 1-102 中，在位置 A 的刀尖实际上并不存在。把实际的刀尖半径中心设在起始位置要比把假想刀尖设在起始位置困难得多，因而需要假想刀尖。

当使用假想刀尖时，编程中不需要考虑刀尖半径。当刀具设定在起始位置时，如图 1-103 及图 1-104 所示，车外圆、端面时，刀具实际切削刃的轨迹与零件轮廓一致，并无误差产生；车锥面时，零件轮廓为实线，实际车出形状为虚线，产生欠切误差 δ。若零件精度要求不高或留有精加工余量，可忽略此误差；否则应考虑刀尖圆弧半径对零件形状的影响。

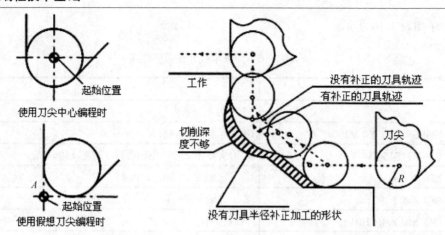

图 1-102　刀尖半径中心和假想刀尖　　　　图 1-103　刀具半径补正的刀具轨迹

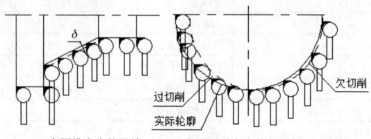

(a) 车圆锥产生的误差　　(b) 车圆弧时产生的欠切削和过切削

图 1-104　切削误差的产生

具有刀具半径补正功能的数控系统可防止这种现象的产生，在编制零件加工程序时，以假想刀尖位置按零件轮廓编程，使用刀具半径补正指令 G41、G42，由系统自动计算补正值，生成刀具路径，完成对零件的合理加工。

2) 刀具半径补正参数及设置

(1) 刀尖半径。补正刀尖圆弧半径大小后，刀具自动偏离零件半径距离，因此，必须将刀尖圆弧半径尺寸值输入系统的存储器中。一般粗加工取 0.8mm，半精加工取 0.4mm，精加工取 0.2mm。若粗、精加工采用同一把刀，一般刀尖半径取 0.4mm。

(2) 车刀形状和位置。车刀形状不同，决定刀尖圆弧所处的位置不同，执行刀具补正时，刀具自动偏离零件轮廓的方向也就不同。因此，要把代表刀尖形状和位置的参数输入到存储器中，车刀形状和位置参数称为刀尖方位 T，如图 1-105 所示，共有 9 种，分别用参数 0~9 表示，P 为理论刀尖点。

2. 指令详解

1) 刀具半径补偿指令 G41、G42、G40

如图 1-106 所示，顺着刀具运动方向看，刀具在零件的左边称为左补正，使用 G41 指令；刀具在零件右边称为右补正，使用 G42 指令，G40 为取消刀具半径补正指令，使用该指令后，G41、G42 指令失效，即假想刀尖轨迹与编程轨迹重合。

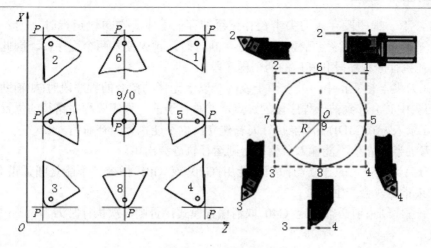

图 1-105　刀尖方位 T 值

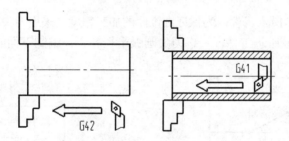

图 1-106　刀具半径补正

指令格式：

$$\left.\begin{array}{c} G41 \\ G42 \\ G41 \end{array}\right\} \quad G01 \ G00 \quad \left.\right\} \quad X\_ \ Z\_ \ ;$$

其中：X Z 为建立(G41、G42)或取消(G40)刀具补正程序段中，刀具移动的终点坐标。

说明：

(1) G41、G42、G40 指令应与 G01、G00 指令在同一程序段出现，通过直线运动建立或取消刀补。G41、G42、G40 为模态指令。

(2) G41、G42 不能同时使用，即在程序中，前面程序段有了 G41 后，就不能接着使用 G42，应先用 G40 指令解除 G41 刀补状态后，才可使用 G42 刀补指令。

2) 刀具半径补正的其他应用

(1) 当刀具磨损或刀具重磨后，刀尖圆弧半径变大，这时只需重新设置刀尖圆弧半径的补正量，而不必修改程序。

(2) 应用刀具半径补正，可使用同一加工程序，对零件轮廓分别进行粗、精加工，若精加工余量为 α，则粗加工时设置补正量为 $\alpha+r$，精加工时设置补正量为 r 即可。

注意：

(1) 初始状态数控机床处于刀尖半径补正取消方式，在执行 G41 或 G42 指令，数控机床开始建立刀尖半径补正偏置方式。在补正开始时，数控机床预读两个程序段，执行一程序段时，下一程序段存入刀尖半径补正缓冲存储器中。在单段运行时，读入两个程序段，执行第一个程序段终点后停止。在连续执行时，预先读入两个程序段，因此在数控机床中有正在执行的程序段和其后的两个程序段。

(2) 在刀尖半径补正中，处理两个或两个以上无移动指令的程序段时(如辅助功能、暂停等)，刀尖中心会移到前一程序段的终点，并垂直于前一程序段程序路径的位置。

(3) 在录入方式(MDI)下不能执行刀补建立，也不能执行刀补撤销。

(4) 刀尖半径 R 值不能输入负值；否则运行轨迹会出错。

(5) 刀尖半径补正的建立与撤销只能用 G00 或 G01 指令，不能是圆弧指令(G02 或G03)。如果指定，会产生报警。

(6) 在程序结束前必须指定 G40 取消偏置模式；否则再次执行时刀具轨迹偏离一个刀尖半径值。

3. 编程示例

例 1 如图 1-107 所示工件，为保证圆锥面的加工精度，采用刀尖半径补正指令编程。

例 2 如图 1-108 所示工件，考虑刀尖圆弧半径补正，编制下面的零件精加工程序。

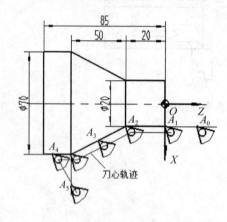

图 1-107 刀尖半径补正在圆锥面中的应用

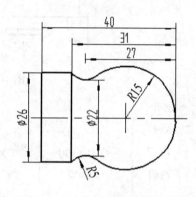

图 1-108 刀尖半径补正在圆弧面中的应用

图 1-107 对应的程序如下：
```
--------
T0101;
G00 X20 Z2;
G42 G01 X20 Z0 F0.2;
Z-20;
X70 Z-70;
G40 G01 X80 F0.2;
------
```

图 1-108 对应的程序如下：
```
T0101 M03 S800;
G00 X0 Z2;
G01 G42 Z0 F0.1;
G03 X24 Z-24 R15;
G02 X26 Z-31 R5;
G01 Z-40;
G00 X30;
G40 X40 Z5;
M30;
```

4. 应用范例

例 1 数控机床加工如图 1-109 所示零件，已知毛坯为 ϕ60mm×70mm，材料 45 钢，试编制加工程序。

（1）工艺分析。该零件由外圆柱面及两个锥面组成，有较高的表面粗糙度要求，零件材料为 45 钢，切削加工性能较好，无热处理和硬度要求。

（2）加工过程。

① 手动去除毛坯外圆至 ϕ55mm，调头、装夹、找正。

② 对刀，设置编程原点 O 在右端面中心。

③ 粗车各段外圆及锥面。

④ 倒角，精车各段外圆及锥面至要求尺寸。

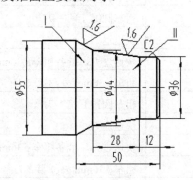

图 1-109　锥面轴零件图

（3）选择刀具。选硬质合金 93°偏刀，用于粗、精加工零件各面。刀尖半径 R=0.4mm，刀尖方位 T=3，置于 T01 刀位。

（4）确定切削用量。由于背吃刀量较大，因此选用较小的进给量和主轴转速，见表 1-17。

表 1-17　锥面轴的切削用量

加工内容	背吃刀量 α_p/mm	进给量 f/(mm/r)	主轴转速 n/(r/min)
粗车 ϕ36mm 外圆及各段锥面	≤2	0.25	500
精车 ϕ36mm 外圆及各段锥面	0.5	0.1	800

（5）编程。参考程序见表 1-18。

表 1-18　参考程序

程序名：O0001		
程序号	程序内容	说　明
N10	G40 G97 G99 M03 S500	取消刀具补正，主轴正转，转速 500r/min
N20	T0101	换 01 号刀到位
N30	M08	打开冷却液
N40	G42 G00 X51.0 Z2.0	建立刀具右补正，刀具快进准备粗车 ϕ44mm 外圆第一刀
N50	G01　　Z-40.0　　F0.25	粗车 ϕ44mm 外圆第一刀，进给量 0.25mm/r
N60	X55.0 Z-50.0	粗车圆锥 I 第一刀
N70	G00 Z2.0	快速退刀
N80	X47.0	快速进刀，准备粗车 ϕ44mm 外圆第二刀

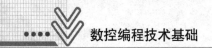

程序号	程序内容	说　明
N90	G01 Z-40.0	粗车ϕ44mm 外圆第二刀
N100	X55.0 Z-40.0	粗车圆锥 I 第二刀
N110	G00 Z2.0	快速退刀
N120	X45.0	快速进刀，准备粗车ϕ44mm 外圆第三刀
N130	G01 Z-40.0	粗车ϕ44mm 外圆第三刀
N140	X55.0 Z-50.0	粗车圆锥 I 第三刀
N150	G00 Z2.0	快速退刀
N160	X41.0	快速进刀，准备粗车ϕ36mm 外圆第一刀
N170	G01 Z-12.0	粗车ϕ36mm 外圆第一刀
N180	X45.0 Z-40.0	粗车圆锥 II 第一刀
N190	G00 Z2.0	快速退刀
N200	X37.0	快速进刀，准备粗车ϕ36mm 外圆第二刀
N210	G01 Z-12.0	粗车ϕ36mm 外圆第二刀
N220	X45.0 Z-40.0	粗车圆锥 II 第二刀
N230	G00 Z2.0	快速退刀
N240	X0.0	快速进刀，准备车端面
N250	G01 Z0.0	慢速进刀至端面
N260	X32.0 F0.1	车端面，设进给量 0.1mm/r
N270	X36.0 Z-2.0 S800	车倒角，设主轴转速 800r/min，准备精车
N280	Z-12.0	精车ϕ36mm 外圆
N290	X44.0 Z-40.0	精车锥面 I
N300	X55.0 Z-50.0	精车圆锥 II
N310	G40 G01 X56.0	取消刀具补正
N320	G00 X200.0 Z100.0	回换刀点
N330	M30	程序结束

例 2　如图 1-110 所示圆弧面零件，材料 45 钢，毛坯直径 45mm，请编制凹圆弧面零件加工程序。

(1) 工艺分析。该零件加工表面有外圆、圆弧、倒角等。分粗、精加工各个表面。

(2) 确定加工路线。

① 粗车、精车ϕ45mm 外圆，车右端面倒角。

② 采用同心圆弧形式分两次粗车圆弧，留精车余量 0.5mm，精车 R25mm 圆弧至要求尺寸。

③ 车左端面倒角并切断。

(3) 计算各点坐标。各点坐标的计算结果见表 1-19，示意图如图 1-111 所示。

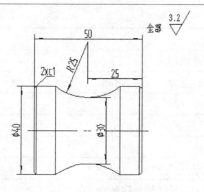

图 1-110　凹圆弧面加工示例

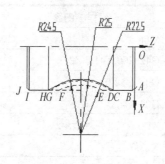

图 1-111　各点坐标

表 1-19　各点坐标

坐标	A	B	C	D	E	F	G	H	I	J
X	36	40	40	40	40	40	40	40	40	38
Z	1	−1	−10	−10.85	−14.69	−35.3	−39.15	−40	−49	−50

(4) 选择刀具及夹具。

① 夹具选择：零件采用三爪夹盘装夹，一次装夹，加工完成切断。

② 刀具选择：选硬质合金 90° 偏刀，用于粗、精加工零件外圆、端面和右倒角，刀尖半径 $R=0.4$mm，刀尖方位 $T=3$，置于 T01 刀位。选硬质合金切刀(刀宽为 4mm)，以左刀尖为刀位点，用于加工左倒角及切断，置于 T03 刀位。选硬质合金 60° 尖刀，用于加工圆弧刀尖半径 $R=0.2$mm，刀尖方位 $T=8$，置于 T02 号刀位。

(5) 确定切削用量。选用切削用量见表 1-20。

表 1-20　零件的切削用量

加工内容	背吃刀量 α_p/mm	进给量 f/(mm/r)	主轴转速 n/(r/min)
粗车外圆	2	0.25	500
精车外圆	0.5	0.15	800
粗车圆弧	2	0.2	500
精车圆弧	0.5	0.1	800
切槽、切断	4	0.05	300

(6) 编程。参考程序，见表 1-21。

表 1-21　参考程序

程序名：O0002		
程序号	程序内容	说　明
N10	G40 G97 M03 S500 F0.25	取消刀具补正，主轴正转转速 500r/min
N20	T0101	用 T01 刀，进给量 0.25mm/r

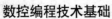

续表

程序号	程序内容	说　明
N30	M08	打开切削液
N40	G42 G00 X41.0 Z2.0；	快速进刀，设刀具补正
N50	G01 Z-54.0	粗车外圆
N60	G00 X46.0	退刀
N70	Z1.0	
N80	X38.0	快进
N90	G01 Z0 S800	进刀，设主轴转速 800r/min
N100	G01 X40.0 Z-10.0	倒角
N110	Z-54.0 F0.15	精车外圆
N120	G00 G40 X200.0 Z100.0	返回换刀点
N130	M09	冷却液关
N135	M05	主轴停
N140	T0202	换尖刀
N150	M03S500	主轴正转，转速 500 r/min
N160	M08	冷却液开
N170	G00 G42 X41.0 Z-14.69	快进，取消刀补
N180	G01 X40.0	进刀至 E 点
N190	G02 X40.0 Z-35.3 R22.5	粗车圆弧至 F 点
N200	G01 X40.0	退刀
N210	G00 Z-10.85	快退
N220	G01 X40.0	进刀至 D 点
N230	G02 X40.0 Z-39.15 R24.5	粗车圆弧至 G 点
N240	G01 X41.0	退刀
N250	G00 Z-10.0	快退
N260	G01 X40.0 S800	进刀至 G 点，主轴转速 800 r/min
N270	G02 X40.0 Z-40.0 R25.0 F0.1	精车圆弧至 H 点，进给量 0.1mm/r
N275	G00 G40 X200.0 Z100.0	快速返回换刀点
N280	M09	冷却液关
N285	M05	主轴停
N290	T03	换 T03 号刀
N300	M03 S300 F0.05	主轴正转，转速 300 r/min，进给量 0.05 mm/r
N310	M08	冷却液开
N320	G00 X41.0 Z-54.0	快进
N330	G01 X38.0	切槽
N340	G01 X41.0	退刀
N350	Z-53.0	移刀

程序号	程序内容	说　明
N360	G01 X40.0.0	进刀至 *I* 点
N370	X38.0 Z-54.0	车左侧倒角
N380	G01 X0.0	切断
N390	G40 G01 X45.0	取消刀补
N400	G00 X200.0 Z100.0	快速返回换刀点
N410	M30	程序结束

例 3　内圆弧面编程示例。

加工凹圆弧面零件如图 1-112 所示，单件小批量生产，所用机床为 CKA6150，零件材料为铝棒，毛坯直径ϕ65mm，要求分粗、精加工。

(1) 工艺分析。该零件由外圆、孔和内圆弧组成，对表面粗糙度有一定要求。对内、外表面分别进行粗、精加工。

(2) 确定加工路线。

① 手动平右端面，钻中心孔，钻ϕ18 孔。

② 粗、精车外圆。

③ 利用循环指令车内圆弧。

④ 精车内圆弧面及孔。

⑤ 切断。

(3) 计算各点坐标。各点坐标的计算结果见表 1-22，示意图如图 1-113 所示。

表 1-22　各点坐标

坐标	*A*	*B*	*C*	*D*	*E*	*F*	*G*	*H*
X	20	22	26	30	34	38	39	40
Z	-17.32	-16.10	-14.53	-12.46	-9.55	-4.39	0	0

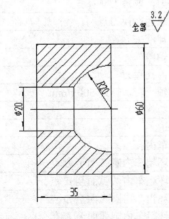

图 1-112　凹圆弧面零件加工示例

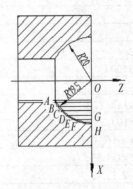

图 1-113　各点坐标

(4) 选择刀具。

① 选硬质合金 90°偏刀，用于粗、精加工零件外圆、端面，刀尖半径 *R*=0.4mm，刀

尖方位 $T=3$，置于 T01 刀位。

② 选硬质合金切刀(刀宽为 4mm)，以左刀尖为刀位点，用于切断，置于 T03 刀位。

③ 选硬质合金不通孔内孔镗刀，用于加工内孔及内圆弧，刀尖半径 $R=0.4$mm，刀尖方位 $T=2$，置于 T02 号刀位。

(5) 确定切削用量。选用切削用量见表 1-23。

表 1-23 零件的切削用量

加工内容	背吃刀量 α_p/mm	进给量 f/(mm/r)	主轴转速 n/(r/min)
粗车外圆	2	0.25	500
精车外圆	0.5	0.15	800
粗车内孔圆弧	2	0.2	500
精车内孔圆弧	0.5	0.1	800
切槽、切断	4	0.05	300

(6) 编程。参考程序见表 1-24。

表 1-24 参考程序

程序名：O0003

程序号	程序内容	说　明
N10	G40 G97 G99 M03 S500	取消刀具补正，主轴正转，转速为 500r/min
N20	T01	换 90°偏刀与 T01 刀位
N30	M08	打开切削液
N40	G42 G00 X61.0 Z2.0	快进，设置刀具补正
N50	G01 Z-39.0 F0.25	粗车外圆
N70	G00 X65.0 Z2.0	退刀
N80	X60.0 S800	进刀，转速为 800 r/min
N90	G01 Z-39.0 F0.15	精车外圆，进给量为 0.15mm/r
N100	G40 G01 X65.0	退刀，取消刀具补正
N110	G00 X200.0 Z100.0	快速返回换刀点
N120	M09	冷却液关
N125	M05	主轴停
N130	T0202	换内孔镗刀
N140	M03 S500 D0.2	主轴正转，转速 500 r/min
N150	M08	冷却液开
N160	G00 X18.0 Z2.0	快进
N165	G90 X19.0 Z-35	粗车内孔
N170	X22.0 Z-16.10	循环粗车内圆弧面至 B 点
N180	X26.0 Z-14.53	循环粗车内圆弧面至 C 点
N190	X30.0 Z-12.46	循环粗车内圆弧面至 D 点
N200	X34.0 Z-9.55	循环粗车内圆弧面至 E 点
N210	X38.0 Z-4.39	循环粗车内圆弧面至 F 点
N220	G41 G01 X39.0 Z0.0	进刀，设刀具补正
N230	G02 X22.0 Z-16.1 R19.5	粗车圆弧

程序号	程序内容	说　明
N240	G00 Z2.0 S800	退刀，转速为 800 r/min
N245	X40.0	退刀
N250	G01 Z0.0	进刀
N255	G02 X20.0 Z-17.32 R20.0 F0.1	精车圆弧，进给量为 0.1 mm/r
N260	G01 Z-35.0	精车孔
N270	G40 G01 X18.0	退刀，取消刀具补正
N280	G00 Z2.0	快退
N290	G00 X200.0 Z100.0	快速返回换刀点
N300	M09	冷却液关
N305	M05	主轴停
N310	T0303	换切刀
N320	M03 S300 F0.05	正转，转速 300 r/min，进给量为 0.05 mm/r
N330	M08	冷却液开
N340	G00 X65.0 Z-39.0	快进
N350	G01 X0.0	切断
N360	G00 X200.0；Z100.0	退刀
N370	M30	程序结束

例 4　使用 FANUC 系统数控车床，利用刀具半径补正，完成图 1-114 所示零件的程序编制(只编制精加工程序，两端面已加工)。刀尖 R 为 0.4mm。

程序：
```
G99
T0101；（80°偏刀，T=1）
M03 S800；
G00 X50Z50；
G42；
G00 X44 Z1；
G01 X50 Z-15 F0.1；Z-10；
X68 Z-25；
Z-10 R5；
X90 R-3；
Z-56；
G40；
T0100；
S600；
```

```
G00 X50Z50；
T0202；（80°镗孔刀，T=2）
G41；
G00 X30 Z1；
G01 Z0 F0.1；
X20 Z-32；
Z-56；
X19；
G00 Z5；
G40；
T0200；
G00 X50Z50；
M05；
M30
```

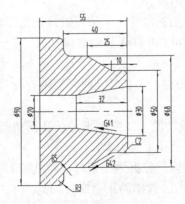

图 1-114　内、外轮廓的刀具半径补正

任务 1.6.3 数控铣削刀具长度补正

1. 长度补正原理

数控铣床安装刀具时，以主轴的锥孔作为定位基准面，把刀柄的端面与主轴轴线的交点定为刀具的零点。刀头端面到刀柄端面(刀具零点)的距离称为刀具的长度，如图 1-115 所示。其值可在刀具预调仪或自动测长装置上测出，并填写到数控系统的刀具长度补正寄存器中。

加工同一个零件可能需要多把刀具，相同或不同的刀具安装在刀柄上其长度不可能相等，因此要使用的每把刀具都需要对刀操作。刀具长度补正值是当前刀具与标准刀具的长度差值，如图 1-116 所示，刀具的长度补正非常重要，如果不使用，将发生严重的撞刀事故。

2. 长度补正格式

调用和取消刀具长度补正的指令是 G43、G44 和 G49。G43 是刀具长度正补正，G44 是刀具长度负补正。因为刀具的长度补正值可以是正值或负值，所以常用 G43，而很少用 G44。G49 是取消刀具长度补正值的指令。G43、G44 和 G49 是同一组指令。

1) 标准格式

指令格式 $\left.\begin{array}{c} G43 \\ G44 \\ G49 \end{array}\right\}$ Z__ H__

指令功能 对刀具的长度进行补正

指令说明 ① G43 指令为刀具长度正补正；

② G44 指令为刀具长度负补正；

③ G49 指令为取消刀具长度补正；

其中，Z 地址符后面的数字表示刀具在 Z 方向上运动的距离或绝对坐标值；H 地址符后面的数字表示刀具号。按照上面的格式，就可以将相应刀具的长度补偿值从系统长度补偿寄存器中调出，如图 1-115 和图 1-116 所示。

执行 G43 时，$Z_{实际值}=Z_{指令值}+(H_{xx})$。

执行 G44 时，$Z_{实际值}=Z_{指令值}-(H_{xx})$。

其中(H_{xx})是指 xx 寄存器中的补偿量，其值可以是正值或者是负值。

当刀长补偿量取负值时，G43 和 G44 的功效将互换。

使用刀长补正时应注意下列事项：

(1) 使用 G43 或 G44 指令进行刀长补正时，只能有 Z 轴移动量，若有其他轴向的移动，会出现警示画面。

(2) G43、G44 为持续有效功能，如欲取消刀长补正功能，则以 G49 或 H00 指定。(G49 为刀长补正取消，H00 表示补正值为零)。

(3) G43 Z_H_；补正号码内的数据为正值时，刀具向上补正，若为负值时，刀具向下补正。G44 Z_H_；补正号码内的数据为正值时，刀具向下补正，若为负值时，刀具向上补正。

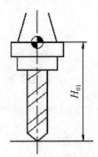

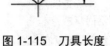

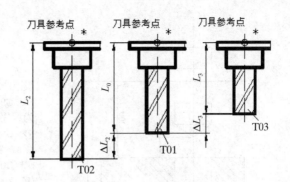

图 1-115　刀具长度　　　　　　　　图 1-116　刀具长度补正原理

2) 使用 G43 调用刀具长度补正的应用

(1) 使用刀具长度补正功能，可以在当实际使用刀具与编程时估计的刀具长度有出入时，或刀具磨损后刀具长度变短时，不需重新改动程序或重新进行对刀调整，仅需改变刀具数据库中刀具长度补正量即可。

(2) 利用该功能，还可在加工深度方向上进行分层铣削，即通过改变刀具长度补正值的大小，多次运行程序而实现，如图 1-117 所示。

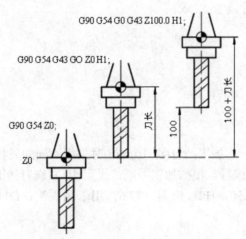

图 1-117　刀具长度补正的应用

例如，按图 1-118 写出加工程序。从上述程序示例中可以看出，使用 G43、G44 相当于平移了 Z 轴原点，即将坐标原点 O 平移到了 O' 点处，后续程序中的 Z 坐标均相对于 O' 进行计算。使用 G49 时则又将 Z 轴原点平移回到 O 点。故在机床上有时可用提高 Z 轴位置的方法来校验运行程序。

3. 应用举例

例 1　如图 1-119 所示，图中 A 点为刀具起点，加工路线为 1→2→3→4→5→6→7→8 →9。要求刀具在工件坐标系零点 Z 轴方向向下偏移 3mm，按增量坐标值方式编程。

提示：把偏置量 3mm 存入地址为 H01 的寄存器中。

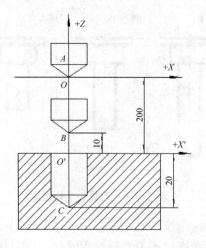

设(H02)=200 mm 时
N1 G92 X0 Y0 Z0；设定当前点O
为程序零点
N2 G90 G00 G44 Z10 H02；指定
点A，实到点B
N3 G01 Z-20；实际返回点C
N4 Z10；实际返回点B
N5 G00 G49 Z0；实际返回点O

图 1-118　零件图

程序如下：

```
N01  G91  G00  X70  Y45  S800  M03;
N02  G43  Z-22  H01;
N03  G01  G01  Z-18  F100  M08;
N04  G04  X5;
N05  G00  Z18;
N06  X30  Y-20;
N07  G01  Z-33  F100;
N08  G00  G49  Z55  M09;
N09  X-100  Y-25;
N10  M30;
```

例 2　如图 1-120 所示，加工凸台(深 10 mm)时采用不同的刀具补正，调用子程序，完成同一位置的加工，为其编程。根据加工图纸，采用 10 立铣刀加工，刀长为 177.10 mm。刀具补偿：D01 值为 10.50，H01 值为 177.6，用于粗加工；D11 值为 10.0，H11 值为 177.1，用于精加工。

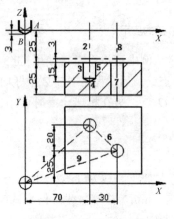

图 1-119　刀具长度补正

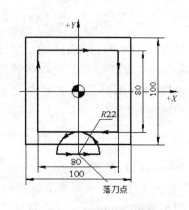

图 1-120　刀具半径补正举例

程序如下：

```
O0010;   (主程序)              O0400;   (子程序)
T1 M06;                        G00 Z10.0;
G90 G54 G00 X0 Y-62.0 S500 M03;  G01 Z-10.0;
G43 Z50.0 H01;                 G41 X22.0;
D01 M98 P400;                   G03 X0 Y-40.0 R22.0;
G43 Z50.0 H11;                  G01 X-40.0;
D11 M98 P0400;                  Y40.0;
G00 Z50.0;                      X40.0;
G91 G28 Z0 M05; Y-40.0;         X0;
M30;                            G03 X-22.0 Y-62.0 R22.0
                                G01 G40 X0;
                                Z20.0;
                                M99;
```

通常采用机床自动刀补的程序只是在原来的程序上增加了有关刀补指令而已。但相对应的是，添加了刀补后的程序适应性更强，此时对不同长度、不同半径的刀具仅需改变刀具补正量即可。

任务 1.6.4　数控车刀的位置补正

1. 基本含义

数控车刀的位置补正包括刀具几何补正和刀具磨损补正。

刀具几何补正是补正刀具形状和刀具安装位置与编程时理想刀具或基准刀具的偏移的；刀具磨损补正则是用于补正当刀具使用磨损后刀具头部与原始尺寸误差的。由于这些补正数据通常是通过对刀后采集到的，而且必须将这些数据(即 ΔZ_m、ΔX_m、ΔX_j、ΔZ_j)准确地存储到刀具数据库中，然后通过程序中的刀补代码来提取并执行，如图 1-121 所示。

刀具的几何补正和磨损补正中刀补指令用 T 代码表示。常用 T 代码格式为：T xx xx，即 T 后可跟 4 位数，其中前两位表示刀具号，后两位表示刀具补正号。当补正号为 0 或 00 时，表示不进行补正或取消刀具补正。若设定刀具几何补正和磨损补正同时有效时，刀补量是两者的矢量和。若使用基准刀具，则其几何补正位置补正为零，刀补只有磨损补正。

数控系统对刀具的补正或取消刀补都是通过拖板的移动来实现的，执行 T 指令时，先让刀架转位，按前两位数字指定的刀具号选择好刀具后，再按后两位数字对应的刀补地址中刀具位置补正值的大小来调整刀架拖板位置，实施刀具几何位置补正和磨损补正。T 代码指令可单独作一行书写，也可跟在移动程序指令的后部，如图 1-122 所示。

刀补移动的效果便是令转位后新刀具的刀尖移动到与上一基准刀具刀尖所在的位置上，新、老刀尖重合，它在工件坐标系中的坐标就不产生改变，这就是刀位补正的实质。

2. 具体应用

1) 刀具补正的由来

(1) 编程时，通常设定刀架上各刀在工作位时，其刀尖位置是一致的。但由于刀具的几何形状、安装不同，其刀尖位置不一致，相对于工件原点的距离不相同。因此，可采用以下方法：各刀设置不同的工件原点；各刀位置进行比较，设定刀具偏差补正，可以使加工程序不随刀尖位置的不同而改变。

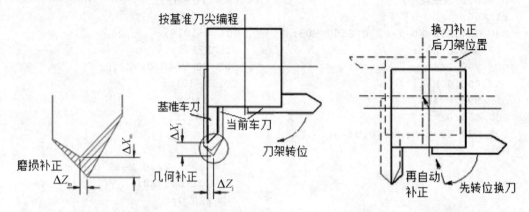

图 1-121　刀具的几何补正和磨损补正　　　　图 1-122　补正过程

(2) 刀具使用一段时间后会磨损，会使加工尺寸产生误差。因此，将磨损量测量获得后进行补正，可以不修改加工程序。

2) 刀具位置补正的实现

刀具的位置补正是通过引用程序中使用的 Txxxx 来实现的：

$$T\qquad xx\qquad\qquad xx$$
　　　　当前刀具号　　刀补地址号

当程序执行到含有 Txxxx 的程序行内容时，即自动到刀补地址中提取刀偏及刀补数据，驱动刀架拖板进行相应的位置调整，如图 1-123 所示。

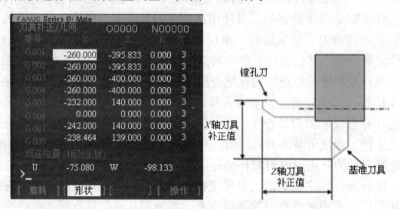

图 1-123　刀偏及刀补数据

对于有自动换刀功能的车床来说，执行 T 指令时，将先让刀架转位，按刀具号选择好刀具后，再调整刀架拖板位置来实施刀补。

3) 刀具补正功能指令

(1) 刀具的几何位置及磨损补正。

刀具的补正功能由程序中指定的 T 代码实现。

指令格式：T□□□□

前两位表示刀具序号(0……99)；后两位表示刀具补正号(0……32)，即刀具补正寄存器的地址号，该寄存器中放置刀具的几何偏置量和磨损量。

(2) 刀具补正的设定。

对于每个刀具补正号，都有一组偏置量 X、Z、刀尖半径补正量 R 和刀尖方位号 T。

① 直接用面板输入。

② 用 G10 指令来设定。

指令格式：G10 P__ X(U)_ Z(W)_ R_ Q_ ；

其中，P_为刀具补正号；X(U)_Z(W)_为 X 轴、Z 轴补正值；R__为刀尖半径补正值；Q__为假想刀尖号。

(3) 取消刀具补正。

指令格式：T□□　或 T □□ 0 0

3. 刀具的位置补正的实际应用

当采用不同尺寸的刀具加工同一轮廓尺寸的零件，或同一名义尺寸的刀具因换刀重调或磨损而引起尺寸变化时，为了方便编程，数控装置常备有刀具位置补正功能，将变化的尺寸通过键盘进行手动输入，便能自动进行补正。

1) 刀具的位置补正计算

例如，图 1-124 所示为不同尺寸刀具的四方刀架。

刀架中心位置为各刀具的换刀点，并以 1 号刀尖 B 点为所有刀具编程起点。当 1 号刀从 B 到 A 其增量值为：$U_{BA}=X_A-X_1$，$W_{BA}=Z_A-Z_1$；当换 2 号时，刀尖处在 C 点，C 点的坐标原点为 I、K；当 $C \rightarrow A$ 时：$U_{CA}=(X_A-X_1)+I_{补}$，$W_{CA}=(Z_A-Z_1)+K_{补}$。

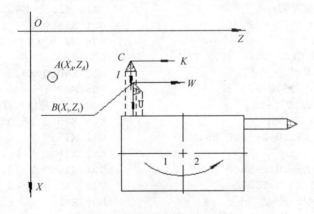

图 1-124　换刀后刀补示意图

2) 刀具位置补正的处理方法

机床在补正前必须处理前、后两把刀具位置补正的差别。

例如，T_1 刀具补偿量为+0.5mm，T_2 刀具补偿量为+0.35mm，两者差 0.15mm。

由于　$T_2 - T_1 = +0.35 - (+0.5)= -0.15(mm)$

规定：向床头箱移动为"负"，称进刀；远离为"正"，称退刀，也就是说，在 T_1 更换为 T_2 时，要求刀架前进 0.15mm。对此，可作如下处理。

(1) 在更换刀具时，先把原来刀具(T_1)补正量撤销(根据上例，刀架前进 0.5mm)，然后根据新刀具(T_2)补正量要求退回 0.35mm,这样,实际上刀架前进了差值为 0.15mm。

(2) 在更换刀具时,立即进行新换刀具的补正量和原来刀具补正量(老刀具补正量)的差值运算,并根据这个差值进行刀具补正。这种方法称为差值补正法。实际上,是把原刀具补正量的撤销和新刀具补正量的读入进行复合。

以上两种方法运算结果相同,但逻辑设计思路不同,差值补正法不仅可简化编程,而且减少了刀架的移动次数。

3) 换刀编程举例

加工如图 1-125 所示的零件需要三把车刀,分别用于粗、精车、切槽和车螺纹。

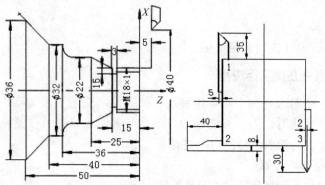

刀号1:偏置(0,0)基准刀;刀号2:偏置(10,3);刀号3:偏置(-1,-3);

图 1-125　编程例图

```
O0001                          T0202 ; (切槽刀)
T0101; (外圆车刀)               G29 X20.0 Z-15.0 M03 ;
G00 X40.0 Z5.0 M03 ;           G01 X15.0 F20 ;
G71 U2 R1                      G04 X2.0 ;
 G71 P100 Q200 U0.2 W0.2 F50 ; G00 X20.0 ;
N100 G00 X17.95 ;              G28 X40.0 Z5.0 T0000 ;
    G01 Z-15.0 F30 ;           M05 M00 ;
       X22.0 Z-25.0 ;          T0303 ; (螺纹车刀)
       Z-31.0 ;                G29 X20.0 Z5.0 M03 ;
    G02 X32.0 Z-36.0 R5.0 ;    G92 X17.3 Z-16.0 F1.0 ;
G01 Z-40.0 ;                   G92 X16.9 Z-16.0 ;
N200 G01 X36.0 Z-50.0 ;        G92 X16.7 Z-16.0 ;
G28 X40.0 Z5.0 T0000 ;         G28 X40.0 Z5.0 T0000 ;
    M05 M00 ;                  M05 M02;
```

项目 1.7　数控加工工艺

【学习目的】

学习本项目主要目的是了解数控加工工艺的基本特点、数控加工工艺制定原则,掌握数控加工工艺分析和设计的内容与方法,具备综合应用数控加工工艺知识的能力;了解并掌握常用夹具的结构以及机件的装夹方式。

【任务列表】

任务序号	任务名称	知识与能力目标
1.7.1	数控车削工艺	① 数控车削加工的工艺原则和划分方法 ② 车削加工的工艺特点 ③ 数控车削加工工艺设计
1.7.2	数控铣削工艺	① 轮廓铣削加工路线的分析 ② 切削路线的选择 ③ 工艺设计
1.7.3	工件的装夹与找正	① 夹具的分类与组成 ② 工件装夹方式

【任务实施】

任务 1.7.1　数控车削工艺

数控机床的加工工艺是预先在所编制的程序中体现的，由机床自动实现。合理的加工工艺对提高数控机床的加工效率和加工精度至关重要。

1. 数控车削加工的工艺原则和划分方法

制定机械加工工艺规程的原始资料主要是产品图纸、生产纲领、现场加工设备及生产条件等。有了这些原始资料，并根据生产纲领确定生产类型和生产组织形式之后，即可着手进行机械加工工艺规程的制定。

制定工艺规程的内容和顺序如下。

(1) 分析被加工零件。

(2) 选择毛坯。

(3) 设计工艺过程，包括划分工艺过程的组成、选择定位基准、选择零件表面的加工方法、安排加工顺序和组合工序等。

(4) 工序设计，包括选择机床和工艺装备、确定加工余量、计算工序尺寸及其公差以及确定切削用量及计算工时定额等。

(5) 编制工艺文件。

1) 数控车削加工的工艺原则

在数控车削加工中，整个加工过程要分为粗加工阶段、半精加工阶段和精加工阶段，有些高精度和对表面粗糙度要求较高的零件，还有光整加工阶段。

划分加工阶段可以充分利用数控车床的加工性能，提高生产率，还可以及早发现工件毛坯的质量缺陷，防止发生原材料和工时的浪费。

工序的划分可以采用两种不同的原则，即工序集中原则和工序分散原则。

(1) 工序集中原则。

工序集中原则就是将工件的加工集中在少数几道工序内完成，每道工序的加工内容较多。工序集中有利于采用高效的专用设备和数控机床，减少机床数量、操作工人数和占地面积；一次装夹后可加工多个表面，不仅保证了各个加工表面之间的相互位置精度，同时还减少了工序间的工件运输量和装夹工件的辅助时间。

(2) 工序分散原则。

工序分散就是将工件的加工分散在较多的工序内进行，每道工序的加工内容很少。工序分散使设备和工艺装备结构简单，调整和维修方便，操作简单，转产容易；有利于选择合理的切削用量，减少机动时间。但工序分散的工艺路线长，所需设备及工人人数多，占地面积大。

从另一方面分析，一个零件上往往有若干个表面需要进行加工，这些表面不仅本身有一定的精度要求，而且各个表面间还有一定的位置要求。为了达到精度要求，这些表面的加工顺序就不能随意安排，而必须遵循一定的原则。这些原则包括定位基准的选择和转换，前工序为后续工序准备好定位基准等内容。所以，工序的划分还可以遵循以下原则。

① 作为定位基准的表面，应在工艺过程一开始就进行加工。因为在后续工序中，都要把这个基准表面作为工件加工的定位基准来进行其他表面的加工。这就是"先基准后其他"的原则。

② 定位基准加工好以后，应先进行精度要求较高的各主要表面的加工，然后再进行其他表面的加工。这就是"先主要后一般"的原则。

③ 主要表面的精加工和光整加工一般放在加工的最后阶段进行，以免受到其他工序的影响。次要表面的加工可穿插在主要表面加工工序之间进行。这就是"先粗后精"原则。

在进行重要表面的加工之前，应对定位基准进行一次修正，以利于保证重要表面的加工精度。如果零件的位置精度要求较高，而加工是由一个统一的基准面定位、分别在不同工序中加工几个有关表面时，这个统一基准面本身的精度必须采取措施予以保证。

例如，在轴的车削加工中，同轴度要求较高的几个台阶圆柱面的加工，从粗车、半精车到精车(包括可能用到的精磨)，一般都使用顶尖孔作为定位基准。为了减少几次转换装夹带来的定位误差，应保证顶尖孔有足够高的精度。通常的方法是把顶尖孔精度提高到 IT6 级，表面粗糙度提高到 $Ra0.1\sim0.2\mu m$。并且在半精加工之后对顶尖孔进行热处理，在精加工之前修研顶尖孔，这样就能提供定位基准的精度。

2) 常见的几种数控加工工序划分方法

(1) 按安装次数划分工序。将每一次装夹作为一道工序。此种划分工序的方法适用于加工内容不多的零件。专用数控机床和加工中心常用此方法。

(2) 按加工部位划分工序。按零件的结构特点分成几个加工部分，每一部分作为一道工序。

(3) 刀具集中分序法。按所用刀具来划分工序，即用同一把刀具或同一类刀具加工完成零件上所有需要加工的部位，以达到节省时间、提高效率的目的。这种方法用于工件在切削过程中基本不变形，退刀空间足够大的情况。此时，可以着重考虑加工效率、减少换刀时间和尽可能缩短走刀路线。

(4) 按粗、精加工划分工序。对易变形或精度要求较高的零件，常采用此种划分工序的方法。这样划分工序一般不允许一次装夹就完成加工，而要粗加工时留出一定的加工余量，重新装夹后再完成精加工。

3) 数控车削中合理安排加工顺序

数控车削中总的加工顺序的安排应遵循以下原则。

(1) 基面先行原则。用作基准的表面应优先加工，因为定位基准的表面越精确，装夹误差就越小。故第一道工序一般是进行定位面的粗加工和半精加工(有时包括精加工),然后再以精基准加工其他表面。加工顺序安排遵循的原则是上道工序的加工能为后面的工序提供精基准和合适的夹紧表面。

(2) 先粗后精。切削加工时,应先安排粗加工工序,在较短的时间内,将精加工前大量的加工余量去掉,同时尽量满足精加工的余量均匀性要求。当粗加工后所留余量的均匀性满足不了精加工要求时,则可安排半精加工作为过渡性工序,以便使精加工余量小而均匀。在安排可以一刀或多刀进行的精加工工序时,其零件的最终轮廓应由最后一刀连续加工而成。

为充分释放粗切加工时残存在工件内的应力,在粗、精加工工序之间可适当安排一些精度要求不高部位的加工,如切槽、倒角、钻孔等。

(3) 先近后远。尽可能采用最少的装夹次数和最少的刀具数量,以减少重新定位或换刀所引起的误差。一次装夹的加工顺序安排是先近后远,特别是在粗加工时,通常安排离起刀点近的部位先加工,离起刀点远的部位后加工,以便缩短刀具移动距离,减少空行程时间,改善其切削条件。

(4) 先内后外,内外交叉。对既有内表面(内腔)又有外表面需加工的零件,安排加工顺序时,应先进行内、外表面的粗加工,后进行内、外表面的精加工。切不可将零件上一部分表面(外表面或内表面)加工完毕后,再加工其他表面(内表面或外表面)。

这些原则不论对于数控加工,还是对于常规加工都是适用的。对于数控车削加工工艺,还有一些根据其特点而应注意的原则,见表 1-25。

表 1-25　车削加工工艺原则

原　则	内　容
加工路线的确定原则	① 应能保证被加工工件的精度和表面粗糙度。 ② 使加工路线最短,减少空行程时间,提高加工效率。 ③ 尽量简化数值计算的工作量,简化加工程序。 ④ 对于某些重复使用的程序,应使用子程序
工件安装的确定原则	① 力求设计基准、工艺基准和编程基准统一。 ② 尽量减少装夹次数,尽可能在一次定位装夹中完成全部加工面的加工。 ③ 避免使用需要占用数控车床机时的装夹方案,充分发挥数控车床的功效
数控刀具的确定原则	① 选用刚性和耐用度高的刀具,以缩短对刀和换刀的停机时间。 ② 刀具尺寸稳定,安装调整简便
切削用量的确定原则	① 粗加工时,以提高生产率为主,兼顾经济性和加工成本;半精加工和精加工时,以加工质量为主,兼顾切削效率和加工成本。 ② 在编程时,应注意"拐点"处的过切或欠切问题
对刀点的确定原则	① 便于数学处理和加工程序的简化。 ② 在机床上进行定位简便。 ③ 在加工过程中便于检查。 ④ 由对刀点引起的加工误差较小

2. 车削加工的工艺特点

车削加工主要用来加工各种回转表面，如外圆(含外回转槽)、内圆(含内回转槽)、平面(含台阶端面)、锥面、螺纹和滚花面等。

根据所选用的车刀角度和切削用量的不同，车削可分为粗车、半精车和精车等阶段。粗车的尺寸公差等级为 IT12～IT11，表面粗糙度 Ra 值为 25～12.5μm；半精车为 IT10～IT9，Ra 值为 6.3～3.2μm；精车为 IT8～IT7(外圆精度可达到 IT6)，Ra 值为 1.6～0.8μm(精车有色金属 Ra 值可达到 0.8～0.4μm)。

(1) 车削外圆。车外圆是最常见、最基本的车削方法。图 1-126 所示为使用各种不同的车刀车削中小型零件外圆(包括车外回转槽)的方法。其中右偏刀主要用于需要从左向右进给，车削右边有直角轴肩的外圆以及左偏刀无法车削的外圆，如图 1-126(c)所示。

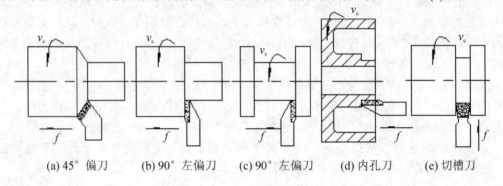

(a) 45°偏刀　(b) 90°左偏刀　(c) 90°左偏刀　(d) 内孔刀　(e) 切槽刀

图 1-126　车削外圆

(2) 车削内孔。车削内孔是指用车削方法扩大工件的孔或加工空心工件的内表面。这也是常用的车削加工方法之一。常见的车内孔方法如图 1-127 所示。

在车削盲孔和台阶孔时，车刀要先纵向进给，当车到孔的根部时再横向进给，从外向中心进给车端面或台阶端面，如图 1-127(b)和(c)所示。

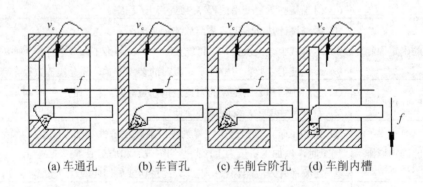

(a) 车通孔　(b) 车盲孔　(c) 车削台阶孔　(d) 车削内槽

图 1-127　车削内孔

(3) 车削平面。车削平面主要指的是车端平面(包括台阶端面)，常见方法如图 1-128 所示。

① 使用 45°偏刀车削平面，可采用较大背吃刀量，切削顺利，表面光洁，大、小平面均可车削。

② 使用 90°左偏刀从外向中心进给车削平面，适用于加工尺寸较小的平面或一般台

阶端面。

③ 使用 90°左偏刀从中心向外进给车削平面，适用于加工中心带孔的端面或一般台阶端面。

④ 使用右偏刀车削平面，刀头强度较高，适宜车削较大平面，尤其是铸锻件的大平面。

(4) 车削锥面。锥面可分为内锥面和外锥面，可以分别视为内圆、外圆的一种特殊形式。内、外锥面具有配合紧密、拆卸方便、多次拆卸后仍能保持准确对中的特点，广泛用于要求对中准确和需要经常拆卸的配合件上。工程上经常使用的标准圆锥有莫氏锥度、米制锥度和专用锥度三种。

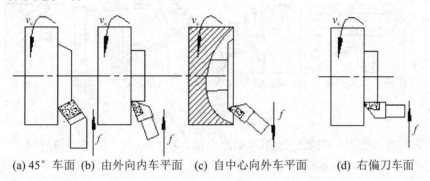

(a) 45°车面 (b) 由外向内车平面 (c) 自中心向外车平面 (d) 右偏刀车面

图 1-128　车削平面

在数控车削加工中车削锥面可直接编程加工得到，但要注意的是，对于没有刀具半径补正的经济型数控车床，要考虑刀尖半径对加工结果的影响。

3. 数控车削加工工艺设计

1) 数控车削加工工艺设计的内容

(1) 选择适合在数控车床上加工的零件，确定工序内容。

(2) 分析加工零件图纸，明确加工内容及技术要求，确定加工方案，制定数控加工路线，如工序的划分、加工顺序的安排、与非数控加工工序的衔接。

(3) 设计数控加工工序，如工步的划分、刀具的选择、夹具的定位。

(4) 调整数控加工工序的程序，如对刀点、换刀点的选择和刀位的补正。

(5) 合理分配数控加工中的容差。

(6) 正确处理数控车床上部分工艺指令。

2) 数控车削加工工艺与常规工艺相结合

数控车削加工的工艺路线设计与普通车床加工的常规工艺路线拟定的区别在于数控加工可能只是几道工序，而不是从毛坯到成品的整个工艺过程。一般来讲，一个零件的制造过程都是由数控加工和常规机械加工组合而成的。

由于数控加工工序一般都与常规加工工序穿插在一起，因此在工艺路线设计中一定要兼顾数控加工和常规工序，将两者进行合理的安排，使之与整个工艺过程协调吻合。

对于比较复杂的零件，数控工艺流程中还可能穿插进更多的常规加工工序，所涉及的常规工艺的种类也会更多。这就要求数控工艺员要具备良好而全面的工艺知识。

在实施数控加工之前，应先使用常规的切削工艺，把加工余量减到尽可能小。这样做既可以缩短数控加工的时间、降低加工成本，同时又可以保证加工的质量。

4. 走刀路线的确定

数控车削的走刀路线包括刀具的运动轨迹和各种刀具的使用顺序，是预先编制在加工程序中的。合理地确定走刀路线、安排刀具的使用顺序对于提高加工效率、保证加工质量是十分重要的。数控车削的走刀路线不是很复杂，也有一定规律可遵循。

1) 循环切除余量

循环加工路线如图 1-129 所示。

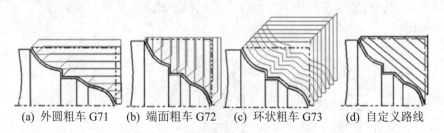

(a) 外圆粗车 G71　　(b) 端面粗车 G72　　(c) 环状粗车 G73　　(d) 自定义路线

图 1-129　循环加工路线

数控车削加工过程一般要经过循环切除余量即粗加工、半精加工和精加工三道工序。应根据毛坯类型和工件形状确立循环切除余量的方式，以达到减少循环走刀次数、提高加工效率的目的。

(1) 轴套类零件。(G71)轴套类零件安排走刀路线的原则是轴向走刀、径向进刀，循环切除余量的循环终点在半精加工起点附近，这样可以减少走刀次数，避免不必要的空走刀，节省加工时间。

(2) 轮盘类零件。(G72)轮盘类零件安排走刀路线的原则是径向走刀、轴向进刀，循环去除余量的循环终点在半精加工起点。编制轮盘类零件的加工程序时，与轴套类零件相反，是从大直径端开始顺序向前。

(3) 铸锻件。(G73)铸锻件毛坯形状与加工后零件形状相似，留有一定的加工余量。循环去除余量的方式是刀具轨迹按工件轮廓线运动，逐渐逼近图纸尺寸。

2) 确定合理的走刀路线

确定合理的走刀路线如图 1-130 所示，若按图 1-130(a)所示，从右往左由小到大逐次车削，由于受背吃刀量不能过大地限制，所剩的余量就必然过多；按图 1-130(b)所示，从大到小依次车削，则在保证同样背吃刀量的条件下，每次切削所留余量就比较均匀，是正确的阶梯切削路线。基于数控机床的控制特点，可不受矩形路线的限制，采用图 1-130(c)所示走刀路线，同样要考虑避免背吃刀量过大的情形，为此需采用双向进给切削的走刀路线。

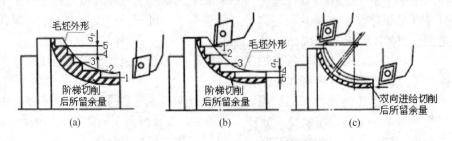

(a)　　　　　　　　(b)　　　　　　　　(c)

图 1-130　确定合理的走刀路线

3) 确定退刀路线

数控机床加工过程中，为了提高加工效率，刀具从起始点或换刀点运动到接近工件部位及加工完成后退回起始点或换刀点是以 G00 方式(快速)运动的。

确定退刀路线的原则：①考虑安全性，即在退刀过程中不能与工件发生碰撞；②考虑使退刀路线最短。相比之下安全是第一位的。

根据刀具加工零件部位的不同，退刀的路线确定方式也不同，车床数控系统提供三种退刀方式，如图 1-131 所示。

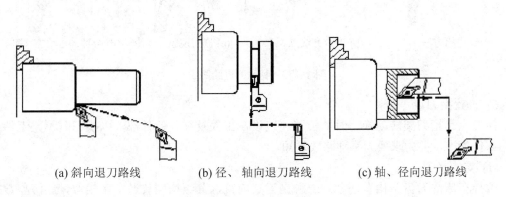

(a) 斜向退刀路线　　(b) 径、轴向退刀路线　　(c) 轴、径向退刀路线

图 1-131　确定退刀路线

(1) 斜向退刀方式。斜线退刀方式路线最短，适用于加工外圆表面的偏刀退刀。

(2) 径、轴向退刀方式。这种退刀方式是刀具先径向垂直退刀，到达指定位置时再轴向退刀。切槽即采用此种退刀方法。

(3) 轴、径向退刀方式。轴、径向退刀方式的顺序与径、轴向退刀方式恰好相反。镗孔即采用此种退刀方式。

4) 空行程走刀路线

合理应用起刀点，控制最短行程路线，如图 1-132 所示。

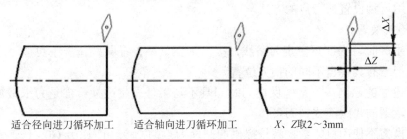

适合径向进刀循环加工　　适合轴向进刀循环加工　　X、Z 取 2～3mm

图 1-132　确定起刀点

起刀点的设置：粗加工或半精加工时，多采用系统提供的简单或复合车削循环指令加工。

使用固定循环时，循环起点通常应设在毛坯外面。

5) 特殊的进给路线

在数控车削加工中，一般情况下，Z 坐标轴方向的进给路线都是沿着坐标的负方向进给的，但有时按这种常规方式安排进给路线并不合理，甚至可能车坏工件。如图 1-133 所示，当刀尖运动到圆弧的换象限处，即由$-Z$、$-X$向$-Z$、$+X$变换时，吃刀抗力F_p与传动横滑板的传动力方向由原来相反变为相同，若螺旋副间有机械传动间隙，就可能使刀尖嵌入零件表面(即扎刀)。

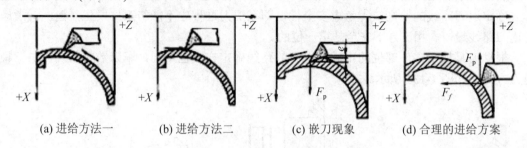

(a) 进给方法一　　(b) 进给方法二　　(c) 嵌刀现象　　(d) 合理的进给方案

图 1-133　特殊的进给路线

6) 设置换刀点

换刀点是指刀架转动换刀时的位置，应设在工件及夹具的外部，以换刀时不碰工件及其他部件为准，并力求换刀移动路线最短。

(1) 定点换刀。

数控车床的刀盘结构有两种：一种是刀架前置，其结构同普通车床相似，经济型数控车床多采用这种结构；另一种是刀架后置，这种结构是中高档数控车床常采用的。

换刀点是一个固定的点，它不随工件坐标系的位置改变而发生位置变化。在换刀点换刀是最安全的换刀方式，因为此时换刀刀架或刀盘在任何刀具不会与工件发生碰撞的位置。如工件在第三象限，刀盘上所有刀具在第一象限。换句话说，换刀点轴向位置(Z轴)由轴向最长的刀具(如内孔镗刀、钻头等)确定；换刀点径向位置(X轴)由径向最长刀具(如外圆刀、切刀等)确定。

这种设置换刀点方式的优点是安全、简便，在单件及小批量生产中经常采用；缺点是增加了刀具到零件加工表面的运动距离，降低了加工效率，机床磨损也加大。大批量生产时往往不采用这种设置换刀点的方式。

(2) 跟随式换刀。

在批量生产时，为缩短空走刀路线，提高加工效率，在某些情况下可以不设置固定的换刀点，每把刀有其各自不同的换刀位置。

这里应遵循的原则：一是确保换刀时刀具不与工件发生碰撞；二是力求最短的换刀路线，即采用所谓的"跟随式换刀"。

跟随式换刀不使用机床数控系统提供的回换刀点的指令，而使用 G00 快速定位指令。这种换刀方式的优点是能够最大限度地缩短换刀路线，但每一把刀具的换刀位置要经过仔细计算，以确保换刀时刀具不与工件碰撞。跟随式换刀常应用于被加工工件有一定批量、使用刀具数量较多、刀具类型多、径向及轴向尺寸相差较大时。

5. 标注尺寸计算

在很多情况下，因其图样上的尺寸基准与编程所需要的尺寸基准不一致，故应首先将图样上的基准尺寸换算为编程坐标系中的尺寸，再进行下一步数学处理。

(1) 直接换算。直接通过图样上的标注尺寸，即可获得编程尺寸的一种方法。进行直接换算时，可对图样上给定的基本尺寸或极限尺寸取平均值，经过简单的加、减运算后即完成。

例如，如图 1-134(b)所示，除尺寸 46.55mm 外，其余均属直接按图 1-134(a)所示的标注尺寸经换算后得到编程尺寸。其中，$\phi59.94$mm、$\phi20$mm 及 140.8mm 三个尺寸为分别取两极限尺寸平均值后得到的编程尺寸。

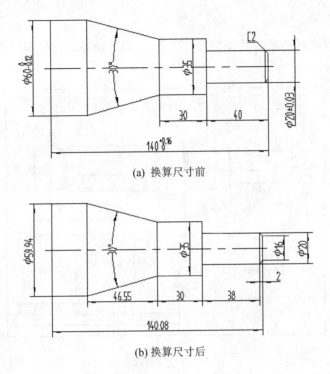

(a) 换算尺寸前

(b) 换算尺寸后

图 1-134 标注尺寸换算

在取极限尺寸中值时，如果遇到有第三位小数值(或更多位小数)，基准孔按照四舍五入的方法处理，基准轴则将第三位进上一位。

(2) 间接换算。需要通过平面几何、三角函数等计算方法进行必要解算后，才能得到其编程尺寸的一种方法。

用间接换算方法所换算出来的尺寸，是直接编程时所需的基点坐标尺寸，也可以是为计算某些基点坐标值所需要的中间尺寸。

(3) 尺寸链解算。数控加工中，除了要准确地得到其编程尺寸外，还需要掌握控制某些重要尺寸的允许变动量，这就需要通过尺寸链解算才能得到。

(4) 基点与节点。

① 基点。一个零件的轮廓曲线可能由许多不同的几何要素组成，如直线、圆弧、二次曲线等。各几何要素之间的连接点称为基点，如两条直线的交点、直线与圆弧的交点或切点、圆弧与二次曲线的交点或切点等。

基点坐标是编程中需要的重要数据，可以直接作为其运动轨迹的起点或终点。

② 节点。在只有直线和圆弧插补功能的数控车床上加工椭圆、双曲线、抛物线、阿基米德螺旋线或用一系列坐标点表示的列表曲线时，就要用直线或圆弧去逼近被加工曲

线。这时，逼近线段与被加工曲线的交点就称为节点。

为了编程方便，一般都采用直线段去逼近已知的曲线，这种方法称为直线逼近或称线性插补。

6. 典型零件的数控车削加工工艺分析

例 1 轴类零件。

1) 任务内容

传动轴是工程机械的重要易损部件，如图 1-135 所示，已知材料为 45 钢，毛坯为 $\phi 40 \times 230$。

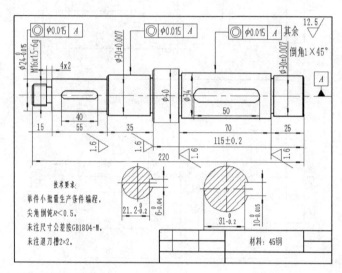

图 1-135　传动轴加工

2) 工艺分析

(1) 加工方案，根据零件的工艺特点和毛坯尺寸 $\phi 40$mm×230 mm，确定加工方案。

① 采用三爪自定心卡盘装卡，零件伸出卡盘 118 mm。.

② 加工零件右外轮廓至尺寸要求。

③ 调头，加工零件左外轮廓至尺寸要求。

(2) 刀具选用，通过分析可知本任务需要表 1-26 刀具。

表 1-26　所需的刀具

产品名称		数控编程与零件加工实训件		零件名称	传动轴		零件图号		
序号	刀具号	刀具名称		数量	加工表面		刀尖半径 R/mm	刀尖方位 T	备注
1	T0101	93°硬质合金偏刀		1	粗、精车外轮廓		0.2	3	
2	T0202	2mm 切槽刀		1	车槽 2mm 及 4mm 槽		刀宽 2mm		
3	T0103	60°外螺纹刀		1	粗、精车外螺纹		0.2		
编制		审核			批准			共 1 页	第 1 页

注：加工前先对刀，在右端面的轴线上设置编程原点，加工程序名为 O0001、O0002。

(3) 加工工序见表 1-27。

表 1-27　加工工序

单位名称		产品名称			零件名称		零件图号
		数控编程与零件加工课内任务			传动轴		
工序号	程序编号	夹具名称		使用设备		数控系统	场地
001	O0001、O0002	三爪自定心卡盘		CKA6140		FANUC 0i Mate	实训中心
工步号	工步内容	刀具号	刀具规格/mm	主轴转速 n/(r/min)	进给量 f/(mm/r)	背吃刀量/mm	备注(程序名)
1	备料，钻中心孔	中心钻	ϕ8	300			手动
2	粗车右外轮廓，留余量 1mm	T01	25×20	600	0.25	1.5	自动(O0001)
3	精车右外轮廓各表面至尺寸	T01	25×20	900	0.15	≤1	自动(O0001)
4	切槽	T02	25×20	400	0.05	2	自动(O0001)
5	粗车左外轮廓，留余量 1mm	T01	25×20	600	0.25	1.5	自动(O0002)
6	精车左外轮廓各表面至尺寸	T01	25×20	900	0.15	≤1	自动(O0002)
7	切槽	T02	25×20	400	0.05	2	自动(O0002)
8	粗、精车外螺纹	T03	25×20	400	1.5		自动(O0002)
编制	审核			批准		共 1 页	第 1 页

例 2　盘类零件。

1) 任务内容

轴承座是机械设备的重要部件，如图 1-136 所示，已知材料为 Q235-A，毛坯为 ϕ125mm×40mm。

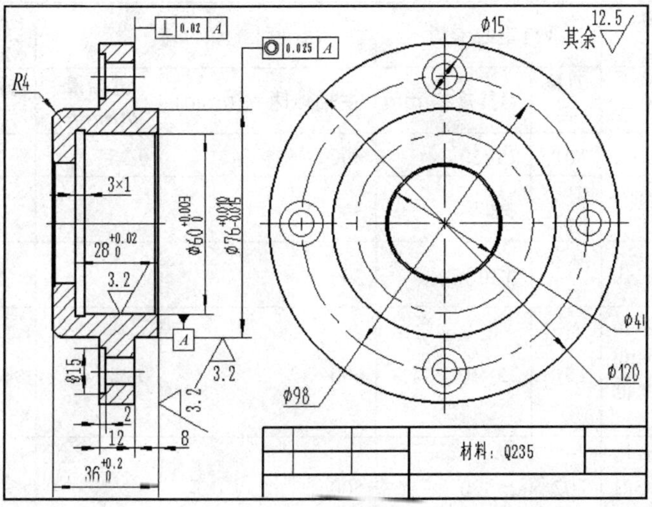

图 1-136　轴承座加工

2) 工艺分析

(1) 加工方案，根据零件的工艺特点和毛坯尺寸ϕ125mm×40 mm，确定加工方案。

① 采用三爪自定心卡盘装卡，零件伸出卡盘 25 mm。

② 粗加工零件内孔及右外轮廓。

③ 调头，粗、精加工零件左外轮廓至尺寸要求。

④ 调头，精加工零件内孔及右外轮廓至尺寸。

(2) 刀具选用，通过分析可知本任务需要表 1-28 所示刀具。

表 1-28　所需刀具

产品名称		数控编程与零件加工实训件	零件名称	轴承座	零件图号	
序号	刀具号	刀具名称	数量	加工表面	刀尖半径 R/mm	刀尖方位 T	备注
1	T0101	93°硬质合金偏刀	1	粗、精车外轮廓	0.2	3	
2	T0202	通孔内孔硬质合金偏刀	1	粗、精车内孔	0.4	2	
3	T0303	3mm 硬质合金切刀	1	切槽	刀宽 3mm		
4		ϕ30mm 麻花钻	1	粗钻孔	装于尾座		
编制		审核		批准		共 1 页	第 1 页

注：每次调头加工前先对刀，在右端面的轴线上设置编程原点，加工程序名为 O0003、O0004 和 O0005。

(3) 加工工序，加工工序卡见表 1-29。

表 1-29　加工工序卡

单位名称			产品名称			零件名称	零件图号
			数控编程与零件加工课内任务			轴承座	
工序号	程序编号		夹具名称	使用设备		数控系统	场地
001	O0003、O0004、O0005		三爪自定心卡盘	CKA6140		FANUC 0i Mate	实训中心
工步号	工步内容	刀具号	刀具规格/mm	主轴转速 n/(r/min)	进给量 f/(mm/r)	背吃刀量 /mm	备注（程序名）
1	平端面	T01	25×20	600	0.25		手动
2	钻中心孔	中心钻	ϕ8	300			手动
3	钻ϕ30mm 内孔	麻花钻	ϕ30	300			手动
4	粗车ϕ120mm 外圆、ϕ76mm 外圆，留余量 1mm	T01	25×20	600	0.25	≤1.5	自动（O0003）
5	粗车ϕ40mm 内孔、ϕ60mm 内孔，留余量 1mm	T02	25×20	500	0.2	≤1.5	自动（O0004）

工步号	工步内容	刀具号	刀具规格/mm	主轴转速 n/(r/min)	进给量 f/(mm/r)	背吃刀量 /mm	备注 (程序名)
6	平端面至长度尺寸	T01	25×20	600	0.25		手动
7	粗车左外轮廓各表面，留余量1mm	T01	25×20	600	0.25	≤1.5	自动 (O0004)
8	精车左外轮廓各表面至尺寸	T01	25×20	900	0.15	1	自动 (O0004)
9	精车ϕ40mm 内孔，ϕ60mm 内孔	T02	25×20	700	0.1	1	自动 (O0005)
10	切内槽至尺寸	T03	25×20	500	0.05	3	自动 (O0005)
11	精车右外轮廓各表面至尺寸	T01	25×20	900	0.15	1	自动 (O0005)
编制		审核		批准		共 1 页	第 1 页

任务 1.7.2　数控铣削工艺

1. 数控铣床加工工艺入门知识

数控铣削加工工艺性分析是编程前的重要工艺准备工作之一，在选择数控铣削加工内容时，应充分发挥数控铣床的优势和关键作用。主要选择的加工内容如下。

(1) 工件上的曲线轮廓，特别是由数学表达式给出的非圆曲线与列表曲线等曲线轮廓，如图 1-137 所示的正弦曲线。

(2) 已给出数学模型的空间曲面，如图 1-138 所示的球面。

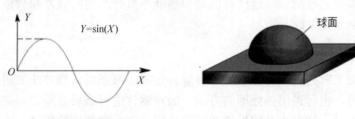

图 1-137　$Y=\sin(X)$曲线　　　　　图 1-138　球面

(3) 用通用铣床加工时难以观察、测量和控制进给的内外凹槽。

(4) 以尺寸协调的高精度孔和面，以及能在一次安装中顺带铣出来的简单表面或形状。

(5) 用数控铣削方式加工后，能成倍提高生产率，大大减轻劳动强度。

2. 零件图样的工艺性分析

根据数控铣削加工的特点，对零件图样进行工艺性分析时，应主要分析与考虑以下一些问题。

由于加工程序是以准确的坐标点来编制的，因此，各图形几何元素间的相互关系(如相切、相交、垂直和平行等)应明确，各种几何元素的条件要充分，应无引起矛盾的多余尺寸或者影响工序安排的封闭尺寸等。

例如，零件在用同一把铣刀、同一个刀具半径补正值编程加工时，由于零件轮廓各处尺寸公差带不同，如在图 1-139 中，就很难同时保证各处尺寸在尺寸公差范围内。这时一般采取的方法是：兼顾各处尺寸公差，在编程计算时，改变轮廓尺寸并移动公差带，改为对称公差，采用同一把铣刀和同一个刀具半径补正值加工，对图 1-139 中括号内的尺寸，其公差带均作了相应改变，计算与编程时使用括号内的尺寸。

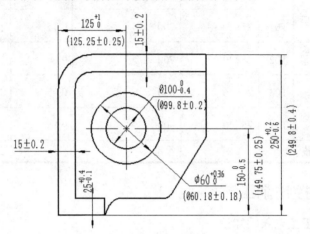

图 1-139　零件尺寸公差带的调整

3. 保证基准统一的原则

有些工件需要在铣削完一面后，再重新安装铣削另一面，由于数控铣削时，不能使用通用铣床加工时常用的试切方法来接刀，因此，最好采用统一基准定位，即力求设计基准、工艺基准和编程基准统一，这样可以减少基准不重合产生的误差和数控编程计算量，并且能有效地减少装夹次数。

4. 分析零件的变形情况

铣削工件在加工时的变形将影响加工质量。这时，可采用常规方法如粗、精加工分开及对称去余量法等，也可采用热处理的方法，如对钢件进行调质处理、对铸铝件进行退火处理等。加工薄板时，切削力及薄板的弹性退让极易产生切削面的振动，使薄板厚度尺寸公差和表面粗糙度难以保证，这时应考虑合适的工件装夹方式。

5. 零件的加工路线

在数控加工中，刀具(严格说是刀位点)相对于工件的运动轨迹和方向称为加工路线。即刀具从对刀点开始运动起，直至结束加工所经过的路径，包括切削加工的路径及刀具引入、返回等非切削空行程。加工路线的确定首先必须保证被加工零件的尺寸精度和表面质量；其次考虑数值计算简单、走刀路线尽量短、效率较高等。

1) 铣削轮廓表面

在图 1-140 所示的铣削轮廓表面时，一般采用立铣刀侧面刃口进行切削。对于二维轮廓加工通常采用的加工路线为：①从起刀点下刀到下刀点；②沿切向切入工件；③轮廓切削；④刀具向上抬刀，退离工件；⑤返回起刀点。

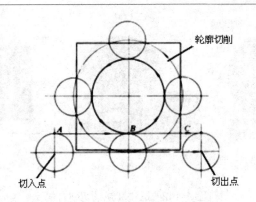

图 1-140　铣削轮廓表面的加工路线

2) 寻求最短走刀路线

走刀路线就是刀具在整个加工工序中的运动轨迹，它不但包括工步的内容，也反映出工步顺序，走刀路线是编写程序的依据之一。

如加工图 1-141(a)所示的孔系。图 1-141(b)所示的走刀路线为先加工完外圈孔后，再加工内圈孔，若改用图 1-141(c)所示的走刀路线，可减少空刀时间，则可节省定位时间近一倍，提高了加工效率。

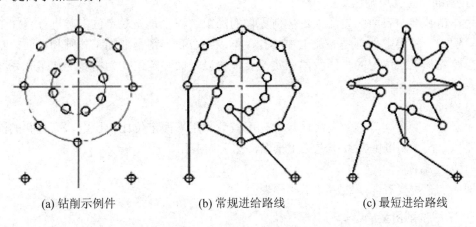

|(a) 钻削示例件|(b) 常规进给路线|(c) 最短进给路线|

图 1-141　最短走刀路线的设计

3) 顺铣和逆铣对加工的影响

在铣削加工中，采用顺铣还是逆铣方式是影响加工表面粗糙度的重要因素之一。逆铣时切削力 F 的水平分力 F_X 的方向与进给运动 v_f 方向相反，顺铣时切削力 F 的水平分力 F_X 的方向与进给运动 v_f 的方向相同。铣削方式的选择应视零件图样的加工要求，工件材料的性质、特点以及机床、刀具等条件综合考虑。

图 1-142(a)所示为采用顺铣切削方式精铣外轮廓，图 1-142(b)所示为采用逆铣切削方式精铣型腔轮廓，图 1-142(c)所示为顺、逆铣时的切削区域。

同时，为了降低表面粗糙度值，提高刀具耐用度，对于铝镁合金、钛合金和耐热合金等材料，尽量采用顺铣加工。但如果零件毛坯为黑色金属锻件或铸件，表皮硬而且余量一般较大，这时采用逆铣较为合理。

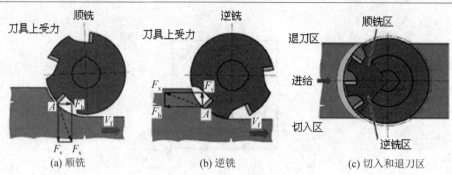

(a) 顺铣　　　　　　　　(b) 逆铣　　　　　　　(c) 切入和退刀区

图 1-142　顺铣和逆铣切削方式

6. 数控铣削加工顺序的安排

加工顺序通常包括切削加工工序、热处理工序和辅助工序等，工序安排将科学与否将直接影响到零件的加工质量、生产率和加工成本。切削加工工序通常按以下原则安排。

1) 先粗后精

当加工零件精度要求较高时，都要经过粗加工、半精加工、精加工阶段，如果精度要求更高，还包括光整加工等几个阶段。

2) 基准面先行原则

用作精基准的表面应先加工。任何零件的加工过程总是先对定位基准进行粗加工和精加工。例如，轴类零件总是先加工中心孔，再以中心孔为精基准加工外圆和端面；箱体类零件总是先加工定位用的平面及两个定位孔，再以平面和定位孔为精基准加工孔系和其他平面。

3) 先面后孔

对于箱体、支架等零件，平面尺寸轮廓较大，用平面定位比较稳定，而且孔的深度尺寸又是以平面为基准的，故应先加工平面，然后加工孔。

4) 先主后次

即先加工主要表面，然后加工次要表面。

7. 常用铣削用量的选择

在数控机床上加工零件时，切削用量都预先编入程序中，在正常加工情况下，人工不予改变。只有在试加工或出现异常情况时，才通过速率调节旋钮或电手轮调整切削用量。因此，程序中选用的切削用量应是最佳的、合理的切削用量。只有这样才能提高数控机床的加工精度、刀具寿命和生产率，降低加工成本。影响切削用量的因素有以下几个。

1) 机床

切削用量的选择必须在机床主传动功率、进给传动功率以及主轴转速范围、进给速度范围之内。机床—刀具—工件系统的刚性是限制切削用量的重要因素。切削用量的选择应使机床—刀具—工件系统不发生较大的"震颤"。如果机床的热稳定性好、热变形小，可适当加大切削用量。

2) 刀具

刀具材料是影响切削用量的重要因素。表 1-30 是常用刀具材料的性能比较。

表 1-30　常用刀具材料的性能比较

刀具材料	切削速度	耐磨性	硬　度	硬度随温度变化
高速钢	最低	最差	最低	最大
硬质合金	低	差	低	大
陶瓷刀片	中	中	中	中
金刚石	高	好	高	小

数控机床所用的刀具多采用可转位刀片(机夹刀片)，并具有一定的寿命。机夹刀片的材料和形状尺寸必须与程序中的切削速度和进给量相适应，并存入刀具参数中。标准刀片的参数可参阅有关手册及产品样本。

3) 工件

不同的工件材料要采用与之相适应的刀具材料、刀片类型，要注意到可切削性。可切削性良好的标志是，在高速切削下有效地形成切屑，同时具有较小的刀具磨损和较好的表面加工质量。

较高的切削速度、较小的背吃刀量和进给量，可以获得较好的表面粗糙度。合理的恒切削速度、较小的背吃刀量和进给量可以得到较高的加工精度。

4) 冷却液

冷却液同时具有冷却和润滑作用。带走切削过程产生的切削热，降低工件、刀具、夹具和机床的温升，减少刀具与工件的摩擦和磨损，提高刀具寿命和工件表面加工质量。使用冷却液后，通常可以提高切削用量。

冷却液必须定期更换，以防其老化而腐蚀机床导轨或其他零件，特别是水溶性冷却液。

5) 铣削加工的切削用量

铣削加工包括切削速度、进给速度、背吃刀量和侧吃刀量。从刀具耐用度出发，切削用量的选择方法是：先选择背吃刀量或侧吃刀量；其次选择进给速度；最后确定切削速度。

(1) 背吃刀量 a_p 或侧吃刀量 a_e。

背吃刀量 a_p 为平行于铣刀轴线测量的切削层尺寸，单位为 mm。端铣时，a_p 为切削层深度；而圆周铣削时，为被加工表面的宽度。侧吃刀量 a_e 为垂直于铣刀轴线测量的切削层尺寸，单位为 mm。端铣时，a_e 为被加工表面宽度；而圆周铣削时，a_e 为切削层深度。

背吃刀量或侧吃刀量的选取主要由加工余量和对表面质量的要求决定。

① 当工件表面粗糙度值要求为 $Ra12.5 \sim 25\mu m$ 时，如果圆周铣削加工余量小于 5mm，端面铣削加工余量小于 6mm，粗铣一次进给就可以达到要求。但是在余量较大、工艺系统刚性较差或机床动力不足时，可分为两次进给完成。

② 当工件表面粗糙度值要求为 $Ra3.2 \sim 12.5\mu m$ 时，应分为粗铣和半精铣两步进行。粗铣时背吃刀量或侧吃刀量选取同前。粗铣后留 $0.5 \sim 1.0mm$ 余量，在半精铣时切除。

③ 当工件表面粗糙度值要求为 $Ra0.8 \sim 3.2\mu m$ 时，应分为粗铣、半精铣、精铣三步进行。半精铣时背吃刀量或侧吃刀量取 $1.5 \sim 2mm$；精铣时，圆周铣侧吃刀量取 $0.3 \sim 0.5$

mm，面铣刀背吃刀量取 0.5～1 mm。

(2) 进给量 f 与进给速度 v_f 的选择。

铣削加工的进给量 f(mm/r)是指刀具转一周，工件与刀具沿进给运动方向的相对位移量；进给速度 v_f(mm/min)是单位时间内工件与铣刀沿进给方向的相对位移量，给出速度与进给量的关系为 $v_f = nf$(n 为铣刀转速，单位为 r/min)。

进给量与进给速度是数控铣床加工切削用量中的重要参数，根据零件的表面粗糙度、加工精度要求、刀具及工件材料等因素，参考切削用量手册选取或通过选取每齿进给量 f_z，再根据公式 $f = Zf_z$(Z 为铣刀齿数)计算。铣刀每齿进给量参考值见表 1-31。

表 1-31　铣刀每齿进给量参考值

工件材料	F_z/mm			
	粗　铣		精　铣	
	高速钢铣刀	硬质合金铣刀	高速钢铣刀	硬质合金铣刀
钢	0.10～0.15	0.10～0.25	0.02～0.05	0.10～0.15
铸铁	0.12～0.20	0.15～0.30		

每齿进给量 f_z 的选取主要依据工件材料的力学性能、刀具材料、工件表面粗糙度等因素。工件材料强度和硬度越高，f_z 越小；反之则越大。硬质合金铣刀的每齿进给量高于同类高速钢铣刀。工件表面粗糙度要求越高，f_z 就越小。

每齿进给量的确定可参考表 1-31 选取。工件刚性差或刀具强度低时，应取较小值。

(3) 切削速度 v_c。

铣削的切削速度 v_c 与刀具的耐用度、每齿进给量、背吃刀量、侧吃刀量及铣刀齿数成反比，而与铣刀直径成正比。其原因是当 f_z、a_p、a_e 和 Z 增大时，刀刃负荷增加，而且同时工作的齿数也增多，使切削热增加，刀具磨损加快，从而限制了切削速度的提高。

为提高刀具耐用度，允许使用较低的切削速度。加大铣刀直径可改善散热条件，可以提高切削速度。

铣削加工的切削速度 v_c 可参考表 1-32 选取，或参考有关切削用量手册中的经验公式选取。

表 1-32　铣削加工的切削速度参考值

工件材料	硬度/HBS	V_c/(m/min)	
		高速钢铣刀	硬质合金铣刀
钢	<225	18～42	66～150
	225～325	12～36	54～120
	325～425	6～21	36～75
铸铁	<190	21～36	66～150
	190～260	9～18	45～90
	260～320	4.5～10	21～30

8. 典型零件的数控加工工艺分析

1) 任务内容

加工孔系类零件。图 1-143 所示为滑座零件，已知材料为 45 钢，毛坯为 102mm×

82mm×52mm，编写零件的加工程序，采用斯沃数控仿真系统仿真加工，最后在数控实训中心进行实际加工。

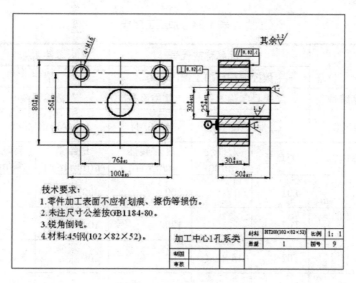

图 1-143　滑座零件

2) 工艺分析

(1) 加工方案。

编程坐标系原点设定在零件上表面中心处，为提高加工效率，粗铣采用直径为 16mm 的立铣刀，主轴转速 800r/min，进给速度为 300mm/min；钻螺纹底孔采用 14.8mm 钻头，主轴转速 500r/min，进给速度为 100mm/min；攻螺纹采用机用丝锥，主轴转速为 150 r/min；中孔采用钻孔－镗孔方式加工，主轴转速为 800r/min，进给速度为 100mm/min。

采用平口钳装卡，零件伸出钳口 30mm，加工零件外轮廓至尺寸要求。

加工前先对刀，在上表面对称中心设置编程原点，加工程序名为 O1000。

(2) 刀具卡。

通过分析可知本任务需要如表 1-33 所示的刀具。

表 1-33　所需刀具

产品名称或代号		数控加工实训	零件名称	滑　座		零件图号		10
序号	刀具号	刀具名称	数量	加工表面		材料		备注
1	T01	16mm 立铣刀	1	铣平面		硬质合金		
2	T02	14.8mm 钻头	1	钻螺纹底孔		HSS		
3	T03	20mm 钻头	1	钻中孔		HSS		
4	T04	M16 丝锥	1	攻螺纹		HSS		
5	T05	精镗刀	1	精镗中间孔		硬质合金		
编制		审核		批准			共 1 页	第 1 页

(3) 加工工序卡。

加工工序卡见表 1-34。

表 1-34　加工工序卡

单位名称		产品名称或代号		零件名称		零件图号
		数控编程与加工课内任务		滑座		10
工序号	程序编号	夹具名称	使用设备	数控系统		场地
001	O1000	平口钳	M16AN	MAZAKM640		理实一体化教室
工步号	工步内容	刀具号	刀具规格/mm	主轴转速 n/(r/min)	进给量 f/(mm/min)	背吃刀量/mm	备注（程序名）
1	粗铣平面，留余量0.5mm	T01		800	300	5	自动(O1000)
2	精铣平面至要求	T01		1200	100	3	自动(O1000)
3	钻螺纹底孔要求	T02	14.8	500	200	7.4	自动(O1000)
4	钻中间孔	T03	20	400	200	10	自动(O1000)
5	攻螺纹	T04	M16	150	300	8	自动(O1000)
6	精镗	T05		400	100	0.5	自动(O1000)
编制		审核		批准		共 1 页	第 1 页

任务 1.7.3　工件的装夹与找正

在机械加工过程中，为了保证加工精度，固定工件，使之占有确定位置以接受加工或检测的工艺装备统称为机床夹具，简称夹具。利用夹具可以提高劳动生产率，提高加工精度，减少废品；可以扩大机床的工艺范围，改善操作的劳动条件。因此，夹具是机械制造中的一个重要工艺装备，其作用是使工件相对于机床或刀具有一个正确的位置，并在加工过程中保持这个位置不变。

1. 夹具的分类

(1) 按工艺过程的不同，夹具可分为机床夹具、检验夹具、装配夹具、焊接夹具等。

(2) 按机床种类的不同，机床夹具又可分为车床夹具、铣床夹具、钻床夹具等。

(3) 按所采用的夹紧动力源的不同，又可分为手动夹具、气动夹具等。

(4) 根据使用范围不同，可分为通用夹具、专用夹具、组合夹具、通用可调夹具和成组夹具等类型。

(5) 随行夹具。随行夹具是自动或半自动生产线上使用的夹具，虽然它只适用于某一种工件，但毛坯装上随行夹具后，可从生产线开始一直到生产线终端在各位置上进行各种不同工序的加工。根据这一点，随行夹具的结构也具有适用于各种不同工序加工的通用性。

2. 夹具的组成

(1) 定位元件：用于确定工件在夹具中的位置。

(2) 夹紧装置：用于夹紧工件。

(3) 对刀、导引元件：确定刀具相对夹具定位元件的位置。

(4) 其他装置：如分度元件等。

(5) 连接元件和连接表面：用于确定夹具本身在机床主轴或工作台上的位置。

(6) 夹具体：用于将夹具上的各种元件和装置连接成一个有机整体。

3. 工件定位基本原理——六点定则

工件定位时，用合理分布的六个支承点与工件的定位基准相接触，来限制工件的六个自由度，使工件的位置完全确定，称为"六点定则"。六点定则是工件定位的基本法则，用于实际生产时，起支承作用的是一定形状的几何体，这些用来限制工件自由度的几何体就是定位元件。

(1) 任何一个自由刚体，在空间均有六个自由度，即三个移动自由度$(\vec{X}、\vec{Y}、\vec{Z})$和三个转动自由度$(\widehat{X}、\widehat{Y}、\widehat{Z})$。工件定位的实质就是限制工件的自由度，如图 1-144 所示。

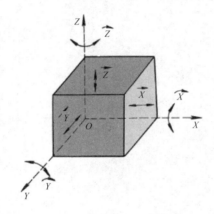

图 1-144　工件在空间的六点定位

工件定位中的几种情况如下。

① 完全定位：工件的六个自由度全部被限制的定位。

② 不完全定位：根据工件的加工要求，并不需要限制工件的全部自由度的定位。

③ 欠定位：根据工件的加工要求，要限制的自由度没有完全被限制的定位。

④ 过定位：夹具上的两个或两个以上的定位元件，重复限制工件的同一个或几个自由度的现象。

a. 过定位可能导致的后果：工件无法安装；造成工件或定位元件变形。

b. 消除或减小过定位所引起干涉的方法：改变定位元件的结构，使定位元件重复限制自由度的部分不起定位作用；合理应用过定位，提高工件定位基准之间以及定位元件的工作表面之间的位置精度。

(2) 夹具的工作原理。

① 使工件在夹具中占有正确的加工位置。这是通过工件各定位面与夹具的相应定位

元件的定位工作面(定位元件上起定位作用的表面)接触、配合或对准来实现的。

②　夹具对于机床应先保证有准确的相对位置，而夹具结构又保证定位元件的定位工作面对夹具与机床相连接的表面之间的相对准确位置，这就保证了夹具定位工作面相对机床切削运动形成表面的准确几何位置，也就达到了工件加工面对定位基准的相互位置精度要求。

③　使刀具相对有关的定位元件的定位工作面调整到准确位置，这就保证了刀具在工件上加工出的表面对工件定位基准的位置尺寸。

拓展阅读 1-2
夹具的选用

拓展阅读 1-3　数控机床
常用工件的装夹方式

第 2 章　车削循环指令

项目 2.1　单轮廓车削指令

【学习目的】

学习本项目主要目的是掌握内、外圆柱面，内、外圆锥加工中固定循环功能的应用，了解 G90、G94 指令的编程格式及特点，掌握简单型面的加工方法。

【任务列表】

任务序号	任务名称	知识与能力目标
2.1.1	轴向切削循环指令 G90	①掌握 G90、G94 指令的适用范围及编程技能技巧 ②掌握圆锥小轴的编程与加工
2.1.2	端面切削循环指令 G94	③掌握锥套的编程与加工的程序设计思想 ④能合理选用数控车削加工中的切削用量

【任务实施】

任务 2.1.1　轴向切削循环指令 G90

1. 指令详解

G90 是单一形状固定循环指令，该循环主要用于轴类零件的内外圆、锥面的加工。

1) 外圆切削循环指令 G90

指令格式：G90 X(U)__ Z(W)__ F__；　（圆柱切削）

其中：X、Z 取值为圆柱面切削终点坐标值；U、W 取值为圆柱面切削终点相对循环起点的坐标分量。

如图 2-1 所示的循环，刀具从循环起点开始按矩形 $1R \to 2F \to 3F \to 4R$ 循环，最后又回到循环起点。虚线表示按 R 快速移动，实线表示按 F 指定的工件进给速度移动。

2) 锥面切削循环指令 G90

指令格式：G90 X(U)__ Z(W)__ R__ F__；(圆锥切削)

其中：X、Z 取值为圆锥面切削终点坐标值；U、W 取值为圆锥面切削终点相对循环起点的坐标分量；$R(I)$ 取值为圆锥面切削始点与圆锥面切削终点的半径差，有正、负号。

$R = (X_起 - X_终)/2$，必须指定锥体的 "R" 值。

R 值正负的判断：如果切削起点的 X 向坐标小于终点的 X 向坐标，R 值为负；反之为正，如图 2-3 所示。

具体过程如图 2-2 所示，刀具从循环起点开始按梯形 $1R \to 2F \to 3F \to 4R$ 循环，最后又回到循环起点。虚线表示按 R 快速移动，实线表示按 F 指定的工件进给速度移动。

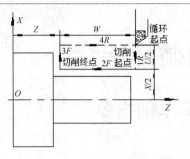

图 2-1　外圆切削循环　　　　　图 2-2　锥面切削循环

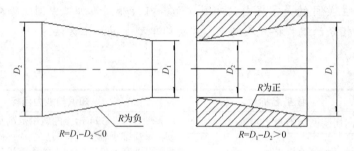

图 2-3　*R* 值正、负的判断

3) G90 走刀路线分析

(1) 快速进刀(相当于 G00 指令)。

(2) 切削进给(相当于 G01 指令)。

(3) 退刀(相当于 G01 指令)。

(4) 快速返回(相当于 G00 指令)。

例 1　如图 2-4 所示，加工外圆表面需分多次走刀，对外圆切削循环编程的程序语句如下：

```
G90 X40 Z20 F0.1;          A→B→C→D→A
    X30        ;          A→B→C→D→A
    X20        ;          A→G→H→D→A
```

例 2　如图 2-5 所示，加工外圆表面需分多次走刀，对外圆切削循环编程的程序语句如下：

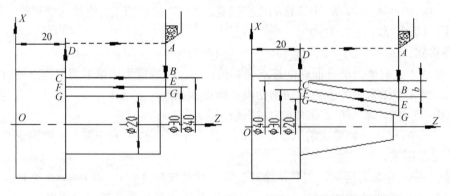

图 2-4　外圆切削循环示例　　　　图 2-5　锥面切削循环示例

```
G90 X40 Z20 R-15 F0.1;     A→B→C→D→A
   X30              ;       A→B→C→D→A
   X20              ;       A→G→H→D→A
```

4) 增量程式制作

位址 U、W 及 R 后数值的正负号及刀具路径间的关系如图 2-6 所示。

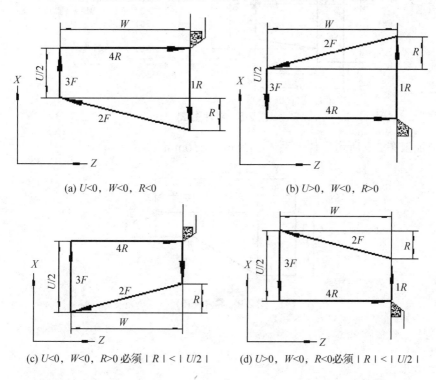

(a) $U<0$，$W<0$，$R<0$　　　　　　　(b) $U>0$，$W<0$，$R>0$

(c) $U<0$，$W<0$，$R>0$ 必须 $|R|<|U/2|$　　(d) $U>0$，$W<0$，$R<0$ 必须 $|R|<|U/2|$

图 2-6　位址 U、W 及 R 后数值的正、负号及刀具路径间的关系

2. 主要应用

(1) 外圆柱面和外圆锥面。

(2) 内孔面和内锥面。

(3) 编程示例。

例 1　应用圆柱面切削循环功能对图 2-7 所示零件编程加工。

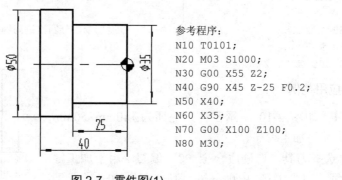

参考程序：
```
N10 T0101;
N20 M03 S1000;
N30 G00 X55 Z2;
N40 G90 X45 Z-25 F0.2;
N50 X40;
N60 X35;
N70 G00 X100 Z100;
N80 M30;
```

图 2-7　零件图(1)

例 2 应用圆锥面切削循环功能对图 2-8 所示零件编程加工。

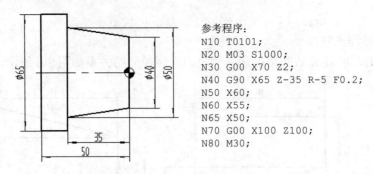

参考程序：
N10 T0101;
N20 M03 S1000;
N30 G00 X70 Z2;
N40 G90 X65 Z-35 R-5 F0.2;
N50 X60;
N60 X55;
N65 X50;
N70 G00 X100 Z100;
N80 M30;

图 2-8 零件图(2)

例 3 加工图 2-9 所示零件，毛坯 φ125mm×110mm。

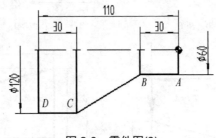

图 2-9 零件图(3)

参考程序：
T0101;
M03 S1000;
G00 X130 Z3;
G90 X120 Z-110 F0.2 A→D，切削 φ120
X110 Z-30 ┐
X100 │
X90 │
X80 │ A→B，切削 φ60
X70 │
X60 ┘
G00 X120 Z-44 R-7.5 F0.2 ┐
Z-56 R-15 │
Z-68 R-22.5 │ B→C，锥度切削，分四次进刀循环切削
Z-80 R-30 ┘
N70 G00 X200 Z100

3. 应用范例

例 1 如图 2-10 所示零件，毛坯为 φ40mm×50mm 的棒料，编写加工程序。

(1) 选择刀具。选硬质合金 90°偏刀，用于加工零件各表面，刀尖半径 R=0.4mm，刀尖方位 T=3，置于 T01 刀位(编程原点在右端面中心)。

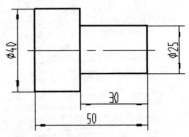

图 2-10 外圆切削循环加工示例

(2) 确定切削用量。由于背吃刀量较大，因此选用较小的进给量和主轴转速，见表 2-1。

表 2-1　图 2-10 所示零件的切削用量

加工内容	背吃刀量 a_p/mm	进给量 f/(mm/r)	主轴转速 n/(r/min)
粗车外圆	≤2.5	0.2	300
精车外圆	0.25	0.1	800

(3) 编程。参考程序见表 2-2。

表 2-2　图 2-10 所示零件的参考程序

程序号：O0001		
段　号	程序内容	说　明
N10	G40 G97 G99 M03 S300;	取消刀补，设主轴正转，转速为 300r/min
N20	T0101　M08;	换 90°偏刀到位，打开切削液
N40	G42 G00 X40.0 Z2.0;	建立刀具右补偿，快速进刀至循环起点 A 点
N50	G90 X35.0 Z-30.0 F0.2;	外圆切削循环一次，设进给量 0.2mm/r
N60	X30.0;	外圆切削循环第二次
N70	X25.5;	外圆切削循环第三次
N80	G00 X25.0 Z2.0 S800;	快速进刀，设主轴转速 800r/min，准备精车
N90	G01 Z-30.0 F0.1;	精车 ϕ25mm 外圆至要求尺寸，设进给量 0.1mm/r
N100	X40.5;	精车 ϕ40mm 右端面
N110	G40 G00 X50.0;	取消刀具补正
N120	G00 X200.0 Z100.0;	快速回换刀点
N130	M30;	程序结束

例 2　如图 2-11 所示零件，用 ϕ40mm×60mm 的棒料毛坯，加工零件的锥面。

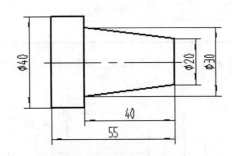

图 2-11　外圆锥面切削循环加工示例

(1) 数值计算。$R=(X_{起}-X_{终})/2=(20-30)/2=-5$(mm)。

(2) 选择刀具。选硬质合金 90°偏刀，用于加工零件各表面，刀尖半径 R=0.4mm，刀尖方位 T=3，置于 T01 刀位(编程原点在右端面中心)。

(3) 确定切削用量。选用切削用量，见表 2-3。

表 2-3　图 2-11 所示零件的切削用量

加工内容	背吃刀量 α_p/mm	进给量 f/(mm/r)	主轴转速 n/(r/min)
粗车锥面	≤2.5	0.2	300
精车锥面	0.25	0.1	800

(4) 编程。参考程序见表 2-4。

表 2-4　图 2-11 所示零件的参考程序

程序号：O0002

段　号	程序内容	说　明
N10	G40 G97 M03 S300;	取消刀补，设主轴正转，转速为 300r/min
N20	T0101;	换 90°偏刀至 01 号刀位
N30	M08;	打开切削液
N40	G42 G00 X45.0 Z0.5;	建立刀具右补正，快速进刀至循环起点 A 点
N50	G90 X41.0 Z-40.0 R-5.0 F0.2;	锥面切削循环第一次
N60	X37.0;	锥面切削循环第二次
N70	X33.0;	锥面切削循环第三次
N80	X30.5;	锥面切削循环第四次
N90	G00 X20.0 Z2.0;	快速进刀
N100	G01 Z0.0 S800;	进刀至精加工起点，设主轴转速为 800 r/min
N110	X30.0 Z-40.0 F0.1;	切削锥面至要求尺寸
N120	X40.0;	切削 φ30mm 端面至要求尺寸
N130	G40 G00 X41.0;	取消刀具补正
N140	G00 X200.0 Z100.0;	快速回换刀点
N150	M30;	程序结束

例 3　利用 G90 指令将 φ60mm 毛坯棒料加工成图 2-12 所示工件。

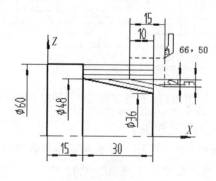

图 2-12　零件图

(1) R 值的计算。利用相似三角形 $R/15=2/10$，$R=15\times2/10=3$。

(2) 程序。

```
O0001;
        G50 S2000;
        T0100;
        G96 X66 Z65 T0101;
        G90 X56 Z15 F0.2 M08;
            X52;
            X48;
        G42 Z35 R-3;
            Z25 R-5;
            Z15 R-7;
        G40 G00 X100 Z80 M09;
        G28 u0 w0 T0100;
        M30;
```

任务 2.1.2　端面切削循环指令 G94

1. 指令详解

1) 平台阶切削循环

G94 X(U)___Z(W)___F___;

其中，X(U)、Z(W)为端面切削的终点坐标值。

增量指令性时，地址 U、W 后续数值的符号由轨迹 1、2 的方向来决定。即，如果轨迹 1 的方向是 Z 轴的负向，则 W 为负值。单程序段时，用循环启动进行 1、2、3、4 动作，如图 2-13 所示。

用下述指令性时，可以进行锥度端面切削循环。

2) 锥台阶切削循环

G94 X(U)___Z(W)___R___F___;

其中，R：端面切削的起点相对于终点在 Z 轴方向的坐标分量。当起点 Z 向坐标小于终点 Z 向坐标时，R 为负；反之为正，如图 2-14 所示。

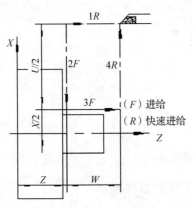

图 2-13　平端面车削循环

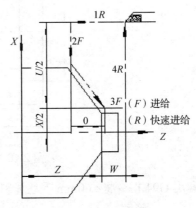

图 2-14　锥端面车削循环

3) 增量程式制作

位址 U、W 及 R 后数值的正、负符号及刀具路径的关系如图 2-15 所示。

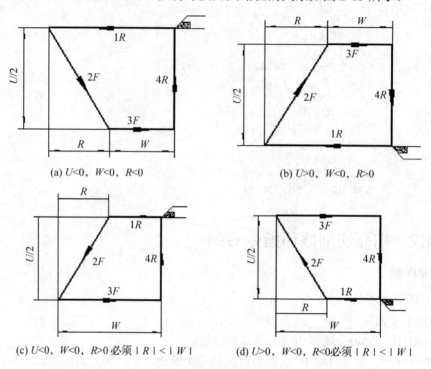

(a) $U<0$，$W<0$，$R<0$ (b) $U>0$，$W<0$，$R>0$

(c) $U<0$，$W<0$，$R>0$ 必须 $|R|<|W|$ (d) $U>0$，$W<0$，$R<0$ 必须 $|R|<|W|$

图 2-15 位址 U、W 及 R 后数值的正、负号及刀具路径间的关系

2. 应用范例

例 1 应用 G94 指令完成台阶切削循环编程，如图 2-16 所示。

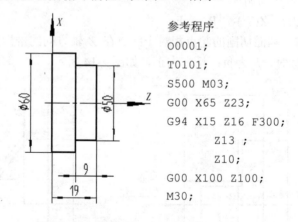

参考程序
O0001;
T0101;
S500 M03;
G00 X65 Z23;
G94 X15 Z16 F300;
      Z13 ;
      Z10;
G00 X100 Z100;
M30;

图 2-16 断面循环

例 2 利用 G94 指令将 $\phi60mm$ 毛坯棒料加工成图 2-17 所示工件。

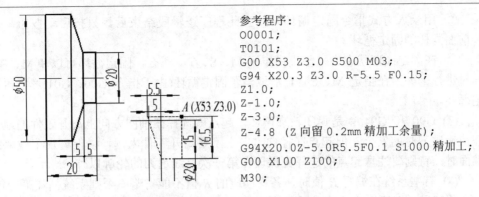

参考程序：
O0001;
T0101;
G00 X53 Z3.0 S500 M03;
G94 X20.3 Z3.0 R-5.5 F0.15;
Z1.0;
Z-1.0;
Z-3.0;
Z-4.8（Z 向留 0.2mm 精加工余量）;
G94X20.0Z-5.0R5.5F0.1 S1000 精加工;
G00 X100 Z100;
M30;

图 2-17　锥面循环(右图为 R 值的算法)

例 3　巧用 G90 和 G94 加工深孔。

FANUC 车床系统中，G90 和 G94 分别是内、外圆车削循环和端面车削循环，此外它们还有一个共同的作用，就是深孔钻削。

用钻头钻削深孔时，每次进给一定距离后要退刀至端面外，进行一次排屑。

以钻削 ϕ9mm、长 300mm 的深孔为例，分析如下：

O0001; 程序号
T0101;
G00 X0 Z300; 以工件端面为零点
S500 M03; 正转，转速为 500mm/min
G0 Z1; 钻头快速定位距离端面 1mm 处
G1 Z-56 F0.15; 钻头第一次钻进 56mm
G0 Z50; 退到固定点排削
G0 Z-55; 为子程序做准备
M98 P500002; 调用 0002 号程序 50 次
G0 Z300; 退回程序起点
T0100;取消刀补
M30; 程序结束，主轴停止
O0002; 子程序号
G1 W-5.5 F0.1;
G1 W0.5;
G90(或用 G94)X0 Z50 F10; 用此方法定点排屑
G1; 改变 G 功能，否则还执行上段 G90
M99; 子程序结束

在实际的深孔零件操作中，使用以上程序，可钻出有效长度的孔。

3. G90 和 G94 指令注意事项

(1) G90、G94 固定循环中的数据 $X(U)$、$Z(W)$ 和 R，都是模态值，所以在没有指定新的 $X(U)$、$Z(W)$、R 的数据，当指定了 G04 以外的非模态 G 代码或 G90、G94 以外的 01 级的代码时，$X(U)$、$Z(W)$ 和 R 里的数据才会被清除。

(2) 下述三种情况是允许的。

① 在固定循环的程序段后面只有 EOB(;)的程序段或者无移动指令的程序时，则重复此固定循环。

② 用录入方式指令固定循环时，当此程序逻辑段结束后，只按启动按钮，可以进行和前面同样的固定循环。

③ 在固定循环状态中，如果指定了 M、S、T，那么，固定循环可以和 M、S、T 功能同时进行。如果在指定 M、S、T 后取消了固定循环(由于指令 G00、G01)，需再次指定固定循环。

(3) G90 和 G94 都是封闭轮廓循环，起点就选择在轴向方向上离开工件的地方，以保证快速进刀时的安全，但起点在径向方向上不要离开工件太远，以保证加工效率；在加工锥面时，特别要注意起点的选择应保证在第一次直线退刀的轮廓以外。

(4) 有些系统在编写 R 值时，各程序段的 R 值不能省略；否则系统循环第一句 G90 或 G94 程序段，请读者查阅相关系统说明书。

4．综合应用

毛坯尺寸 ϕ65mm 的棒料，已加工毛坯孔至 ϕ18mm，材料 45 号钢，试车削图 2-18 所示零件，T01：93° 粗、精车外圆刀，T02：镗孔刀，T04：切断刀(刀宽 3 mm)。

1) 零件图工艺分析

(1) 技术要求分析。零件包括内外圆锥面、内外圆柱面、端面、切断等加工。零件材料为 45 号钢，无热处理和硬度要求。

(2) 确定装夹方案、定位基准、加工起点、换刀点。由于毛坯为棒料，用三爪自定心卡盘夹紧定位。由于工件较小，为了使加工路径清晰，加工起点和换刀点可以设为同一点，放在 Z 向距工件前端面 200mm，X 向距轴心线 100mm 的位置。

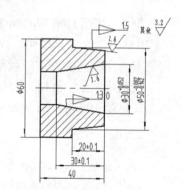

图 2-18 内、外锥套

(3) 制订加工方案，确定各刀具及切削用量。加工刀具的确定如表 2-5 所示，加工方案的制订如表 2-6 所示。

表 2-5 加工刀具

实训课题	单一循环指令加工		零件名称	内外锥套	零件图号	图 2-18
序号	刀具号	刀具名称及规格	刀尖半径/mm	数量	加工表面	备注
1	T0101	93° 外圆车刀	0.2	1	端面、外圆	
2	T0202	镗孔刀	0.2	1	内孔	
3	T0404	B=3 mm 切断刀(左刀尖)	0.3	1	切断	

表 2-6 加工方案

材料	45 号钢	零件图号	图 2-18	系统	FANUC	工序号	063
操作序号	工步内容(走刀路线)	G 功能	T 刀具	切削用量			
				转速 S(r/min)	进给速度 F(mm/r)	切削深度/(mm)	
主程序(1)	夹住棒料一头，留出长度大约为65mm(手动操作)，调用主程序 1 加工						
(1)	车端面	G94	T0101	475	0.1		
(2)	粗车外表面	G90	T0101	475	0.3	2	

操作序号	工步内容(走刀路线)	G 功能	T 刀具	切削用量		
				转速 S(r/min)	进给速度 F(mm/r)	切削深度 l/(mm)
(3)	粗镗内表面	G90	T0202	640	0.3	1
(4)	精车外表面	G01	T0101	900	0.1	0.2
(5)	精镗内表面	G01	T0202	900	0.1	0.2
(6)	切断	G01	T0404	236	0.1	
(7)	检测、校核	G	T			

2) 数值计算

(1) 设定程序原点，以工件右端面与轴线的交点为程序原点建立坐标系。

(2) 计算各基点位置坐标值(略)。

(3) 当循环起点 Z 坐标为 Z3 时，计算精加工外圆锥面时，切削起点的直径 D 值。根据公式 $C=D\text{-}d/L$，即 $C=1/5=50\text{-}d/23$ 得到 d=45.4，则 R=45.4-50/2=-2.3。

当 X 留有 0.2mm 余量时，加工外锥面的切削终点为(X50.4，Z-20)。

当 X 留有 2.2mm 余量时，加工外锥面的切削终点为(X54.4，Z-20)。

当 X 留有 4.2mm 余量时，加工外锥面的切削终点为(X58.4，Z-20)。

(4) 内锥小端直径。根据公式 $C=D\text{-}d/L$，即 $C=1/3=30\text{-}d/30$ 得到 d=20。

(5) 当加工内锥孔循环起点 Z 坐标为 Z3 时，计算精加工内圆锥面时，切削起点的直径 D 值。根据公式 $C=D\text{-}d/L$，即 $C=1/3=D\text{-}30/3$ 得到 D=31，则 R=31-20/2=5.5。

当 X 留有 0.2mm 余量时，加工内锥面的切削终点为(X19.6，Z-30)。

当 X 留有 1.2mm 余量时，加工内锥面的切削终点为(X17.6，Z-30)。

当 X 留有 2.2mm 余量时，加工内锥面的切削终点为(X15.6，Z-30)。

3) 参考程序

参考程序如表 2-7 所示。

表 2-7　参考程序

程序号	O0001	简要说明
N10	T0101 G00 X150 Z100;	调第一把刀，建立坐标系，移刀到 X150, Z100
N20	M03 S475;	主轴正转，S475
N30	G99;	设定进给速度单位为 mm/r
N40	G00 X70 Z3;	快速定位
N50	G94 X0 Z0.5 F0.1;	加工端面
N60	Z0;	
N70	G90 X62 Z-43 F0.3;	粗加工ϕ60mm 外圆，留精加工余量 0.2mm
N80	X60.4 ;	
N90	G90 X58.4 Z-20 R-2.3;	粗加工外锥面，每次切深 2mm，留精加工余量 0.2mm
N100	X54.4;	
N110	X50.4;	
N120	G00 X150 Z100 T0100 M05;	返回刀具起点，取消刀补，停主轴
N130	M01;	选择停止，以便检测工件
N140	M03 S640 T0202;	主轴正转，换镗孔刀

续表

程序号	O0001	简要说明
N150	G00 X13 Z3;	定位至 ϕ13mm 直径外，距端面正向 3mm
N160	G90 X19.6 Z-43 F0.3;	粗加工 ϕ20mm 孔，留精加工余量 0.2mm
N170	X15.6 Z-30 R5.5;	粗加工锥孔，每次切深 1mm，留精加工余量 0.2mm
N180	X17.6;	
N190	X19.6;	
N200	G00 X150 Z100 T0200 M05;	返回刀具起点，取消刀补，停主轴
N210	M01;	选择停止，以便检测工件
N220	M03 S900 T0101;	主轴正转，换 1 号刀
N230	G00 X45.4 Z3;	定位至 X45.4，Z3，即精加工锥面起始点
N240	G01 X50 Z-20 F0.1;	精加工外锥面
N250	X60;	粗加工台阶面
N260	Z-43;	精加工 ϕ60mm 外圆
N270	X70;	径向退刀
N280	G00 X150 Z100 T0100 M05;	返回刀具起点，取消刀补，停主轴
N290	M01;	选择停止，以便检测工件
N300	M03 S900 T0202;	主轴正转，换 2 号镗刀
N310	G00 X31 Z3;	定位至 X31，Z3，即精加工锥孔起始点
N320	G01 X20 Z-30 F0.1;	精加工锥孔
N330	Z-43;	精加工 ϕ20mm 内圆
N340	X18;	径向退刀
N350	G00 Z3;	轴向退刀，快速退出工件孔
N360	G00 X150 Z100 T0200 M05;	返回刀具起点，取消刀补，停主轴
N370	M01;	选择停止，以便检测工件
N380	M03 S236 T0404;	主轴正转，换 4 号切断刀
N390	G00 X70 Z-43;	定位至 X70，Z-43
N400	G01 X15 F0.1;	切断
N410	G00 X70;	径向退刀
N420	X150 Z100 T0400 M05;	返回刀具起点，取消刀补，停主轴
N430	T0100;	1 号基准刀返回，取消刀补
N440	M30;	程序结束

4) 加工操作过程

(1) 数控系统图形仿真加工，进行程序校核及修整。

(2) 安装刀具，对刀操作，建立工件坐标系。

(3) 启动程序，自动加工。

(4) 停车后，按图纸要求检测工件，对工件进行误差与质量分析。

5) 安全操作和注意事项

(1) 毛坯已有 ϕ18mm 毛坯孔；当用棒料时 ϕ18mm 孔可在普通车床上加工出。

(2) 对刀时，切槽刀左刀尖作为编程刀位点。

(3) 加工内孔时应先使刀具向直径缩小的方向退刀，再 Z 向退出工件，然后才能退回换刀点。

(4) 镗孔刀的换刀点应远些；否则会在换刀或快速定位时碰到工件。

(5) 车锥面时刀尖一定要与工件轴线等高；否则车出工件圆锥母线不直，呈双曲线形。

项目 2.2　多轮廓车削指令

【学习目的】

学习本项目主要目的是掌握数控系统复合循环 G70、G71、G72、G73 指令的适用范围及编程规则。

【任务列表】

任务序号	工作任务名称	达到专业能力目标
2.2.1	轴向切削循环指令 G71、G70	掌握数控系统复合循环 G70～G73 指令的适用范围及编程，能正确运用各指令代码编制较复杂零件的车削加工程序，能正确选择和安装刀具，制定工件的车削加工工艺规程，进一步掌握数控车削加工中的数值计算方法，培养学生独立的工作能力和安全文明生产习惯
2.2.2	径向切削循环指令 G72
2.2.3	仿形车削循环指令 G73

【任务实施】

任务 2.2.1　轴向切削循环指令 G71、G70

1. 指令详解

1) 外圆粗车循环(G71)

G71 指令的粗车是以多次 Z 轴方向走刀以切除工件余量，为精车提供一个良好的条件，适用于毛坯是圆钢的工件。G71 指令将工件切削至精加工之前的尺寸，精加工前的形状及粗加工的刀具路径由系统根据精加工尺寸自动设定，如图 2-19 和图 2-20 所示。

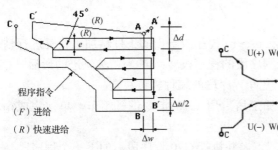

图 2-19　G71 指令循环轨迹　　　　图 2-20　G71 指令符号示意图

```
G71 U(Δd)R(e)
G71 P(ns)Q(nf)U(Δu)W(Δw)F(f)S(s)T(T)
N(ns)···
  ···
    .F
    .S
    .T
N(nf)···
```

A ──→ A′ ──→ B 的精加工形状的指令，由顺序号 ns 到 nf 和程序来指定，精加工形状的每条移动指令必须带行号

从顺序号 ns 到 nf 的程序段，指定 A 及 B 间的移动指令。加工完成后刀具返回起点。

- Δd：吃刀量(半径指定)，无符号。切削方向依照 AA′的方向决定。本指令是模态指令，在另一个值指定前不会改变。
- e：退刀量(半径指定)，无符号。本指令是模态指令，在另一个值指定前不会改变。
- ns：精加工形状程序的第一个段号。
- nf：精加工形状程序的最后一个段号。
- Δu：X 方向精加工余量的距离及方向(直径值指定)。
- Δw：Z 方向精加工余量的距离及方向。
- f、s、t：包含在 ns 到 nf 程序段中的任何 F、S 或 T 功能在循环中被忽略，而在 G71 程序段中的 F、S 或 T 功能有效。

注意：

① Δu、Δw 精加工余量的正负判断。

② ns～nf 程序段中 F、S 或 T 功能在(G71)循环时无效，而在(G70)循环时 ns～nf 程序段中的 F、S 或 T 功能有效。

③ ns～nf 程序段中恒线速功能无效，只能有 G 功能，即 G00、G01、G02、G03、G04、G96、G97、G98、G99、G40、G41、G42 指令。

④ G96、G97、G98、G99、G40、G41、G42 指令在执行 G71 循环中无效，执行 G70 精加工循环时有效。

⑤ ns～nf 程序段中不能调用子程序；起刀点 A 和退刀点 B 必须平行。

⑥ 零件轮廓 A～B 间必须符合 X 轴、Z 轴方向同时单向增大或单向递减。

⑦ ns 程序段中可含有 G00、G01 指令，不许含有 Z 轴运动指令。

⑧ 循环起点一般选择在毛坯轮廓外侧 1～2mm，距端面 1～2mm，不宜太远，以减少空行程。

2) 外圆精车循环 G70

指令格式：G70 P(ns) Q(nf);

指令功能：刀具从起点位置沿着 ns～nf 程序段给出的工件精加工轨迹进行精加工。

其中：ns 为精车轨迹的第一个程序段的程序段号；nf 为精车轨迹的最后一个程序段的程序段号；G70 指令轨迹由 ns～nf 之间程序段的编程轨迹决定。

在 G71、G72 或 G73 进行粗加工后，用 G70 指令进行精车，单次完成精加工余量切削。

G70 循环结束时，刀具返回到起点，并执行 G70 程序段后的下一个程序段。

指令说明：

① G70 必须在 ns～nf 程序段后编写。如果在 ns～nf 程序段前编写，系统自动搜索到 ns～nf 程序段并执行，执行完成后，按顺序执行 nf 程序段的下一程序，因此会引起重复执行 ns～nf 程序段。

② 执行 G70 精加工循环时，ns～nf 程序段中的 F、S、T 指令有效。

③ G96、G97、G98、G99、G40、G41、G42 指令在执行 G70 精加工循环时有效。

④ 在 G70 指令执行过程中，可以停止自动运行并手动移动，但要再次执行 G70 循环

时，必须返回到手动移动前的位置。如果不返回就继续执行，后面的运行轨迹将错位。

⑤ 执行进给保持、单程序段的操作，在运行完当前轨迹的终点后程序暂停。

⑥ 在录入方式下不能执行 G70 指令；否则产生报警。

⑦ 在同一程序中需要多次使用复合循环指令时，ns～nf 不允许有相同的程序段号。

注意：G70 为精车循环，该指令不能单独使用，需跟在粗车复合循环指令 G71 之后执行，例如：

```
G71 U1.5 R0.5;
G71 P100 Q200 U0.3 W0.05 F150;
…
G70 P100 Q200;
```

2. 应用示例

例 1　按图 2-21 所示尺寸编写外圆循环加工程序。

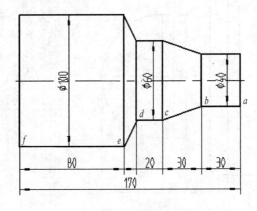

图 2-21　阶梯轴零件图

程序如下：

```
T0101
G00 X200 Z10 M3 S800;          主轴正转，转速为 800r/min
G71 U2 R1 F200;                每次切深 4mm，退刀 2mm，[直径]
G71 P80 Q120 U0.5 W0.2;        对 a～e 粗车加工，余量 X 方向为 0.5mm，Z 方向为 0.2mm
N80 G00 X40 S1200;             定位
G01 Z-30 F100 ;                a→b
X60 W-30;                      b→c    精加工路线 a→b→c→d→e 程序段
W-20;                          c→d
N120 X100 W-10;                d→e
G70 P80 Q120;                  对 a～e 精车加工
M30;                           程序结束
```

例 2　使用 G71 指令完成图 2-22 所示零件的内孔加工，工件预钻 φ26mm 底孔。

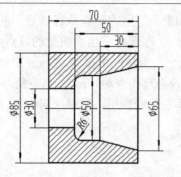

图 2-22　内孔零件图

```
T0303 镗孔刀
G00 X100 Z100 M03 S500
X25 Z2 M08
G71 U2 R0.5 F150
G71 P1 Q2 U-0.4 W0.2
N1 G0 X65
G01 Z0 F100
X50 Z-30
Z-44
G03 X38 Z-50 R6
G01 X30
Z-71
N2 X25
G70 P1 Q2
M30
```

例 3　按图 2-23 所示尺寸编写外圆循环加工程序。

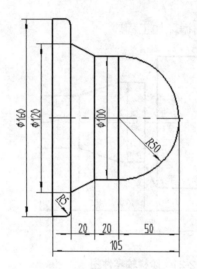

图 2-23　外圆循环零件图

```
N10 T0101;
N20 M43;
N30 M03 S200;
N40 G00 X163 Z2;
N50 G71 U2 R1;
N60 G71 P70 Q160 U1 W1
F3;
N70 G00 X0;
N80 G01 Z0 F1;
N100 G03 X100 W-50
R50;
N110 G01 W-20;
N120 X120 W-20;
N130 X150;
N140 G03 X160 W-5 R5;
N150 G01 W-15;
N160 U3
N165 G70 P70 Q160
N170 G00 X150 Z50;
N180 M05;
N190 M30;
```

例 4　使用 G71 指令完成图 2-24 所示零件的外圆加工。

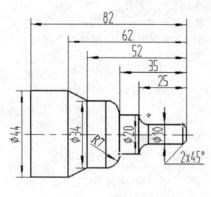

图 2-24　零件图

```
O3331;
N10 G54 G00 X80 Z80;
N20 M03 S500;
N30 G01 X46 Z3 F2;
N40 G71 U3 R1 F0.2;
N50 G71 P55 Q140 U0.4 W0.1;
N55 G00 X0;
N60 G01 X10 Z-2 F0.1;
N70 Z-20;
N80 G02 U10 W-5 R5;
N90 G01 W-10;
N100 G03 U14 W-7 R7;
N110 G01 Z-52;
N120 U10 W-10;
N130 W-20;
N140 X46;
N145 G70 P55 Q140 F0.1;
N150 G00 X80 Z80;
N160 M30;
```

3. 应用范例

例 1　已知零件毛坯 ϕ120mm×160mm，材料为 45 号钢。采用 G71、G70 指令，编制

图 2-25 所示零件的粗、精加工程序。

(1) 选择刀具。选硬质合金 93° 偏刀，刀尖半径 R=0.4mm，刀尖方位 T=3，置于 T01 刀位。

(2) 确定切削用量。计算主轴转速，取 v_r=100 m/min，则

$$n = \frac{1000 \times v_r}{\pi D} = \frac{1000 \times 100}{\pi \times 120} \text{r/min} = 265.4\text{r/min}$$

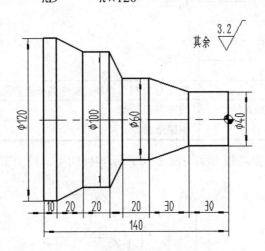

图 2-25　外圆粗、精车循环示例

具体选用切削用量见表 2-8。

表 2-8　切削用量

加工内容	背吃刀量 a_p/mm	进给量 f/(mm/r)	主轴转数 n/(r/min)
粗车外圆	≤2.5	0.2	300
精车外圆	0.25	0.15	500

(3) 参考程序，如表 2-9 所示。

表 2-9　参考程序

段　号	程序内容	说　明
N10	G40 G97 G99 M03 S300 F0.2;	转速为 300r/min，设进给量 0.2 mm/r
N20	T0101;	换 90° 偏刀到位
N30	M08;	打开切削液
N40	G42 G00 X120.0 Z2.0;	设置刀具右补正，快速进刀至循环起点 A 点
N50	G71 U2.5 R0.5;	定义粗车循环，单边背吃刀量 2.5 mm，退刀量 0.5mm
N60	G71 P70 Q160 U0.5W0.05;	精车路线由 N70～N160 指定，X 方向精车余量为 0.5mm，Z 方向精车余量为 0.05mm
N70	G00 X0.0 S500;	快速进刀，设主轴转速为 500r/min
N80	G01 Z0.0 F0.15;	快速进给量为 0.15 mm/r

段　号	程序内容	说　明
N90	X40.0;	
N100	W-30.0;	
N110	X60.0 W-30.0;	
N120	W-20.0;	精加工轮廓
N130	X100.0 W-10.0;	
N140	W-20.0;	
N150	X120.0Z130.0;	
N160	G40 G01X121.0;	
N170	G70 P70 Q160;	定义 G70 精车循环，精车各外圆表面
N180	G00 X200.0 Z100.0;	快速回换刀点
N190	M30;	程序结束

例 2 试用复合固定循环指令编写图 2-26 所示零件的粗、精加工程序。

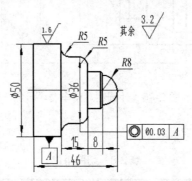

图 2-26　零件图

程序如下：

```
O0205;
G98 G40 G21;
T0101;
G00 X100.0 Z100.0;
M03 S600;
G00 X52.0 Z2.0;快速定位至粗车循环起点粗车循环，指定进刀与退刀量
G71 U1.0 R0.3;
G71 P100 Q200 U0.3 W0.0 F150;指定循环所属的首、末程序段，精车余量与进给速度，其转
                             速由前面程序段指定
N100 G00 X0.0 S1000;
G01 Z0.0 F80;这里"S1000"和"F80"均为精加工时的转速与进给速度
G03 X16.0 Z-8.0 R8.0;
G01 X18.0;
X20.0 Z-9.0;
Z-16.0;
X26.0;
G03 X36.0 Z-21.0 R5.0;
G01 Z-26.0;
G02 X46.0 Z-31.0 R5.0;
```

```
N200 G01 X52.0;
G00 X100.0 Z100.0; 注意换刀点的位置，并注意换刀时有无顶尖存在
T0202;
G00 X52.0 Z2.0;
G70 P100 Q200;  精车循环
G00 X100.0 Z100.0;
M30;
```

任务 2.2.2 径向切削循环指令 G72

1. 指令详解

1) 指令功能

粗车是以多次平行于 X 轴方向走刀来切除工件余量，适用于毛坯是圆钢、各台阶面直径差较大的工件。

格式 G72 W(Δd) R(e);

G72 P(ns) Q(nf) U(Δu) W(Δw) F(f) S(s) T(t);

指令功能 G72 指令分为三个部分：

(1) 给定粗车时的切削量、退刀量和切削速度、主轴转速、刀具功能的程序段。

(2) 给定定义精车轨迹的程序段区间、精车余量的程序段。

(3) 定义精车轨迹的若干连续的程序段，执行 G72 指令时，这些程序段仅用于计算粗车的轨迹，实际并未被执行。系统根据精车轨迹、余量、进刀量、退刀量等数据自动计算粗加工路线，沿与 Z 轴平行的方向切削，通过多次进刀→切削→退刀的切削循环完成工件的粗加工，G72 的起点和终点相同。

2) 相关定义

精车轨迹：由指令的 ns～nf 程序段给出的工件精加工轨迹，精加工轨迹的起点(即 ns 程序段的起点)与 G72 的起点、终点相同，简称 A 点；精加工轨迹的第一段(ns 程序段)只能是 Z 轴的快速移动或切削进给，ns 程序段的终点简称 B 点；精加工轨迹的终点(nf 程序段的终点)简称 C 点。精车轨迹为 A 点→B 点→C 点。

粗车轮廓：精车轨迹按精车余量(Δu、Δw)偏移后的轨迹，是执行 G72 指令形成的轨迹轮廓。精加工轨迹的 A、B、C 点经过偏移后对应粗车轮廓的 A′、B′、C′点，G72 指令最终的连续切削轨迹为 B′→C′点。

Δd：粗车时 Z 轴的切削量(单位：mm)，无符号，进刀方向由 ns 程序段的移动方向决定。W(Δd)执行后，指令值 Δd 保持。未输入 W(Δd)时，以数据参数内定的值作为进刀量。

e：粗车时 Z 轴的退刀量(单位：mm)，无符号，退刀方向与进刀方向相反，R(e)执行后，指令值 e 保持。未输入 R(e)时，以数据参数内定的值作为退刀量。

ns：精车轨迹的第一个程序段的程序段号。

nf：精车轨迹的最后一个程序段的程序段号。

Δu：粗车时 X 轴留出的精加工余量(粗车轮廓相对于精车轨迹的 X 轴坐标偏移，即 A′点与 A 点 X 轴绝对坐标的差值，单位为 mm，有符号)。

Δw：粗车时 Z 轴留出的精加工余量(粗车轮廓相对于精车轨迹的 Z 轴坐标偏移，即 A′点与 A 点 Z 轴绝对坐标的差值，单位为 mm，有符号)。

F：切削进给速度；S：主轴转速；T：刀具号、刀具偏置号。

M、S、T、F：可在第一个 G72 指令或第二个 G72 指令中，也可在 ns～nf 程序中指定。在 G72 循环中，ns～nf 间程序段号的 M、S、T、F 功能都无效，仅在有 G70 精车循环的程序段中才有效。

3) 指令执行过程

指令执行过程如图 2-27 所示。

(1) 从起点 A 快速移动到 A′点，X 轴移动 Δu、Z 轴移动 Δw。

(2) 从 A′点 Z 轴移动 Δd(进刀)，ns 程序段是 G0 时按快速移动速度进刀，ns 程序段是 G1 时按 G72 指令的切削进给速度 F 进刀，进刀方向与 A→B 点的方向一致。

(3) X 轴切削进给到粗车轮廓，进给方向与 B→C 点 X 轴坐标变化一致。

(4) X 轴、Z 轴按切削进给速度退刀 e(45°直线)，退刀方向与各轴进刀方向相反。

(5) X 轴以快速移动速度退回到与 A′点 Z 轴绝对坐标相同的位置。

(6) 如果 Z 轴再次进刀($\Delta d+e$)后，移动的终点仍在 A′→B′点的连线中间(未达到或超出 B′点)，Z 轴再次进刀($\Delta d+e$)，然后执行(3)；如果 Z 轴再次进刀($\Delta d+e$)后，移动的终点到达 B′点或超出了 A′→B′点的连线，Z 轴进刀至 B′点，然后执行(7)。

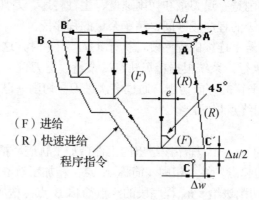

（F）进给
（R）快速进给
程序指令

图 2-27　G72 指令执行过程的运动轨迹

(7) 沿粗车轮廓从 B′点切削进给至 C′点。

(8) 从 C′点快速移动到 A 点，G72 循环执行结束，程序跳转到 nf 程序段的下一个程序段执行。

4) 指令说明

① ns～nf 程序段必须紧跟在 G72 程序段后编写。如果在 G72 程序段前编写，系统自动搜索到 ns～nf 程序段并执行，执行完成后，按顺序执行 nf 程序段的下一程序，因此会引起重复执行 ns～nf 程序段。

② 执行 G72 时，ns～nf 程序段仅用于计算粗车轮廓，程序段并未被执行。ns～nf 程序段中的 F、S、T 指令在执行 G72 循环时无效，此时 G72 程序段的 F、S、T 指令有效。执行 G70 精加工循环时，ns～nf 程序段中的 F、S、T 指令有效。

③ ns 程序段必须以 G00 或 G01 方式沿着 Z 方向进刀，不能有 X 方向运动指令；否则报警。

④ 精车轨迹(ns～nf 程序段)，X 轴、Z 轴的尺寸都必须是单调变化(一直增大或一直减小)。

⑤ ns～nf 程序段中，只能有 G 功能，即 G00、G01、G02、G03、G04、G96、G97、G98、G99、G40、G41、G42 指令；不能有子程序调用指令(如 M98、M99)。

⑥ G96、G97、G98、G99、G40、G41、G42 指令在执行 G71 循环中无效，G70 精加工循环时有效。

⑦ 在 G72 指令执行过程中，可以停止自动运行并手动移动，但要再次执行 G72 循环时，必须返回到手动移动前的位置。如果不返回就继续执行，后面的运行轨迹将错位。

⑧ 执行进给保持、单程序段的操作，在运行完当前轨迹的终点后程序暂停。

⑨ Δd，Δw 都用同一地址 W 指定，其区分是根据该程序段有无指定 P、Q 指令字。

⑩ 在同一程序中需要多次使用复合循环指令时，ns～nf 不允许有相同的程序段号。

⑪ 在录入方式中不能执行 G72 指令；否则产生报警。

5) 留精车余量时坐标偏移方向

Δu、Δw 反映了精车时坐标偏移和切入方向，按 Δu、Δw 的符号有四种不同组合，B→C 为精车轨迹，B′→C′为粗车轮廓，A 为起刀点，如图 2-28 所示。

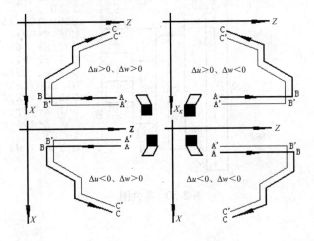

图 2-28　坐标偏移方向

2. 主要应用

例 1　按图 2-29 所示尺寸编写端面切削循环加工程序。

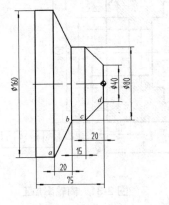

图 2-29　零件图

程序：O0001;

T0202 G00 X176 Z10 M03 S500;	换 2 号刀，执行 2 号刀偏，主轴正转，转速为 500r/min
G72 W2.0 R0.5 F300;	进刀量 2mm，退刀量为 0.5mm
G72 P10 Q20 U0.2 W0.1;	对 a→d 粗车，X 留 0.2mm，Z 留 0.1mm 余量
N10 G00 Z-55;	快速移动
G01 X160 F120;	进刀至 a 点
X80 W20;	加工 a→b
W15;	加工 b→c
N20 X40 W20;	加工 c→d
G70 P010 Q020	精加工 a→d
M30;	

例 2　按图 2-30 所示尺寸编写端面切削循环加工程序。

程序：O0002;

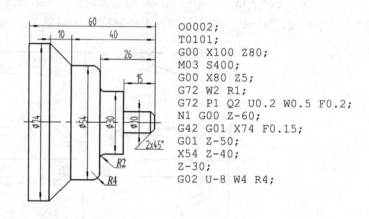

```
O0002;
T0101;
G00 X100 Z80;
M03 S400;
G00 X80 Z5;
G72 W2 R1;
G72 P1 Q2 U0.2 W0.5 F0.2;
N1 G00 Z-60;
G42 G01 X74 F0.15;
G01 Z-50;
X54 Z-40;
Z-30;
G02 U-8 W4 R4;
```

图 2-30　零件图

3. 应用范例

例 1　用 G72 和 G70 指令编写图 2-31 所示内轮廓(直径 20mm 孔已钻好)加工程序。

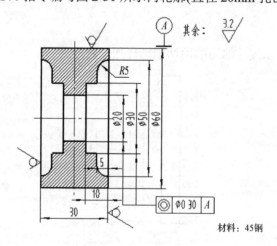

材料：45钢

图 2-31　内轮廓加工

```
O0001;
T0101 M03 S800;程序开始部分
G00 X19.0 Z1.0;快速定位至粗加工起点
G72 W1.0 R0.3;
G72 P100 Q200 U-0.05 W0.3 F100;
N100 G00 Z-10.0 S1000;
G01 X30.0 F50;
    Z-5.0;
    X40.0;
G02 X50.0 Z0.0 R5.0;
N200 G01 Z1.0;
G70 P100 Q200;不换刀,精车
G00 X100.0 Z100.0;
M30;
```

注意：使用 G71、G72、G73 指令时，指令中内孔的精加工余量"U"是负值。

例 2 试用外圆粗、精车循环与端面粗、精车循环指令编写图 2-32 所示工件(预钻孔 $\phi 40$mm)。

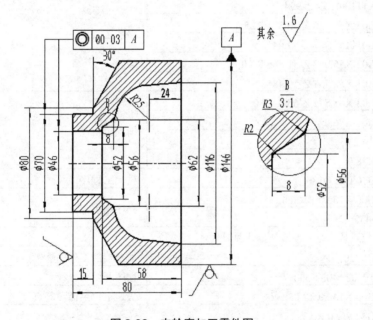

图 2-32 内轮廓加工零件图

(1) 本例编程与加工思路。编写加工程序时，由于工件轮廓表面较为复杂，无法采用 G90 或 G94 方式编程去除粗加工余量。因此，本例引入外圆粗、精加工循环 G71、G72 与端面粗、精车循环指令 G72、G70 进行编程。

(2) 加工工艺分析。

① 加工 $\phi 146$mm 外圆表面。

② 以 $\phi 146$mm 外圆表面装夹，加工左端工件外形轮廓。

③ 以 $\phi 46$mm 外圆表面装夹，从右侧加工内轮廓。

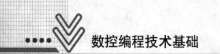

(3) 参考程序如表2-10所示。

表2-10　参考程序

刀具	1号刀具，93°硬质合金内孔刀具	
程序段号	FANUC 0iT 系统程序	程序说明
	O0010;	从右侧加工内轮廓
N10	G98 G40 G21;	程序部分开始
N20	T0101;	
N30	G00 X100.0 Z100.0;	
N40	M03 S600;	
N50	G00 X38.0 Z2.0;	快速定位至循环起点
N60	G71 U1.0 R0.3;	G71 粗加工内孔，余量为负值
N70	G71 P80 Q180 U-0.5 W0 F100;	
N80	G00 X116.0 S1000;	精加工开始程序段沿 X 向退刀
N90	G01 Z0 F50.0;	精加工轨迹
N100	X111.841 Z-25.994;	
N110	G03 X71.226 Z-48.571 R25.0;	
N120	G01 X59.781 Z-49.645;	
N130	G02 X55.067 Z-51.866 R3.0;	
N140	G01 X52.757 Z-56.485;	
N150	G03 X48.877 Z-58.0 R2.0;	精加工轨迹
N160	G01 X46.0;	
N170	Z-82.0;	
N180	X38.0;	
N190	G70 P80 Q180;	精加工程序
N200	G00 X100.0 Z100.0	程序结束部分
N210	M30;	
工件掉头	2号刀具，93°硬质合金外圆刀具	
程序段号	O0020;	从左端加工外轮廓
N40	T0202 M03 S600;	程序开始部分
N50	G00 X148.0 Z2.0;	快速定位至循环起点
N60	G72 W1.0 R0.3;	G72 粗车循环
N70	G72 P80 Q120 U0 W0.5 F150;	
N80	G00 Z-34.053 S1200;	精加工轨迹
N90	G01 X146.0 F80;	
N100	X80.0 Z-15.0;	
N110	X70.0;	
N120	Z2.0;	
N130	G70 P80 Q120;	精加工固定循环
N140	G00 X100.0 Z100.0;	程序结束部分
N150	M30;	

任务 2.2.3　仿形车削循环指令 G73

1. 指令详解

G73 循环主要用于车削固定轨迹的轮廓，这种切削循环可以有效地切削铸造成形、锻造成形或已粗加工成形的工件。对不具备类似成形条件的工件，如采用 G73 指令进行编程与加工，反而会增加刀具在切削过程中的空行程，而且也不便于计算粗车余量。

1) 指令格式

G73 U(Δi) W(Δk) R(d);

G73 P(ns) Q(nf) U(Δu) W(Δw) F(f) S(s) T(t);

指令意义：G73 指令分为以下三个部分。

(1) 给定退刀量、切削次数、切削速度、主轴转速、刀具功能的程序段。

(2) 给定定义精车轨迹的程序段区间、精车余量的程序段。

(3) 定义精车轨迹的若干连续的程序段，执行 G73 指令时，这些程序段仅用于计算粗车的轨迹，实际并未被执行。执行 G73 指令时每个循环路线的轨迹形状是相同的，只是位置不断向工件轮廓推进，这样就可以将成形毛坯待加工表面上的加工余量分层均匀切削掉，留出精加工余量。

2) 指令说明

G73 复合循环的轨迹如图 2-33 所示。

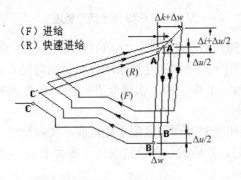

图 2-33　G73 指令运行轨迹

刀具从循环起点(A 点)开始，快速退刀至 A′点(在 X 向的退刀量为Δu/2+Δi，在 Z 向的退刀量为Δw+Δk)；快速进刀至 B′点(B′点坐标值由 A 点坐标、精加工余量、退刀量Δi 和Δk 及粗切次数确定)；沿轮廓形状偏移一定值后进行切削至 C′点；快速返回 A′点，准备第二层循环切削；如此分层(分层次数由循环程序指定的参数 d 确定)切削至循环结束后，快速退回循环起点(A 点)。

B 和 C 间的运动指令指定在顺序号 ns～nf 的程序段中。

① Δi：X 轴方向退刀距离(毛坯余量，半径指定)，该值是模态值(X 轴总余量)。

② Δk：Z 轴方向退刀距离(毛坯余量)，该值是模态值(Z 轴总余量)。

③ d：分割次数，这个值与粗加工重复次数相同，该值是模态值。

(也可以这样理解：Δi 指 X 轴方向毛坯尺寸到精车尺寸 1/2，如毛坯 100，精尺寸 80，

即 U=(100-80)/2=10；Δk 指 Z 轴方向毛坯尺寸到精车尺寸相对距离；d 指 G73 这个动作执行次数，即此值用以平均每次切削深度)。

① ns：精加工形状程序的第一个段号，允许有 X、Z 方向的移动。

② nf：精加工形状程序的最后一个段号。

③ Δu：X 方向精加工余量的距离及方向(直径指定)。

④ Δw：Z 方向精加工余量的距离及方向。

⑤ ns～nf 程序段中的 F、S 功能在循环时无效，而在 G70 时，程序段中的 F、S 功能有效。

⑥ 加工余量(Δi)的计算：(毛坯ϕ-工件最小ϕ)÷2-1(减 1 是为了少走一空刀)

⑦ Δu、Δw 精加工余量的正、负判断，如图 2-34 所示。

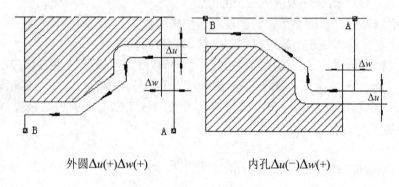

外圆Δu(+)Δw(+)　　　　　　内孔Δu(-)Δw(+)

图 2-34　G73 指令运行轨迹

3) 使用内、外圆复合固定循环(G71、G72、G73、G70)的注意事项

(1) G71 固定循环主要用于对径向尺寸要求比较高、轴向尺寸大于径向切削尺寸的毛坯工件进行粗车循环。编程时，X 向的精车余量取值一般大于 Z 向精车余量的取值。有单调递增或单调递减形式的限制。

(2) G72 固定循环主要用于对端面精度要求比较高、径向尺寸大于轴向切削尺寸的毛坯工件进行粗车循环。编程时，Z 向的精车余量取值一般大于 X 向精车余量的取值。有单调递增或单调递减形式的限制。

(3) G73 固定循环主要用于已成形工件的粗车循环，其精车余量根据具体的加工要求和加工形状来确定。G73 程序段中，"ns"所指程序段可以向 X 轴或 Z 轴的任意方向进刀；G73 循环加工的轮廓形状，没有单调递增或单调递减形式的限制。

(4) 使用内、外圆复合固定循环进行编程时，在其 ns～nf 之间的程序段中，不能含有：固定循环指令、参考点返回指令、螺纹切削指令、宏程序调用或子程序调用指令。

(5) 执行 G71、G72、G73 循环时，只有在 G71、G72、G73 指令的程序段中 F、S、T 才是有效的，在调用的程序段 ns～nf 之间编入的 F、S、T 功能将被全部忽略。相反，在执行 G70 精车循环时，在 G71、G72、G73 指令的程序段中 F、S、T 功能无效。这时在程序段 ns～nf 之间编入的 F、S、T 功能将有效。

(6) 在 G71、G72、G73 程序段中的Δw、Δu 是指精加工余量值，该值按其余量的方向有正、负之分，其正、负值是根据刀具位置的进退刀方式来判定。

2. 应用示例

例 1　应用成形加工复式循环编写图 2-35 所示程序。

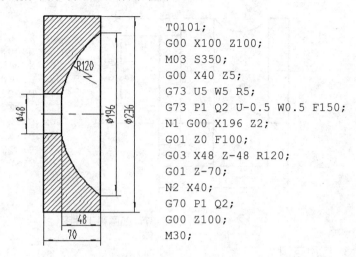

```
T0101;
G00 X100 Z100;
M03 S350;
G00 X40 Z5;
G73 U5 W5 R5;
G73 P1 Q2 U-0.5 W0.5 F150;
N1 G00 X196 Z2;
G01 Z0 F100;
G03 X48 Z-48 R120;
G01 Z-70;
N2 X40;
G70 P1 Q2;
G00 Z100;
M30;
```

图 2-35　内孔零件图

例 2　按图 2-36 所示尺寸编写封闭切削循环加工程序。

```
N10 T0101;
N20 M03 S800;
N30 G00 G42 X140. Z10.;
N40 M08;
N50 G73 U9.5 W9.5 R3;      X 向(半径余量) 退刀量 9.5mm，Z 向退刀量 9.5mm，循环 3 次
N60 G73 P70 Q130 U1. W0.5 F0.3;   精加工余量，X 向余 1mm，Z 向余 0.5mm
N70 G00 X20. Z0;  //ns
N80 G01 Z-20. F0.15;
N90 X40. Z-30.;
N100 Z-50.;
N110 G02 X80. Z-70. R20.;
N120 G01 X100. Z-80.;
N125 Z-100;
N130 X105.;  //nf
N140 G00 G40 X200. Z200;
N150 M30;
```

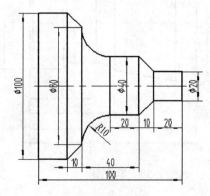

图 2-36　轴零件图

例 3 用 G73 指令编写图 2-37 所示凹圆弧工件(除凹圆弧面之外的其余轮廓已采用 G71 和 G70 指令加工成形,加工刀具采用 V 形刀片,可换车刀)的加工程序。

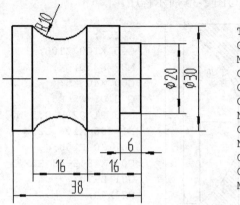

```
T0101;
G00 X100 Z100;
M03 S800;
G00 X32 Z-16;
G73 U1 W0 R2;
G73 P1 Q2 U0.5 W0 F150;
N1 G01 X30 F100;
G02 Z-32 R10;
N2 G01 X32;
G70 P1 Q2;
G00 X100 Z100;
M30;
```

图 2-37　凹圆弧工件图

3. 应用范例

例 1 试用仿形车粗、精车复合固定循环指令编写图 2-38 所示工件的数控车床加工程序。

```
%0001;                              X24 Z-12;
G97 G99 M03 S1200;                  X26;
T0101;                              Z-21.776;
G00 X100 Z50;                       G02 X30.775 Z-28.04 R7;
X45 Z2;                             G01 X38 Z-48;
G73 U7 W1 R7;                       Z-55;
G73 P1 Q2 U0.6 W0.3 F0.2;           N2 X43;
N1 G00 X25.8 Z1 S1500 F0.1;         G70 P1 Q2;
G01 X29.8 Z-1;                      G00 X100 Z50;
Z-10;                               M30;
```

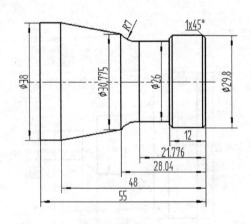

图 2-38　零件图

例 2 加工图 2-39 所示的零件,材料为 45 钢,毛坯已基本锻造成形,径向加工余量为 20mm，用 G73、G70 指令编写零件粗、精车加工程序。设粗车循环次数为 7 次，精车加工余量在 X 轴方向为 0.5mm(直径值)，Z 轴方向为 0.05mm。

① 选择刀具。选硬质合金 93° 偏刀，刀尖半径 R=0.4mm，刀尖方位 T=3，置于 T01 刀位。

② 确定切削用量。计算主轴转速，v_f=100mm/min。

$$n = \frac{1000 \times v_f}{\pi d} = \frac{1000 \times 100}{\pi \times 180} \text{r/min} = 176.93\text{r/min}$$

(1) 选用切削用量见表 2-11。

表 2-11　切削用量

加工内容	背吃刀量 a_p/mm	进给量 f (mm/r)	主轴转速 n/(r/min)
粗车各段外圆及锥面	≤2.5	0.3	170
精车各段外圆及锥面	0.25	0.1	500

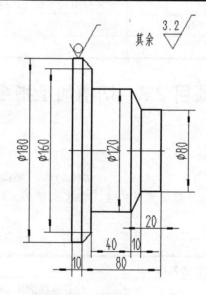

图 2-39　零件图

(2) 编程。参考程序如表 2-12 所示。

表 2-12　参考程序

段　号	程序内容	说　明
N10	G40 G97 G99 M03 S170 F0.2;	取消半径补正，设主轴正转，转速为 170r/min，进给量为 0.2 mm/r
N20	T0101;	换 93° 偏刀到位
N30	M08;	打开切削液
N40	G42 G00 X182.0 Z5.0;	设刀具右补正，快速进刀至循环起点 A 点
N50	G73 U10.0 W10.0 R7;	定义 G73 粗车循环，X 方向总退刀量(半径值)10mm，Z 方向总退刀量 10mm，循环 7 次

续表

段 号	程序内容	说 明
N60	G73 P70 Q150 U0.5 W0.05 F0.3;	精车路线由 N70～N150 指定，X 方向精车余量 0.5mm，Z 方向精车余量 0.05mm
N70	G00 X0.0 Z2.0 S500;	快速进刀，主轴转速 500 r/min
N80	G01 Z0.0 F0.1;	
N90	X80.0;	
N100	Z-20.0;	
N110	X120.0 W-10.0;	精加工轮廓，设精车循环的进给量为 0.15 mm/r
N120	W-40.0;	
N130	X160.0;	
N140	X180.0 Z-80.0;	
N150	G40 G01 X181.0;	退刀，取消刀具补正
N160	G70 P70 Q150;	定义 G70 精车循环，精车各外圆面
N170	G00 X200.0 Z100.0;	快速回换刀点
N180	M30;	程序结束

项目 2.3   切槽加工指令

【学习目的】

学习本项目主要目的是掌握内、外圆柱面切槽加工，端面切槽加工的特点、方法，了解 G74、G75、G04 等指令的编程格式及用法，掌握切槽加工的技巧。

【任务列表】

序 号	工作任务名称	达到专业能力目标
2.3.1	槽加工编程工艺	掌握槽加工编程的工艺知识
2.3.2	轴向切槽加工	① 掌握 G74 指令编程要领 ② 会使用 G74 指令进行槽加工
2.3.3	径向切槽加工	① 掌握 G75 指令编程要领 ② 会使用 G75 指令进行槽加工

【任务实施】

任务 2.3.1   槽加工编程工艺

1. 槽加工编程的工艺知识

1）槽的种类

根据沟槽宽度不同，槽分为宽槽和窄槽两种。

(1) 窄槽。沟槽的宽度不大，采用刀头宽度等于宽槽的车刀一次车出的沟槽，称为窄槽。

(2) 宽槽。沟槽宽度大于切槽刀头宽度的槽，称为宽槽。

2) 槽的加工方法

(1) 窄槽的加工方法。

如图 2-40 所示，加工窄槽用 G01 指令直进切削。精度要求较高时，切槽至尺寸后，用 G04 指令使刀具在槽底停留几秒钟，以光整槽底。

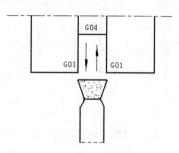

图 2-40　窄槽的加工方法

(2) 宽槽的加工方法。

粗加工如图 2-41(a)所示，加工宽槽要分几次进刀，每次车削轨迹在宽度上应略有重叠，并要留精加工余量，最后精车槽侧和槽底，如图 2-41(b)所示。

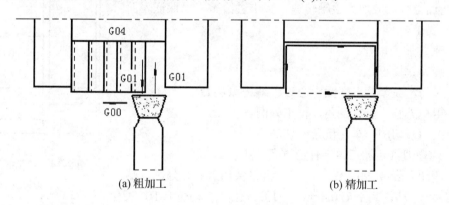

(a) 粗加工　　　　　　　　(b) 精加工

图 2-41　宽槽的加工方法

3) 刀具的选择及刀位点的确定

切槽及切断选用切刀，切刀有左、右两个刀尖及切削中心处的三个刀位点，如图 2-42 所示，在编写加工程序时应采用其中之一作为刀位点，一般常用刀位点 1。

图 2-42　切刀的刀位点

4) 切槽与切断编程中应注意的问题

(1) 在整个加工程序中应采用同一个刀位点。

(2) 合理安排切槽后的退刀路线，避免刀具与零件碰撞，造成车刀及零件损坏，如图 2-43 所示。

(3) 切槽时，刀刃宽度、切削速度和进给量都不宜太大，具体可参考有关手册。

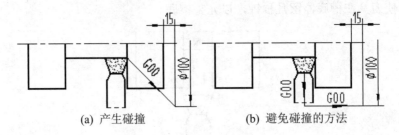

(a) 产生碰撞　　　　　　　(b) 避免碰撞的方法

图 2-43　切槽与切断编程中退刀路线

2. 应用范例

例 1　编写图 2-44 所示窄槽零件的加工程序。已知毛坯尺寸 $\phi65mm×90mm$，材料为 45 号钢。

(1) 工艺分析。该零件表面粗糙度要求较高，应分粗、精加工。精加工时，应加大主轴转速，减小进给量，以保证表面粗糙度的要求。

(2) 确定加工过程。

① 装夹、找正。

② 对刀，在零件右端面中心设置编程原点 O。

③ 粗车外圆，车右倒角，精车外圆。

④ 换刀，切削，车左倒角，切断。

(3) 选择刀具。加工该零件应准备两把刀具。

① 选硬质合金 90° 偏刀，用于粗、精加工零件外圆、端

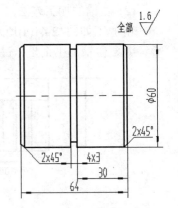

图 2-44　加工槽的刀路

面车右倒角，刀尖半径 $R=0.4mm$，刀尖方位 $T=3$，置于 T01 刀位。

② 选硬质合金切刀(刀宽为 4mm)，以左刀尖为刀位点，用于加工槽、左倒角及切断，置于 T03 刀位。

(4) 确定切削用量，见表 2-13。

表 2-13　确定切削用量

加工内容	背吃刀量 α_p/mm	进给量 f/(mm/r)	主轴转速 n/(r/min)
粗车外圆	2	0.25	500
精车外圆	0.5	0.15	800
切槽、切断	4	0.05	300

(5) 编写程序，如表 2-14 所示。

表 2-14　加工程序

段　号	程序内容	说　明
N010	G40 G97 G99 M03 S500;	取消刀具补正，设主轴正转，转速为 500r/min
N020	T0101;	用 90°偏刀
N030	M08;	打开切削液
N040	G42 G00 X61.0 Z2.0;	设刀具右补正，快速进刀，准备粗车
N050	G01 Z-68.0 F0.25;	粗车 φ60mm 外圆，设进给量 0.25min/r
N060	G00 X62.0 Z2.0 ;	快速退刀
N070	X0.0;	快速进刀
N080	G01 Z0.0 F0.15;	慢速进刀，准备车端面，设进给量 0.15min/r
N090	X56.0;	车端面
N100	X60.0 Z-2.0;	车右倒角
N110	Z-68.0 S800;	精车 φ60mm 外圆至要求尺寸，设主轴转速 800r/min
N120	G40 G01 X65.0;	取消刀具补正
N130	G00 X200.0 Z100.0;	快速退刀至换刀点
N140	M09;	关闭切削液
N150	T0303;	换切刀
N160	M08;	打开切削液
N170	G00 X62.0 Z-34.0 S300;	快速进刀，准备车槽，设主轴转速 300r/min
N180	G01 X54.0 F0.05;	切槽至槽底，设进给量 0.05min/r
N190	G04 U2.0;	进给暂停 2s
N200	G01 X62.0;	退刀
N210	G00 Z-68.0;	移刀
N220	G01 X56.0;	切槽
N230	X62.0;	退刀
N240	G00 W2.0;	移刀，准备切倒角
N250	G01 X60.0;	慢速进刀
N260	X56.0 Z-68.0;	车左倒角
N270	X0.0;	切断
N280	G00 X200.0 Z100.0;	快速回换刀点
N290	M30;	程序结束

例 2　宽槽加工编程示例。

编写图 2-45 所示宽槽零件的加工程序。已知毛坯尺寸 φ65mm×100mm，材料为 45 号钢。

(1) 工艺分析。该零件表面粗糙度要求较高，应分粗、精加工。精加工时，提高主轴转速，减小进给量，以保证表面粗糙度的要求。

(2) 加工过程。

① 装夹、对刀。

② 粗车各外圆，精车各外圆。

③ 换刀切宽槽，切断。

(3) 选择刀具。

① 选硬质合金 90°偏刀，用于加工各外圆，刀尖半径

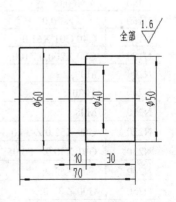

图 2-45　零件加工

R=0.4mm，刀尖方位 T=3，置于 01 刀位。

② 选硬质合金切刀(刀宽为 4mm)，以左刀尖为刀位点，用于加工槽、切断，置于 T03 刀位。

(4) 确定切削用量，由于切削的背吃刀量较大，因此选用较小的进给量和主轴转速，见表 2-15。

表 2-15　确定进给量及主轴转速

加工内容	背吃刀量 a_p/mm	进给量 f/(mm/r)	主轴转速 n/(r/min)
粗车外圆	2.5	0.25	300
精车外圆	0.5	0.15	800
切槽、切断	4	0.05	350

(5) 参考程序，如表 2-16 所示。

表 2-16　参考程序

段　　号	程序内容	说　明
N010	G40 G97 G99 M03 S300;	取消刀具补正，设主轴正转。转速为 300r/min
N020	T0101;	换 90° 偏刀至 01 号刀位
N030	M08;	打开切削液
N040	G42 G00 X61.0　Z2.0;	设刀具右补正，快速进刀，准备粗车ϕ60mm 外圆
N050	G01　Z-74.0　F0.25;	粗车ϕ60mm 外圆，设进给量 0.25mm/r
N060	G00　X62.0　Z2.0;	快速退刀
N070	X56.0;	快速进刀，准备粗车ϕ50mm 外圆第一刀
N080	G01　Z-40.0　F0.25;	粗车ϕ50mm 外圆第一刀
N090	G00　X58.0　Z2.0;	快速退刀
N100	X51.0;	快速进刀，准备粗车ϕ50mm 外圆第二刀
N110	G01　Z-40.0　F0.25;	粗车ϕ50mm 外圆第二刀
N120	G00　X53.0　Z2.0;	快速退刀
N130	X50.0 S800;	快速进刀，准备精车ϕ50mm 外圆，主轴转速 800r/min
N140	G01 Z-40.0　F0.15;	精车ϕ50mm 外圆至要求尺寸，设进给量 0.15mm/r
N150	X60.0;	精车ϕ60mm 端面
N160	Z-70.0;	精车ϕ60mm 外圆至要求尺寸
N170	G40 G01 X61.0;	取消刀具补正
N180	G00 X200.0 Z100.0;	快速退刀至换刀点
N190	M09;	关闭切削液
N200	T0303;	换切刀
N210	M08;	打开切削液
N220	G00 X52.0 Z-34.0 S350;	快速进刀，准备切槽，设主轴正转。转速为 350r/min
N230	G01 X40.0　F0.05;	粗车槽第一刀，设进给量 0.05mm/r
N240	X52.0;	退刀
N250	G00 Z-37.0;	移刀
N260	G01 X40.0;	粗车槽第二刀
N270	X52.0;	退刀
N280	G00 Z-40.0;	移刀

段　号	程序内容	说　明
N290	G01 X40.0;	粗车槽第三刀
N300	Z-34.0;	精车槽底
N310	X52.0;	精车槽侧边
N320	G00 X62.0;	快速退刀
N330	Z-74.0;	移刀，准备切断
N340	G01 X0.0;	切断
N350	G00 X200.0 Z100.0;	快速回换到点
N360	M30;	程序结束

任务 2.3.2　轴向切槽加工

1. G74 指令格式

G74 R(e)；

G74 X(U) Z(W) P(Δi) Q(Δk) R(Δd) F；

其中，$R(e)$：每次轴向(Z 轴)进刀后的轴向退刀量(单位：mm)，无符号，$R(e)$执行后指令值保持有效，并把数据参数的值修改为 $e \times 1000$(单位：0.001 mm)，未输入 $R(e)$时，以数据参数的值作为轴向退刀量。

X：切削终点的 X 轴绝对坐标值(单位：mm)。

U：切削终点与起点 X 轴绝对坐标的差值(单位：mm)。

Z：切削终点的 Z 轴的绝对坐标值(单位：mm)。

W：切削终点与起点 Z 轴相对坐标的差值(单位：mm)。

$P(\Delta i)$：单次轴向切削循环的径向(X轴)切削量(单位：0.001mm，半径值)，无符号。

$Q(\Delta k)$：轴向(Z 轴)切削时，Z 轴断续进刀的进刀量(单位：0.001mm)，无符号。

$R(\Delta d)$：切削至轴向切削终点后，径向(X 轴)的退刀量(单位：mm，半径值)，无符号，省略 $R(\Delta d)$时，系统默认轴向切削终点后，径向(X轴)的退刀量为 0 (常省略) 。

2. G74 指令意义

轴向进刀循环复合轴向断续切削循环：从起点轴向(Z 轴)进给、回退、再进给……直至切削到与切削终点 Z 轴坐标相同的位置，然后径向退刀、轴向回退至与起点 Z 轴坐标相同的位置，完成一次轴向切削循环；径向再次进刀后，进行下一次轴向切削循环；切削到切削终点后，返回起点(G74 的起点和终点相同)，轴向切槽复合循环完成，如图 2-46 所示。

G74 的径向进刀和轴向进刀方向由切削终点 $X(U)$、$Z(W)$与起点的相对位置决定。

此指令可用于工件端面加工环形槽或中心深孔，轴向断续切削起到断屑、及时排屑的作用。

3. 应用范例

例 1　应用 G74 指令编程(见图 2-47)，刀宽 3mm；左刀尖对刀，编程原点在右端面中心。

例 2　如图 2-48 所示的深孔，试用 G74 深孔钻固定循环指令编写其程序。

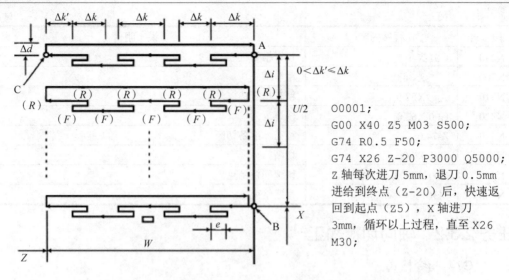

O0001;
G00 X40 Z5 M03 S500;
G74 R0.5 F50;
G74 X26 Z-20 P3000 Q5000;
Z轴每次进刀5mm，退刀0.5mm
进给到终点（Z-20）后，快速返
回到起点（Z5），X轴进刀
3mm，循环以上过程，直至X26
M30;

图 2-46 G74 指令运动轨迹

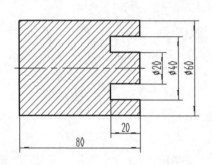

图 2-47 端面槽加工循环

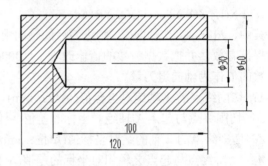

图 2-48 深孔钻固定循环指令应用

程序如下：

O0001;
N10 T0101;
N15 G00 X100 Z100;
N20 M03 S300;
N30 G00 X0 Z5 M08;
N35 G74 R0.5;
N40 G74 Z-100 Q1000 F30;
N50 G00 Z100 M09;
N60 X100;
N70 M05;
N80 M30;

任务 2.3.3 径向切槽加工

1. 径向切槽多重循环 G75

此功能适用于在外圆表面上进行切削沟槽和切断加工，如图 2-49 所示。

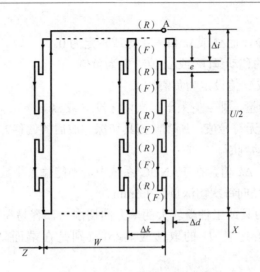

图 2-49　G75 径向切槽多重循环

指令格式：

G75 R(e)；

G75 X(U) Z(W) P(Δi) Q(Δk) R(Δd) F；

R(e)：每次径向(*X* 轴)进刀后的径向退刀量(单位：mm)，无符号。*R(e)*执行后指令值保持有效，并把系统参数的值修改为 *e*×1000(单位：0.001mm)。未输入 *R(e)* 时，以系统参数的值作为径向退刀量。

X：切削终点的 *X* 轴绝对坐标值(单位：mm)。

U：切削终点与起点的 *X* 轴相对坐标的差值(单位：mm)。

Z：切削终点的 *Z* 轴的绝对坐标值(单位：mm)。

W：切削终点与起点的 *Z* 轴相绝对坐标的差值(单位：mm)。

P(Δi)：径向(*X*轴)进刀时，*X*轴断续进刀的进刀量(单位：0.001mm，半径值)，无符号。

Q(Δk)：单次径向切削循环的轴向(*Z* 轴)进刀量(单位：0.001mm)，无符号。

R(Δd)：切削至径向切削终点后，轴向(*Z* 轴)的退刀量(单位：mm)，无符号。

省略 *R(Δd)* 时，系统默认径向切削终点后，轴向(*Z* 轴)的退刀量为 0(常省略)。

2. 指令意义

轴向(*Z* 轴)进刀循环复合径向断续切削循环：从起点径向(*X* 轴)进给、回退、再进给……直至切削到与切削终点 *X* 轴坐标相同的位置，然后轴向退刀、径向回退至与起点 *X* 轴坐标相同的位置，完成一次径向切削循环；轴向再次进刀后，进行下一次径向切削循环；切削到切削终点后，返回起点(*G75* 的起点和终点相同)，径向切槽复合循环完成。

G75 的轴向进刀和径向进刀方向由切削终点 X(U)Z(W)与起点的相对位置决定，此指令用于加工径向环形槽或圆柱面，径向断续切削起到断屑、及时排屑的作用。

3. G75/G74 注意事项

(1) 在 FANUC 或三菱系统中，当出现以下情况执行切槽复合固定循环指令时，将会出现程序报警。

① $X(U)$或 $Z(W)$指令，而Δi 或Δk 值未指定或指定为 0。

② Δk 值大于 Z 轴的移动量(W)或Δk 值设定为负值。

③ Δi 值大于 $U/2$ 或Δi 值设定为负值。

④ 退刀量大于进刀量，即 e 值大于每次切深量Δi 或Δk。

(2) 由于Δi 和Δk 为无符号值，所以，刀具切深完成后的偏移方向由系统根据刀具起刀点及切槽终点的坐标自动判断。

对于程序段中的Δi、Δk 值，在 FANUC 系统中，不能输入小数点，而直接输入最小编程单位，如 P1500 表示径向每次切深量为 1.5mm。

(3) 切槽过程中，刀具或工件受较大的单方向切削力，容易在切削过程中产生振动，因此，切槽加工中进给速度 F 的取值应略小(特别是在端面切槽时)，通常取 50～100mm/min。

(4) G74 循环指令 0 中的 $X(U)$值可省略或设定为 0，当 $X(U)$值设为 0 时，在 G74 指令循环执行过程中，刀具仅做 Z 向进给而不做 X 向偏移，这时，G74 指令可用于端面啄式深孔钻削循环。

当 G74 指令用于端面啄式深孔钻削循环时，装夹在刀架<尾座无效>上的刀具一定要精确定位到工件的旋转中心。

(5) G75 程序段中的 $Z(W)$值可忽略或设定值为 0，当 $Z(W)$值设为 0 时(此时 G75 可用于断屑方式切断工件)，循环执行时刀具仅做 X 向进给而不做 Z 向偏移。

4. 应用范例

例 1 使用 G75 指令编程，刀宽 3mm；左刀尖对刀，如图 2-50 所示。

```
O0001;
T0101;
G00 X150 Z50 M03 S500;
G00 X125 Z-23;
G75 R0.5 F50;
G75 X40 Z-50 P6000 Q2500;  X轴每次进刀 6mm，退刀 0.5mm，进给到终点 X40 后，快速返
                           回到起点 X125，Z 轴进刀 3mm，循环以上过程
G00 X150 Z50;
M30;
```

例 2 G75 指令，径向切断，左刀尖对刀(槽宽=刀宽=3mm)，如图 2-51 所示。

```
O0001;
T0101;
G00 X50 Z50 M03 S500;
G00 X42 Z-43;
G75 R0.5 F50;
G75 X-1 P5000;  X 轴每次进刀 5mm，退
                刀 0.5mm，进给到终点 X-1 后，快速返回
                到起点 X42
G00 X50 Z50;
M30;
```

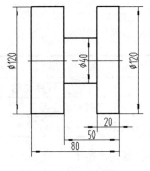

图 2-50 零件图(1)

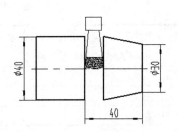

图 2-51 零件图(2)

例 3 编写图 2-52 所示零件切槽加工的程序。

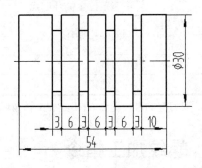

图 2-52 零件图(3)

```
O0001;
T0101;
G00 X50 Z50 M03 S500;
G00 X32 Z-13;
G75 R0.5 F50;
G75 X20 Z-40 P5000 Q9000;
X 轴每次进刀 5mm, 退刀 0.5mm;
Z 向每次进刀增量移动 9m, 循环
以上过程
G00 X50 Z50;
M30;
```

例 4 G74、G75 指令综合编程。内、外轮廓采用 G71 指令进行编程(加工程序略)。试用切槽循环指令编写图 2-53 所示工件外圆槽和端面槽的数控车加工程序。

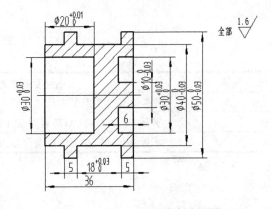

图 2-53 G74、G75 综合练习图

(1) 编程与加工思路。外圆槽采用 G75 指令编程，端面槽采用 G74 指令编程。

加工外圆槽时，要特别注意循环起点的 Z 向坐标与刀宽的关系。而加工端面槽时，为了避免车刀与工件沟槽面相碰，刀尖处的副后刀面应磨成圆弧形，并保证一定的后角。

(2) 参考程序，如表 2-17 所示。

表 2-17　参考程序

刀　具	T1：外圆槽刀 刀宽 3mm；T2：端面槽刀 刀宽 3mm	
段号	FANUC 0iT 系统程序	程序说明
N40	T0101;	换径向切槽刀，左刀尖对刀
N50	G00 X52 Z-8;	快速定位至循环起点
N60	G75 R0.5;	外圆切槽循环
N70	G75 X40 Z-23 P2000 Q2500 F60;	
N80	G00 X100 Z100;	退刀
N90	T0202;	换端面切槽刀，右刀尖对刀
N100	G00 X24 Z2;	快速定位至循环起点
N110	G74 R0.5;	端面切槽循环
N120	G74 X10 Z-6 P2500 Q3000 F60;	
N130	G00 X100 Z100;	退刀
N140	M30;	程序结束

注：端面槽刀刀宽为 3mm，但计算循环起点时，其刀宽的直径量为 6mm，故 X 轴循环起点为 X24。

项目 2.4　螺纹加工指令

【学习目的】

学习本项目主要目的是了解螺纹的用途及分类，掌握三角螺纹的基本参数计算，熟练掌握三角螺纹的车削方法。

【任务列表】

序　号	工作任务名称	达到专业能力目标
2.4.1	螺纹加工工艺	掌握螺纹类型及基本尺寸计算
2.4.2	螺纹加工指令	掌握 G32、G92、G76 螺纹加工指令
2.4.3	螺纹加工应用	掌握螺纹切削加工综合编程方法

【任务实施】

任务 2.4.1　螺纹加工工艺

1. 螺纹加工的基础知识

1) 螺纹的要素

螺纹的要素包括牙型、直径、导程、线数、旋向五个要素。

常见螺纹的牙型有三角形、梯形、锯齿形等，生产中常用螺纹的牙型如图 2-54 所示。

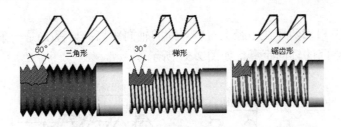

图 2-54　常用螺纹的牙型

沿螺纹轴线剖切的截面内，螺纹牙两侧边的夹角称为螺纹的牙型角，常用牙型角有以下几种。

(1) 普通螺纹、特种细牙螺纹、过渡配合螺纹、过盈配合螺纹、短牙螺纹、MJ 螺纹、小螺纹、60°圆锥管螺纹、米制锥螺纹，牙型角为 60°。

(2) 方形螺纹，牙型角 90°。

(3) 梯形螺纹、短牙梯形螺纹，牙形角为 30°。

(4) 锯齿形螺纹，是非对称牙型的螺纹，目前使用的牙侧角有 3°/30°、3°/45°、7°/45°、0°/45°等数种不同的锯齿形螺纹。

(5) 圆弧螺纹，常用的牙型角为 30°或 45°。

(6) 非螺纹密封的管螺纹、用螺纹密封的管螺纹、气瓶螺纹，牙形角为 55°。

2) 普通螺纹牙形的参数

牙形参数如图 2-55 所示。

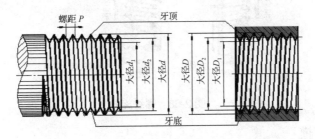

图 2-55　大径、小径和中径

在三角形螺纹的理论牙型中，D 是内螺纹大径(公称直径)，d 是外螺纹大径；螺纹小径(d_1 或 D_1)也称为外螺纹底径或内螺纹顶径；螺纹中径(d_2 或 D_2)是一个假想圆柱的直径，该圆柱剖切面牙形的沟槽和凸起宽度相等，同规格的外螺纹中径 d_2 和内螺纹中径 D_2 公称尺寸相等，普通螺纹牙形的参数如图 2-56 所示。

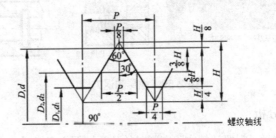

图 2-56　普通螺纹牙型的参数

3) 螺距(*P*)

螺距是螺纹上相邻两牙在中径上对应点间的轴向距离；导程(*L*)是一条螺旋线上相邻两牙在中径上对应点间的轴向距离，如图 2-57 所示。

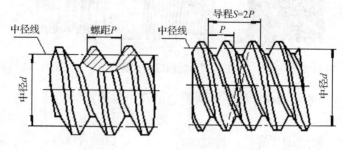

图 2-57 螺距与导程

2. 螺纹的工艺结构

1) 螺纹旋向

螺纹有左旋和右旋之分。常用的螺纹绝大多数是右旋螺纹，即顺时针旋转为拧紧，只有当牙形、直径、导程、线数、旋向五个要素完全相同的内、外螺纹才能旋合在一起，如图 2-58 所示。

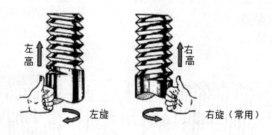

图 2-58 螺纹旋向

2) 螺尾和退刀槽

螺尾和退刀槽如图 2-59 所示。

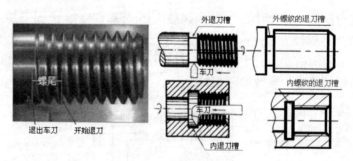

图 2-59 螺尾和退刀槽

3. 螺纹加工尺寸分析

(1) 加工外圆柱螺纹时，需要计算实际车削时的外圆柱面的直径 $d_{计}$、螺纹实际小径 $d_{1计}$。

例如，车削图 2-60(a)所示零件中的 M30×2 外螺纹，材料为 45 号钢，试计算实际车削时的外圆柱面的直径 $d_计$、螺纹实际小径 $d_{1计}$。

① 车螺纹时，零件材料因受力挤压而使外径胀大，因此螺纹部分的零件外径应比螺纹的公称直径小 0.2～0.4mm，一般取 $d_计=d-0.1P$。

② 在实际生产中，为计算方便，不考虑螺纹车刀的刀尖半径 r 的影响，一般取螺纹实际牙形高度 $h_{1实}= 0.6495 P$，螺纹实际小径 $d_{1计}= d-2h_{1实}=d-1.3P$。

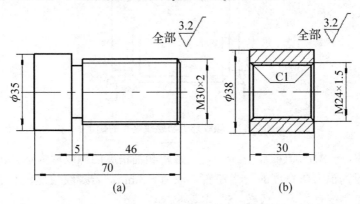

图 2-60　螺纹零件尺寸分析

在图 2-60(a)中，实际车削时的外圆柱面的直径 $d_计=d-0.1P=30-0.1×2=29.8(mm)$。

螺纹实际牙型高度 $h_{1实} = 0.6495 P=0.6495×2=1.3(mm)$。

螺纹实际小径 $d_{1计}=d-2h_{1实}=d-1.3P=30-2.6=27.4(mm)$。

(2) 内螺纹的底孔直径 $D_{1计}$ 及内螺纹实际大径 $D_计$ 的确定。

车削内螺纹时，需要计算实际车削时内螺纹的底孔直径 $D_{1计}$ 以及内螺纹实际大径 $D_计$。

例如，车削图 2-60(b)所示 M24×1.5 内螺纹，零件材料的 45 号钢，试计算实际车削时的内螺纹的底孔直径及 $D_{1计}$ 以及内螺纹实际大径 $D_计$。

① 由于车削时车刀的挤压作用，内孔直径要缩小，所以车削时螺纹的底孔直径应大于螺纹小径。计算公式为

$$D_{1计}= D-1.0825P$$

式中：D 为内螺纹的公称直径(mm)；P 为内螺纹的螺距(mm)。

一般实际车削时的内螺纹底孔直径计算如下。

钢和塑性材料为 $D_{1计}=D-P$

铸铁和脆性材料为 $D_{1计}=D-(1.05～1.1)P$

② 内螺纹实际牙型高度同外螺纹，$h_{1实}=0.6495P$，取 $h_{1实}=0.65P$。内螺纹实际大径 $D_计=D$，内螺纹小径 $D_1= D-1.3P$。

在本例中实际车削时的内螺纹底孔的直径取 $D_{1计}=D-P=(24-1.5)=22.5(mm)$。螺纹实际牙型高度取 $h_{1实}=0.65P=0.65×1.5mm=0.975mm$。

内螺纹实际大径 $D_计=D=24mm$，内螺纹小径 $D_1=D-1.3P=(24-1.3×1.5)mm=22.05mm$。

4. 螺纹起点与螺纹终点轴向尺寸的确定

如图 2-61 所示，由于车削螺纹起始需要一个加速过程，而结束前需要有一个减速过程，因此车削螺纹时，螺纹两端必须设置足够的升速进刀段 δ_1 和减速退刀段 δ_2。$\delta_1\delta_2$ 的数值与螺纹的螺距和螺纹的精度有关。

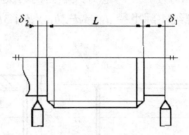

图 2-61　螺纹起点与螺纹终点的确定

实际生产中，一般 δ_1 值取 2～5mm，大螺距和高精度的螺纹取大值；δ_2 值不得大于退刀槽宽度，一般为退刀槽宽度的一半左右，取 1～3mm，若螺纹收尾没有退刀槽时，收尾处的形状与数控系统有关，一般按 45°退刀收尾。

例如，加工图 2-60(a)所示的 M30×2 普通外螺纹时，根据螺距和螺纹精度取 δ_1 为 4mm，根据图纸退刀槽宽度 δ_2 为 2mm；加工图 2-60(b)所示的 M24×1.5 普通内螺纹时，根据螺距和螺纹精度 δ_1 取 3mm、δ_2 取 2mm。

5. 螺纹加工切削用量的选用

1) 主轴转速 n

在数控车床上加工螺纹，主轴转速受数控系统、螺纹导程、刀具、零件尺寸和材料等多种因素影响。不同的数控系统，有不同的推荐主轴转速范围，操作者在仔细查阅说明书后，根据实际情况选用，大多数经济型数控车床车削螺纹时，推荐主轴转速为：

$$n\leqslant\frac{1200}{P}-K$$

式中，P 为零件的螺距(mm)；K 为保险系数，一般取 80；n 为主轴转速(r/min)。

例如，加工 M30×2 普通外螺纹时，主轴转速 $n\leqslant1200/P-K=(1200/2-80)$r/min=520r/min。加工过程中，根据零件材料、刀具等因素，取 n=400～500r/min，学生实习时一般取 n=400r/min。

加工 M24×1.5 普通内螺纹时，主轴转速 $n\leqslant1200/P-K=(1200/1.5-80)$r/min=720r/min。根据零件材料、刀具等因素，取 n=500～700 r/min。

学生实习时一般取 n=500r/min。考虑到内螺纹的因素，可以再小一些。

2) 背吃刀量 α_p

(1) 进刀方法的选择。

在数控车床上加工螺纹使用的进刀方法通常有直进法、斜进法。当螺距 P<3mm 时，一般采用直进刀法，见图 2-62(a)；螺距 P≥3mm 时，一般采用斜进刀法，见图 2-62(b)。

(2) 背吃刀量的选用及分配。

车削时应遵循后一刀的背吃刀量不能超过前一刀背吃刀量的原则，即递减的背吃刀量分配方式；否则会因切削面积的增加、切削力过大而损坏刀具。

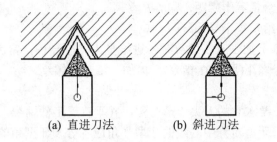

(a) 直进刀法　　　　(b) 斜进刀法

图 2-62　螺纹加工进刀方法的选择

但为了提高螺纹的表面粗糙度，用硬质合金螺纹车刀时，最后一刀的背吃刀量不能小于 0.1mm。

常用公制螺纹加工走刀次数与分层切削余量可参阅表 2-18。

表 2-18　常用螺纹加工时走刀次数与分层切削余量

常用螺纹切削进给次数与吃刀量(米制)							
螺距/mm	1.0	1.5	2.0	2.5	3.0	3.5	4.0
牙深(半径量)	0.649	0.974	1.299	1.624	1.949	2.273	2.598
切削次数及吃刀量(直径量)　1 次	0.7	0.8	0.9	1.0	1.2	1.5	1.5
2 次	0.4	0.6	0.6	0.7	0.7	0.7	0.8
3 次	0.2	0.4	0.6	0.6	0.6	0.6	0.6
4 次		0.16	0.4	0.4	0.4	0.6	0.6
5 次			0.1	0.4	0.4	0.4	0.4
6 次				0.15	0.4	0.4	0.4
7 次					0.2	0.2	0.4
8 次						0.15	0.3
9 次							0.2

常用英制螺纹加工走刀次数与分层切削余量，可参阅表 2-19。

表 2-19　常用英制螺纹加工时走刀次数与分层切削余量

常用螺纹切削进给次数与吃刀量(英制)							
牙/in	24	18	16	14	12	10	8
牙深(半径量)	0.678	0.904	1.016	1.162	1.355	1.626	2.033
切削次数及吃刀量(直径量)　1 次	0.8	0.8	0.8	0.8	0.9	1.0	1.2
2 次	0.4	0.6	0.6	0.6	0.6	0.7	0.7
3 次	0.16	0.3	0.5	0.5	0.6	0.6	0.6
4 次		0.11	0.14	0.3	0.4	0.4	0.5
5 次				0.13	0.21	0.4	0.5
6 次						0.16	0.4
7 次							0.17

3) 进给量 *f*

(1) 单线螺纹的进给量等于螺距, 即 *f=P*。

(2) 多线螺纹的进给量等于导程, 即 *f=L*。

注意: 在数控车床上加工双线螺纹时, 进给量为一个导程, 常用的方法是车削第一条螺纹后, 轴向移动一个螺距(用 G01 指令), 再加工第二条螺纹。

4) 螺纹车刀安装

装夹螺纹车刀时, 要求它的刀尖齿形对称, 并垂直于工件轴线, 如图 2-63 所示, 即螺纹车刀两侧刀刃相对于牙型对称中心线的牙型半角应各等于牙型角的一半(锯齿形螺纹和其他不存在牙型半角的非标准螺纹无此项要求)。它通过牙型对称中心线与车床主轴轴线处于垂直位置的要求来安装螺纹刀。

当高速车削螺纹时, 为防止振动和 "扎刀", 车刀尖应略高于车床主轴轴线 0.1~0.3mm。

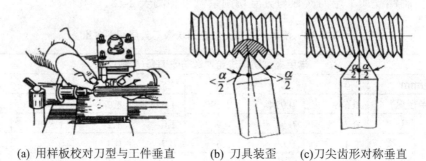

(a) 用样板校对刀型与工件垂直　　(b) 刀具装歪　(c)刀尖齿形对称垂直

图 2-63　螺纹车刀安装

任务 2.4.2　螺纹加工指令

1. 使用 G32 指令, 螺纹切削

1) 指令格式

G32 X(U)__Z(W)__F(E)__ ;

其中, F 为公制螺纹导程; E 为英制螺纹每英寸牙数; X(U)、Z(W)为螺纹切削的终点坐标值。

起点和终点的 *X* 坐标值相同(不输入 *X* 或 *U*)时, 进行直螺纹切削; *X* 省略时为圆柱螺纹切削, *Z* 省略时为端面螺纹切削; *X*、*Z* 均不省略时为锥螺纹切削。

2) 编程要点

(1) G32 进刀方式为直进式。

(2) 螺纹切削时不能用主轴线速度恒定指令 G96。

(3) 切削斜角 *α* 在 45° 以下的圆锥螺纹时, 螺纹导程以 *Z* 方向指定。

(4) 加工路径, 图 2-64 中 A 点是螺纹加工的起点, B 点是单行程螺纹切削指令 G32 的起点, C 点是单行程螺纹切削指令 G32 的终点, D 点是 *X* 向退刀的终点。①是用 G00 进刀, ②是用 G32 车螺纹, ③是用 G00 朝 *X* 向退刀, ④是用 G00 朝 *Z* 向退刀。

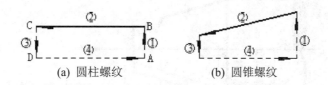

图 2-64　单行程螺纹指令 G32 进刀路径

2. 使用 G92 指令，切削螺纹循环

通过前面例题可以看出，使用 G32 指令加工螺纹时需要多次进刀，程序较长，容易出错。为此数控车床一般均在数控系统中设置了螺纹切削循环指令 G92。

螺纹切削循环指令把"快速进刀-螺纹切削-快速退刀-返回起点"四个动作作为一个循环。还能在螺纹车削结束时，按要求有规则地退出(称为螺纹退尾倒角)，可在没有退刀槽的情况下车削螺纹。

(1) 用下述指令，可以进行直螺纹切削循环，如图 2-65 所示。

指令格式：

G92X(U)__Z(W)__F__；(公制螺纹)

G92X(U)__Z(W)__I__；(英制螺纹)

注意，增量值指令的地址 U、W 后续数值的符号，根据轨迹 1 和轨迹 2 的方向决定。即，如果轨迹 1 的方向是 X 轴的负向时，则 U 的数值为负。

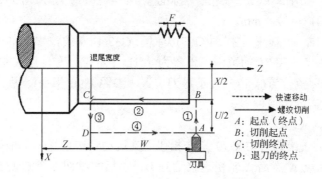

图 2-65　圆柱螺纹切削循环加工过程示意图

螺纹导程范围、主轴速度限制等与 G32 的螺纹切削相同。

单程序段时，①、②、③、④的动作单段有效。

FANUC 系统中，参数 019、符号 THDCH 在 G92 螺纹切削循环的倒角宽度时设定，设定范围为 0～127 (0.1 螺距)。螺纹倒角宽度=THDCH×1/10×螺距。

(2) 用下述指令，可以进行圆锥螺纹切削循环，如图 2-66 所示。

指令格式：

G92X(U)__Z(W)__R__F__；

G92X(U)__Z(W)__R__I__；

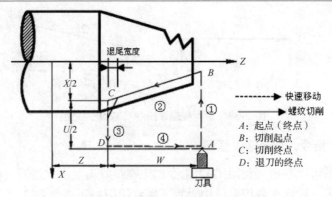

图 2-66　圆锥螺纹切削循环加工过程示意图

(3) 指令参数。

F：螺纹导程，取值范围为 0.001～500 mm，F 指令值执行后保持，可省略输入；

I：英制螺纹导程(每英寸牙数)I 为非模态指令，不能省略。

X：切削终点 X 轴绝对坐标，单位：mm。

U：切削终点与起点 X 轴绝对坐标的差值，单位：mm。

Z：切削终点 Z 轴绝对坐标，单位：mm。

W：切削终点与起点 Z 轴绝对坐标的差值，单位：mm。

R：切削起点与切削终点 X 轴绝对坐标的差值(半径值)，当 R 与 U 的符号不一致时，要求 $R | \leqslant | U/2 |$，单位：mm。

螺纹范围和主轴 RPM 稳定控制(G97)类似于 G32(切螺纹)。螺纹的退刀倒角长度根据所指派的参数在 $0.1L$～$12.7L$ 的范围内设置为 $0.1L$ 个单位。在使用 G92 前，只需把刀具定位到一个合适的起点位置(X 方向处于退刀位置，参照 G90 指令)，执行 G92 时系统会自动把刀具定位到所需的切深位置。

(4) 注意事项。

① G92 指令的进给路线与 G90 指令相似，其运动轨迹也是一个矩形(锥螺纹是一个梯形)，刀具从循环起点 A 点沿 X 轴快速移动到 B，然后螺纹切削至 C 点，再沿 X 轴向快速退刀至 D 点，最后回到循环起点，完成一个螺纹加工循环。要完成整个螺纹加工，需要经过粗加工、精加工多次循环。

② 在 G92 切削过程中，按机床暂停键，刀具立即按斜线回退，先回 X 轴，再回 Z 轴，中间不停。

③ G92 指令是模态指令，当 Z 轴没有变化时，只需对 X 轴指定其移动指令即可重复切削动作。

④ 在 G92 螺纹收尾处，刀具沿接近 45° 的方向斜向退刀。

3. G76 螺纹切削循环

1) 指令格式

G76 P(m)(r)(α) Q(Δdmin) R(d)；

G76 X(u) Z(w) R(i) P(k) Q(Δd) F(L)；

其中，X：螺纹终点 X 轴绝对坐标(单位：mm)。

U：螺纹终点与起点 X 轴绝对坐标的差值(单位：mm)。

Z：螺纹终点 Z 轴的绝对坐标值(单位：mm)。

W：螺纹终点与起点 Z 轴绝对坐标的差值(单位：mm)，切削路径如图 2-67 所示。

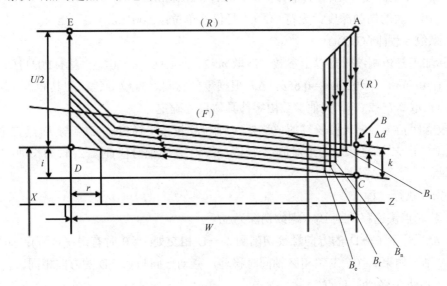

图 2-67　G76 螺纹加工路径示意图

m：精加工重复次数(01～99)，模态值。在螺纹精车时，每次进给的切削量等于螺纹精车的切削量 d 除以精车次数 m。

r：为螺纹尾部倒角量，该值的大小可设定在 0.1L～9.9L 之间，系数为 0.1 的整数倍，表达用 00～99 之间的两位整数来表示，其中 L 为螺纹导程，是模态值。

α：刀尖角度：可选择 80°、60°、55°、30°、29°、0° 等 6 个角度，用两位数指定，是模态值。

m、r 和 α 用地址 P 同时指定，如 $m=2$、$r=1.2L$、$a=60°$ 表示为 P021260。

Δd_{min}：最小切削深度(半径值，单位：0.001mm)，当第一次背吃刀量小于此值时，系统自动修改为等于此值，它是模态值。

车削过程中每次的车削深度为 $\Delta d\sqrt{n}-\Delta d\sqrt{n-1}$，当计算小于这个极限值时，深度锁定为这个值，如图 2-68 所示。

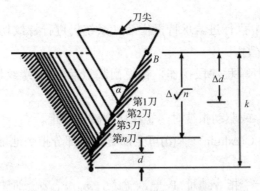

图 2-68　G76 指令加工深度示意图

d：精加工余量(半径值，单位：0.001mm)，是模态值。

i：螺纹部分的半径差，含义及方向与 G92R 相同，如果 $i=0$，可做一般直线螺纹切削。

k：螺纹牙型高度，无符号(半径值，单位：0.001mm)。

Δd：第一次的切削深度，无符号，(半径值，单位：0.001mm)。

L：螺纹导程(同 G32)。

实际加工三角螺纹时，以上参数一般取 $m=2$、$r=1.1L$、$a=60°$，表示 P021160。

$\Delta d_{min}=0.1mm$，$d=0.2m-k=0.65p$，Δd 根据零件材料、螺纹导程、刀具和机床刚性综合给定，建议取 $0.7\sim2.0m$。其他参数由零件具体尺寸确定。

螺纹螺距指主轴转一圈长轴的位移量(X 轴位移量按半径值)，C 点与 D 点 Z 轴坐标差的绝对值大于 X 轴坐标差的绝对值(半径值，等于 i 的绝对值)时，Z 轴为长轴；反之，X 轴为长轴。

2) 指令执行过程

(1) 从起点快速移动到 B_1，螺纹切深为 Δd。

(2) 沿平行于 C→D 的方向螺纹切削到 D→E 相交处($r\neq0$ 时有退尾过程)；如果 $i=0$，仅移动 X 轴：如果 $i\neq0$，X 轴和 Z 轴同时移动，移动方向与 A→D 的方向相同。

(3) X 轴快速移动到 E 点。

(4) Z 轴快速移动到 A 点，单次粗车循环完成。

(5) 再次快速移动进刀到 B_n(n 为粗车次数)，切深取($\sqrt{n}\times\Delta d$)、($\sqrt{n-1}\times\Delta d+\Delta d_{min}$)中的较大值，如果切深小于($k-d$)，转(2)执行：如果切深不小于($k-d$)，按切深($k-d$)进刀到 B_f 点，转(6)执行最后一次螺纹粗车。

(6) 沿平行于 C→D 的方向螺纹切削到与 D→E 相交处($r\neq0$ 时有退尾过程)。

(7) X 轴快速移动到 E 点。

(8) Z 轴快速移动到 A 点，螺纹粗车循环完成，开始螺纹精车。

(9) 快速移动到 Be 点(螺纹切深为 k、切削量为 d)后，进行螺纹精车，最后返回 A 点，完成一次螺纹精车循环。

(10) 如果精车循环次数小于 m，转(9)进行下一次精车循环，螺纹切深仍为 k，切削量为 0；如果精车循环次数等于 m，G76 复合螺纹加工循环结束。

3) 注意事项

(1) 螺纹切削过程中执行进给保持操作后，系统仍进行螺纹切削，螺纹切削完毕，显示"暂停"，程序运行暂停。

(2) 螺纹切削中执行单程序段操作，在返回起点后(一次螺纹切削循环动作完成)运行停止。

(3) 系统复位、急停或驱动报警时，螺纹切削减速停止。

(4) G76 P(m)(r)(a)　Q(Δd_{min})　R(d)可全部省略或部分指令地址，省略的地址按参数设定值运行。

(5) m、r、α 用同一个指令地址 P 一次输入，m、r、α 全部省略时，按参数 No.57、

No.19、No.58 号设定值运行；地址 P 输入一位或两位数时取值为α；地址 P 输入 3 位或 4 位数时取值为 r 与 α。

4) G32/G76/G92 多头螺纹切削

(1) 改变起始角度方式。

格式：G32(G76/G92) IP__F(E)__ Q__；

其中，IP 为螺纹终点坐标值；F(E)为螺纹导程；Q 为螺纹起始角(有些系统可以指定)。

① 起始角 Q 不是模态值，每次使用必须指定，若不指定就认为是 0。

② 起始角增量是 0.001°，不能指定小数点。比如：起始角 180°，指定为 Q180000。

③ 可在 0～360000(以 0.001 度为单位)之间指定起始角(Q)。

例如，双头螺纹，F=4.0mm(起始角为 0 和 180)，因为是双头螺纹，所以起始角为 00 和 1800。

```
G00 X29.6 Z5.0;  吃刀
G32 Z-40.0 F4.0 Q0;车第一个头螺纹,起始角为 0
…;
G32 Z-40.0 Q180000;车第二个头螺纹,起始角为 180
…;
```

(2) 改变起始点 Z 坐标方式。

在数控车床上加工双线螺纹时，进给量为一个导程，常用的方法是车削第一条螺纹后，轴向移动(用 G01 指令)一个螺距(导程/线数)，再加工第二条螺纹。

任务 2.4.3　螺纹加工应用

1. 螺纹指令加工示例

例 1　试用 G32 指令编写图 2-69 所示圆柱螺纹的加工程序。

螺纹导程 4mm，升速进刀段δ_1=3mm，降速退刀段δ_2=1.5mm，螺纹深度 2.165 mm。

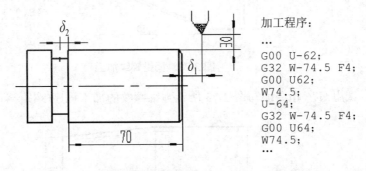

加工程序：
```
…
G00 U-62;
G32 W-74.5 F4;
G00 U62;
W74.5;
U-64;
G32 W-74.5 F4;
G00 U64;
W74.5;
…
```

图 2-69　圆柱螺纹加工

例 2　试用 G32 指令编写图 2-70 所示圆锥螺纹加工程序。

螺纹螺距：2mm。δ_1 = 3mm，δ_2 = 2mm，总切深 2mm，分两次切入。

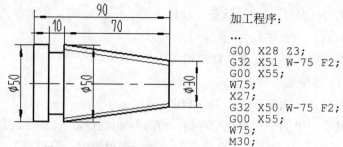

加工程序:

```
...
G00 X28 Z3;
G32 X51 W-75 F2;
G00 X55;
W75;
X27;
G32 X50 W-75 F2;
G00 X55;
W75;
M30;
```

图 2-70   圆锥螺纹加工

例 3   试用 G92 指令编写图 2-71 所示圆柱螺纹的加工程序。

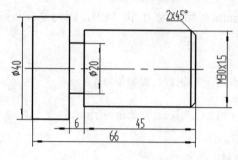

加工程序:

```
T0101 M03 S400;
G00 X35 Z5;
G92 X29.2 Z-48 F1.5;
X28.6;
X28.2;
X28.04;
G00 X100 Z100;
M30;
```

图 2-71   圆柱螺纹加工

例 4   试用 G92 指令编写图 2-72 所示圆锥螺纹的加工程序。

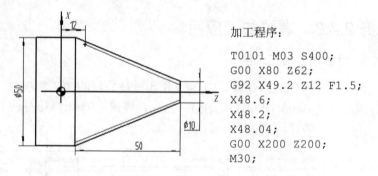

加工程序:

```
T0101 M03 S400;
G00 X80 Z62;
G92 X49.2 Z12 F1.5;
X48.6;
X48.2;
X48.04;
G00 X200 Z200;
M30;
```

图 2-72   圆锥螺纹加工

例 5   试用 G76 指令编写图 2-73 所示圆锥螺纹的加工程序(螺距=4)。

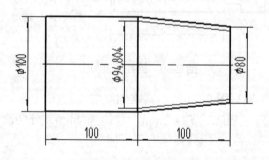

图 2-73   圆锥螺纹加工

加工程序：

```
N10 M03 S600;                    N70 G00 X110 Z50;
N20 T0101;                       N80 T0404;
N30 G00 X105 Z5;                 N90 G76 P010060 Q300 R0.1;
N40 G90 X104 Z-100 R-10 F0.1;    N100  G76  X94.804  Z-100  R-10
N50 X102;                        P2598 Q1800 F4;
                                 N110 G00 X110 Z50;
N60 X100;                        N120 M30;
```

例 6 利用 G76 指令编程，加工图 2-74 所示的 M42×4 的圆柱面螺纹，试编写其加工程序。

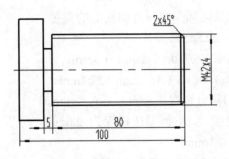

图 2-74 圆柱螺纹加工

(1) 工艺分析。

M42×4 的螺距为 4mm，牙型高度为 2.598mm，所以螺纹小径为 42-2×2.598=36.804mm，分八次走刀，由公式 $\sqrt{n-1} \times \Delta d + \Delta d_{min}$ 计算得到其各次切削深度(直径值 d_1=1.5mm、d_2=0.8mm、d_3=0.6mm、d_4=0.6mm、d_5=0.4mm、d_6=0.4mm、d_7=0.4mm、d_8=0.3mm、d_9=0.2mm)坐标系、循环起点、对刀点、切入和切出距离如图 2-21 所示。螺纹加工需要九次走刀，用 G32 和 G92 指令编写程序都比较麻烦，而使用 G76 指令就很简单。

(2) 编程如下：

```
O5555；采用直径编程
N10 G00 X100 Z100;
N20 M03 S200 T0202;
N30 G00 X50 Z5 M08;
N40 G76 P021260 Q200 R100；车螺纹
N50 G76 X36.804 Z-82.000 R0 P2598 Q1500 F4 ; R0 可省
N60 G00 X100 Z100 M09;
N70 M05;
N80 M30:
```

2. 应用范例

例 1 圆柱螺纹加工(G32)。

如图 2-75 所示，螺纹外径已车至 ϕ29.8mm，4×2 的退刀槽已加工，零件材料为 45 号钢。用 G32 指令编制该螺纹的加工程序。

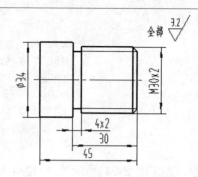

图 2-75 圆柱螺纹加工(G32)

(1) 螺纹加工尺寸计算。实际车削时外圆柱面的直径为:

$d_计 = d - 0.2 = (30 - 0.2)$mm $= 29.8$mm。

螺纹实际牙型高度 $h_{1实} = 0.65P = 0.65 \times 2$mm $= 1.3$mm。

螺纹实际小径 $d_{1计} = d - 1.3P = (30 - 1.3 \times 2)$mm $= 27.4$mm。

升速进刀段和减速退刀段分别取 $\delta_1 = 5$mm,$\delta_2 = 2$mm。

(2) 确定切削用量。查表 2-18 得双边切深为 2.6mm,分五刀切削,分别为 0.9mm、0.6mm、0.6mm、0.4mm 和 0.1mm。

主轴转速 $n \leqslant 1200/P - K = (1200/2 - 80)$r/min $= 520$ r/min。

学生实习时,一般选用较小的转速,取 $n = 400$ r/min;进给量 $f = P = 2$mm。

(3) 编程。参考程序如表 2-20 所示。

表 2-20 参考程序

程序段号	程序内容	说　明
N10	G40 G97 G99 S400 M03;	主轴正传 400r/min
N20	T0404;	螺纹刀 T04
N30	M08;	切削液开
N40	G00 X32.0 Z5.0;	螺纹加工的起点
N50	X29.1;	自螺纹大径 30mm 进第一刀,切深 0.9mm
N60	G32 Z-28.0 F2.0;	螺纹车削第一刀,螺距为 2mm
N70	G00 X32.0;	X 向退刀
N80	Z5.0;	Z 向退刀
N90	X28.5;	进第二刀,切深 0.6mm
N100	G32 Z-28.0 F2.0;	螺纹车削第二刀,螺距为 2mm
N110	G00 X32.0;	X 向退刀
N120	Z5.0;	Z 向退刀
N130	X27.9;	进第三刀,切深 0.6mm
N140	G32 Z-28.0 F2.0;	螺纹切削第三刀,螺距为 2mm
N150	G00 X32.0;	X 向退刀
N160	Z5.0;	Z 向退刀
N170	X27.5;	进第四刀,切深 0.4mm

程序段号	程序内容	说　明
N180	G32 Z-28.0 F2.0;	螺纹切削第四刀，螺距为 2mm
N190	G00 X32.0;	X 向退刀
N200	Z5.0;	Z 向退刀
N210	X27.4;	进第五刀，切深 0.1mm
N220	G32 Z-28.0 F2.0;	螺纹切削第五刀，螺距为 2mm
N230	G00 X32.0;	X 向退刀
N240	Z5.0;	Z 向退刀
N250	X27.4;	光一刀，切深为 0mm
N260	G32 Z-28.0 F2.0;	光一刀，螺距为 2mm
N270	G00 X100.0;	X 向退刀
N280	Z100.0;	Z 向退刀，回换刀点
N290	M30;	程序结束

例 2　圆锥螺纹加工(G32)。

如图 2-76 所示，圆锥螺纹外径已车削至小端直径 ϕ19.8mm，大端直径 ϕ24.8mm，4×2 的退刀槽已加工，零件材料为 45 钢。用 G32 指令编制该螺纹的加工程序。

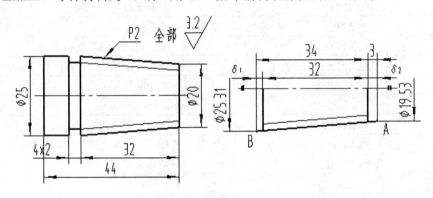

图 2-76　圆锥螺纹加工(G32)

(1) 螺纹加工尺寸计算。实际车削时的外圆锥面的直径 $d_{计}=d-0.2$，螺纹大径小端为 ϕ19.8mm，大端为 ϕ24.8mm，用法 G70 或 G01 加工保证。

螺纹实际牙型高度 $h_{1实}=0.65\times2mm=1.3mm$。

升速进刀段和减速退刀段分别去 $\delta_1=3mm$，$\delta_2=2mm$。

A 点：$X=19.53mm$，$Z=3mm$。B 点：$X25.31mm$，$Z=-34mm$。

① 确定切削用量查表得双边切深为 2.6mm，分五刀切削，分别为 0.9mm、0.6mm、0.6mm、0.4mm 和 0.1mm。

② 主轴转速 $n\leqslant1200/P-K=(1200/2-80)r/min=520\ r/min$，取 $n=400\ r/min$。

③ 进给量 $f=P=2mm$。

(2) 编程。参考程序如表 2-21 所示。

表 2-21　参考程序

程序段号	程序内容	说　明
N10	G40 G97 G99 S400 M03;	主轴正转 400 r / min
N20	T0404;	螺纹刀 T04
N30	M08;	切削液开
N40	G00 X27.0 Z3.0;	螺纹加工的起点
N50	X18.6;	进第一刀，切深 0.9mm
N60	G32 X24.4 Z-34.0 F2.0;	螺纹车削第一刀，螺距为 2mm
N70	G00 X27.0;	X 向退刀
N80	Z3.0;	Z 向退刀
N90	X18.0;	进第二刀，切深 0.6mm
N100	G32 X23.8 Z-34.0 F2.0;	螺纹车削第二刀，螺距为 2mm
N110	G00 X27.0;	X 向退刀
N120	Z3.0	Z 向退刀
N130	X17.4;	进第三刀，切深 0.6mm
N140	G32 X23.2 Z-34 F2.0;	螺纹车削第三刀，螺距为 2mm
N150	G00 X27.0;	X 向退刀
N160	Z3.0;	Z 向退刀
N170	X17.0;	进第四刀，切深 0.4mm
N180	G32 X22.8 Z-34.0 F2.0;	螺纹车削第四刀，螺距为 2mm
N190	G00 X27.0;	X 向退刀
N200	Z3.0;	Z 向退刀
N210	X16.9;	进第五刀，切深 0.1mm
N220	G32 X22.7 Z-34.0 F2.0;	螺纹车削第五刀，螺距为 2mm
N230	G00 X27.0;	X 向退刀
N240	Z3.0;	Z 向退刀
N250	X16.9;	光刀，切深 0mm
N260	G32 X22.7 Z-34.0 F2.0;	光刀，螺距为 2mm
N270	G00 X100.0;	X 向退刀
N280	Z100.0;	Z 向退刀，回换刀点
N290	M30;	程序结束

例 3　内螺纹加工(G32)。

如图 2-77 所示，内螺纹的底孔 ϕ22mm 已车完，1.5×45° 的倒角已加工，零件材料为
45 钢。用 G32 指令编制该螺纹的加工程序。

(1) 螺纹加工尺寸计算实际车削时取内螺纹的底孔直径 $D_{1计}=D-P=(24-2)\text{mm}=22\text{mm}$。

螺纹实际牙型高度 $h_{1实}=0.65P=(0.65×2)\text{mm}=1.3\text{mm}$。

内螺纹实际大径 $D_{计}=D=24\text{mm}$。

内螺纹小径 $D_1=D-1.3P=(24-1.3×2)\text{mm}=21.4\text{mm}$。

升速进刀段和减速退刀段分别取 $\delta_1=5\text{mm}$，$\delta_2=2\text{mm}$。

(2) 确定切削用量。查表 4-1 的常用螺纹加工走刀次数表与分层切削余量表得双边切深为 2.6mm,分五刀切削,分别为 0.9mm、0.6mm、0.6mm、0.4mm 和 0.1mm;主轴转速 $n \leqslant 1200/P-K=(1200/2-80)$ r/min=520 r/min,取 n=400 r/min;进给量 f=P=2mm。

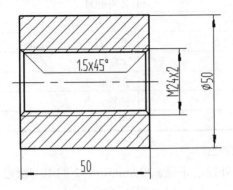

图 2-77 内螺纹加工(G32)

(3) 编写参考程序,如表 2-22 所示。

表 2-22 参考程序

程序段号	程序内容	说 明
N10	G40 G97 S400 M03;	主轴正转 400r/min
N20	T0404;	螺纹刀 T04
N30	M08;	切削液开
N40	G00 X20.0 Z5.0;	螺纹加工的起点
N50	X22.3;	自螺纹小径 21.4mm 进第一刀,切深 0.9mm
N60	G32 Z-52.0 F2.0;	螺纹车削第一刀,螺距为 2mm
N70	G00 X20.0	X 向退刀
N80	Z5.0;	Z 向退刀
N90	X22.9;	进第二刀,切深 0.6mm
N100	G32 Z-52.0 F2.0;	螺纹车削第二刀,螺距为 2mm
N110	G00 X20.0;	X 向退刀
N120	Z5.0;	Z 向退刀
N130	X23.5;	进第三刀,切深 0.6mm
N140	G32 Z-52.0 F2.0;	螺纹车削第三刀,螺距为 2mm
N150	G00 X20.0	X 向退刀
N160	Z5.0;	Z 向退刀
N170	X23.9;	进第四刀,切深 0.4mm
N180	G32 Z-52.0 F2.0;	螺纹车削第四刀,螺距为 2mm
N190	G00 X20.0	X 向退刀
N200	Z5.0;	Z 向退刀
N210	X24.0;	进第五刀,切深 0.1mm
N220	G32 Z-52.0 F2.0,	螺纹车削第五刀,螺距为 2mm

续表

程序段号	程序内容	说　明
N230	G00 X20.0	X 向退刀
N240	Z5.0;	Z 向退刀
N250	X24.0	光一刀，切深为 0mm
N260	G32 Z-52.0 F2.0;	光一刀，螺距为 2mm
N270	G00 X20.0	X 向退刀
N280	Z100.0	Z 向退刀
N290	X100.0	回换刀点
N300	M30;	程序结束

例 4　圆柱螺纹加工(G92)。

如图 2-78 所示，螺纹外径已车至 ϕ29.8mm，4×2 的退刀槽已加工，材料为 45 号钢。

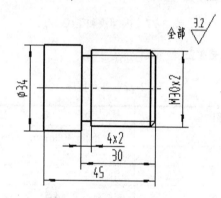

图 2-78　圆柱螺纹加工(G92)

用 G92 指令编制该螺纹的加工程序。

(1) 螺纹加工尺寸计算。

同例 1，实际车削时外圆柱面的直径 $d_{\text{计}}$=29.8mm，螺纹实际牙型高度 $h_{1\text{实}}$=1.3mm，螺纹实际小径 $h_{1\text{计}}$=27.4mm，升速进刀段 δ_1=5mm，减速退刀段 δ_2=2mm。

(2) 确定切削用量。

螺纹加工分五刀切削，分别为 0.9mm、0.6mm、0.6mm、0.4mm、0.1mm，主轴转速 n=400 r/min，进给量 f=2mm。

(3) 编程。参考程序如表 2-23 所示。

表 2-23　参考程序

程序段号	程序内容	说　明
N10	G40 G97 G99 S400　M03;	主轴正转 400r/min
N20	T0404;	螺纹刀 T04
N30	M08;	切削液开
N40	G00 X31.0 Z5.0;	螺纹加工的起点
N50	G92 X29.1 Z-28.0 F2.0;	螺纹车削循环第一刀，切深 0.9 mm，螺距 2mm

程序段号	程序内容	说　明
N60	X28.5;	第二刀，切深 0.6mm
N70	X27.9;	第三刀，切深 0.6mm
N80	X27.5;	第四刀，切深 0.4mm
N90	X27.4;	第五刀，切深 0.1mm
N100	X27.4;	光一刀，切深 0mm
N110	G00 X100.0Z100;	退刀
N120	M30;	程序结束

例 5　圆锥螺纹加工(G92)。

如图 2-79 所示，螺纹外径已车至小端直径 ϕ19.8mm，大端直径 ϕ24.8mm，零件材料为 45 钢。

用 G92 指令编制该螺纹的加工程序。

(1) 螺纹加工尺寸计算。

同例 2，螺纹大径：小端为 ϕ19.8mm，大端为 24.8mm；螺纹实际牙型高度 $h_{1实}$= 1.3mm，升速进刀段 δ_1=3mm，减速退刀段 δ_2=2mm；A 点：X=19.53mm，Z=3mm；B 点：X=25.31mm，Z=2mm；$R=\dfrac{19.53}{2}-\dfrac{25.31}{2}$=−2.9mm。

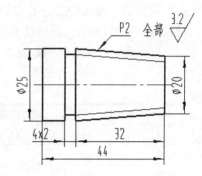

图 2-79　圆锥螺纹加工(G92)

(2) 确定切削用量。

螺纹加工分五刀切削，分别为 0.9mm、0.6mm、0.6mm、0.4mm、0.1mm，主轴转速 n=400 r/min，进给量 f=2mm。

(3) 编程。参考程序如表 2-24 所示。

表 2-24　参考程序

程序段号	程序内容	说　明
N10	G40 G97 S400　M03;	主轴正转　400r/min
N20	T0404;	螺纹刀 T04
N30	M08;	切削液开
N40	G00 X27.0 Z3.0;	螺纹加工的起点
N50	G92 X24.4 Z-34.0 R-2.9 F2.0;	螺纹车削循环第一刀，切深 0.9mm，螺距 2mm
N60	X23.8;	第二刀，切深 0.6mm
N70	X23.2;	第三刀，切深 0.6mm
N80	X22.8;	第四刀，切深 0.4mm
N90	X22.7;	第五刀，切深 0.1mm
N100	X22.7;	光一刀，切深 0mm
N110	G00 X100.0Z100;	退刀
N120	M30;	程序结束

例 6 内螺纹的加工(G92)。

如图 2-80 所示，内螺纹的底孔已完成，C1.5 的倒角已加工，零件材料为 45 钢，用 G92 指令编制该螺纹的加工程序。

(1) 螺纹加工尺寸计算。

同例 5，实际车削时的内螺纹的底孔直径 $D_{1\text{计}}=22\text{mm}$，螺纹实际牙型高度 $h_{1\text{实}}=1.3\text{mm}$，内螺纹实际大径 $D_{\text{计}}=24\text{mm}$，内螺纹小径 $D_1=21.4\text{mm}$，升速进刀段 $\delta_1=5\text{mm}$，减速退刀段 $\delta_2=2\text{mm}$。

(2) 确定切削用量。

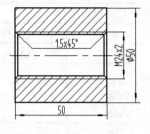

图 2-80 内螺纹的加工(G92)

同例 3，螺纹加工分五刀切削，分别为 0.9mm、0.6mm、0.6mm、0.4mm、0.1mm，主轴转速 $n=400\text{ r/min}$，进给量 $f=2\text{mm}$。

(3) 编程。参考程序如表 2-25 所示。

表 2-25 参考程序

程序段号	程序内容	说　明
N10	G40 G97 S400　M03;	主轴正转 400r/min
N20	T0404;	螺纹刀 T04
N30	M08;	切削液开
N40	G00 X20.0 Z5.0;	螺纹加工的起点
N50	G92 X22.3 Z-52.0 F2.0	螺纹车削循环第一刀，切深 0.7mm，螺距 2mm
N60	X22.9	第二刀，切深 0.6mm
N70	X23.5	第三刀，切深 0.6mm
N80	X23.9	第四刀，切深 0.4mm
N90	X24.0	第五刀，切深 0.1mm
N100	X24.0	光一刀，切深 0mm
N110	G00 X100.0Z100;	退刀
N120	M30;	程序结束

例 7 圆柱螺纹加工(G76)。

如图 2-81 所示，螺纹外径已车至 $\phi 29.8\text{mm}$，零件材料为 45 钢，用 G76 指令编制螺纹加工程序。

(1) 螺纹加工尺寸计算。

实际车削时外圆柱面的直径为 $d_{\text{计}}=d-0.2=(30-0.2)\text{mm}$ $=29.8\text{mm}$，用 G70 或 G01 加工保证。

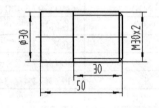

图 2-81 圆柱螺纹加工(G76)

螺纹实际牙型高度 $h_{1\text{实}}=0.65P=0.65\times 2\text{mm}=1.3\text{mm}$。

螺纹实际小径 $d_{1\text{计}}=d-1.3P=(30-1.3\times 2)\text{mm}=27.4\text{mm}$。

升速进刀段取 $\delta_1=5\text{mm}$。

(2) 确定切削用量。

精车重复次数 $m=2$，螺纹尾倒角量 $r=1.1$，刀尖角度 $\alpha=60°$，表示为 P021160。

最小车削深度 $\Delta d=0.1\text{mm}$，表示为 Q100；精车余量 $d=0.05\text{mm}$，表示为 $R50\mu m$。

螺纹终点坐标 $X=27.4$mm，$Z=-30$mm；螺纹部分的半径差 $i=0$，$R0$ 可省略。

螺纹高度 $k=1.3$mm，表示为 PI300；第一次车削深度 Δd 取 1.0mm，表示为 Q1000。

$f=2$mm，表示为 F2.0。

主轴转速 $n\leqslant1200/P-K=(1200/2-80)$ r/min=520 r/min，取 $n=400$ r/min。

(3) 编程。参考程序如表 2-26 所示。

表 2-26　参考程序

程序段号	程序内容	说　明
N10	G40 G97 G99 S400　M03;	主轴正转 400r/min
N20	T0404;	螺纹刀 T04
N30	M08;	切削液开
N40	G00 X31.0 Z5.0;	螺纹加工的起点
N50	G76 P021160 Q100 R50;	螺纹车削复合循环
N60	G76 X27.4 Z-30.0 P1300 Q1000 F2.0;	螺纹车削复合循环
N70	G00 X100.0Z100;	退刀
N80	M30;	程序结束

例 8　圆锥螺纹加工(G76)。

如图 2-82 所示，螺纹外径已车至小端直径 $\phi 34.8$mm，大端直径 $\phi 39.8$mm，用 G76 指令编制该螺纹的加工程序。

(1) 螺纹加工尺寸计算。

实际车削时外圆柱面的直径 $d_{\text{计}}=d-0.2$，螺纹大径小端为 $\phi 34.8$mm，大端为 $\phi 39.8$mm，用 G70 或 G01 加工保证。

螺纹实际牙型 $h_{1\text{实}}=(0.65\times2)$mm=1.3mm。螺纹终点小径 $(40-2\times1.3)$mm=37.4mm。

升速段取 $\delta_1=3$mm。

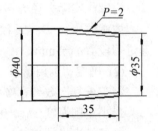

图 2-82　圆锥螺纹加工(G76)

(2) 确定切削用量。

精车重复次数为 2，螺纹尾倒角量 $r=1.1L$，刀尖角度 $\alpha=60°$，表示为 P021160。

最小车削深度 $\Delta d_{\min}=0.1$mm，表示为 Q100；精车余量 $d=0.05$mm，表示为 $R50\mu$m。

螺纹终点坐标 $X=37.4$mm，$Z=-35$mm；螺纹部分的半径差 $i=(35-42)/2$mm，表示为 $R-2.5$mm；螺纹高度 $k=1.3$mm，表示为 P1300；第一次车削深度 Δd 取 1.0mm，表示为 Q1000。

$f=2$mm，表示为 F2.0。

主轴转速 $n\leqslant1200/P-K=(1200/2-80)$ r/min=520 r/min，取 $n=400$ r/min。

(3) 编程。参考程序如表 2-27 所示。

表 2-27　参考程序

程序段号	程序内容	说　明
N10	G40 G97 G99 S400 M03;	主轴正转 400r/min
N20	T0404;	螺纹刀 T04

程序段号	程序内容	说　明
N30	M08;	切削液开
N40	G00 X41.0 Z3.0;	螺纹加工的起点
N50	G76 P021160 Q100 R50;	螺纹车削复合循环
N60	G76　X37.4　Z-35.0　R-2.5　P1300　Q1000　F2.0;	螺纹车削复合循环
N70	G00 X100.0Z100;	退刀
N80	M30;	程序结束

例 9　内螺纹的加工(G76)。

如图 2-83 所示，内螺纹的底孔已车完，1.5×45°的倒角已加工，材料为 45 钢。用 G76 指令编制该螺纹的加工程序。

(1) 螺纹加工尺寸计算。

实际车削时取内螺纹的底孔直径 $D_{1计}$=(30-20)mm=28mm。

螺纹实际牙型高度 $h_{1实}$=0.65P=(0.65×2)mm=1.3mm。

内螺纹实际大径 $D_{计}$=D=30m。

内螺纹小径 D_1=D-1.3P=(30-1.3×2)mm=27.4mm。升速进刀段取 δ_1=5mm。

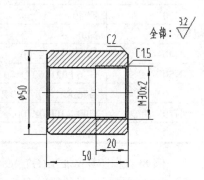

图 2-83　内螺纹的加工(G76)

(2) 确定切削用量。

精车重复次数=2，螺纹尾倒角量 r=1.1L，刀尖角度 α=60°，表示为 P021160。

最小车削深度 Δd_{min}=0.1mm，表示为 Q100；精车余量 d=0.05mm，表示为 R50。

螺纹终点坐标 X=30mm，Z=-20mm；螺纹部分的半径差 i=0，R0 可省略。

螺纹高度 k=1.3mm，表示为 P1300；第一次车削深度 Δd 取 1.0mm，表示为 Q1000。

f=2mm，表示为 F2.0。

主轴转速 n≤1200/P-K=(1200/2-80) r/min=520 r/min，取 n=400 r/min。

(3) 编程。参考程序如表 2-28 所示。

表 2-28　参考程序

程序段号	程序内容	说　明
N10	G40 G97 G99 S400　　M03;	主轴正转 400r/min
N20	T0404;	螺纹刀 T04
N30	M08;	切削液开
N40	G00 X27.0 Z5.0;	螺纹加工的起点
N50	G76 P021160 Q100 R50;	螺纹车削复合循环
N60	G76 X30.0 Z-20.0 P1300 Q1000 F2.0;	螺纹车削复合循环
N70	G00 X100.0Z100;	退刀
N80	M30;	程序结束

例 10 综合编程应用。

如图 2-84 所示，编制该零件的加工程序并在数控车床上加工出零件。毛坯 ϕ40mm×70mm。

(1) 工艺分析。

① 一号刀 93° 外圆车刀(用前面所学的 G90 切削)，二号刀为刀宽 4mm 的切槽刀，三号刀为 60° 的外螺纹刀。

② 计算螺纹的大径：$d_1=d-0.2p=30-0.2\times2=29.6(mm)$

③ 确定螺纹背吃刀量的分布：0.9mm、0.6mm、0.6mm、0.4mm、0.1mm。

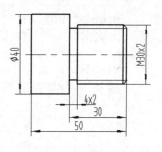

图 2-84　综合编程应用

(2) 加工程序。

```
O0009;
  T0101;    刀具补正                  G01X26.0F0.1;    切槽
  M03S800;  主轴正转，转速为800r/min   G00X50.0;
  G00X42.0Z2.0;  快速定位             Z100.0;
  G90X40.0Z-50.0F0.2;  单一切削循环    T0303;           换螺纹刀
  X38.0Z-30.0;                       G00X32.0Z4.0;
  X36.0;                             G92X29.1Z-28.0;  螺纹单一固定循环加工
  X34.0;                             X28.5;
  X32.0;                             X27.9;
  X30.0;                             X27.5;
  X29.6;                             X27.4;
  G00X100.0Z100.0;  快速退刀          X27.4;
  T0202;         换切槽刀             G00X100.0Z100.0;  快速退刀
  M03S500;                           M05;  主轴停止
  G00X42.0;                          M30;  程序结束
  Z-30.0;
```

例 11 管螺纹加工。

对图 2-85 所示的 55° 圆锥管螺纹 ZG2″ 编程。

查切削加工手册可知，其螺距为 2.309mm(即 25.4/11)，牙深为 1.479mm，其他尺寸如图 2-85(直径为小径)。

用五次吃刀，每次吃刀量(直径值)分别为 1mm、0.7mm、0.6mm、0.4mm、0.26mm。

螺纹刀刀尖角为 55°。

加工程序如下：

```
%0001
N1 T0101                           换一号端面刀，确定其坐标系
N2 M03 S300                        主轴以 300r/min 正转
N3 G00 X100 Z100                   到程序起点或换刀点位置
N4 X90 Z4                          到简单外圆循环起点位置
N5 G80 X61.117 Z-40 I-1.375 F80    加工锥螺纹外径
N6 G00 X100 Z100                   到换刀点位置
N7 T0202                           换二号端面刀，确定其坐标系
N8 G00 X90 Z4                      到螺纹简单循环起点位置
```

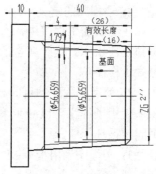

图 2-85　管螺纹加工

```
N9  G92 X59.494 Z-30 R-1.063 F2.31    加工螺纹, 吃刀深 1
N10 G92 X58.794 Z-30 R-1.063 F2.31    加工螺纹, 吃刀深 0.7
N11 G92 X58.194 Z-30 R-1.063 F2.31    加工螺纹, 吃刀深 0.6
N12 G92 X57.794 Z-30 R-1.063 F2.31    加工螺纹, 吃刀深 0.4
N13 G92 X57.534 Z-30 R-1.063 F2.31    加工螺纹, 吃刀深 0.26
N14 G00 X100 Z100                     到程序起点或换刀点位置
N15 M30                               主轴停、主程序结束并复位
```

项目 2.5 车削子程序编程

【学习目的】

拓展阅读 2-1
G32、G92、G76
指令的灵活应用

学习本项目主要目的是掌握子程序的编程格式以及应用子程序加工零件的基本加工方法。

【任务列表】

序　号	工作任务名称	达到专业能力目标
2.5.1	子程序加工指令	① 掌握子程序的格式与调用代码 ② 子程序的应用分析
2.5.2	子程序加工实践	掌握子程序在加工实践中的应用

【任务实施】

任务 2.5.1　子程序加工指令

1. 子程序的基本概念

1) 子程序的定义

在编制加工程序中, 有时会遇到一组程序段在一个程序中多次出现, 或者在几个程序中都要使用它。这个典型的加工程序可以做成固定程序, 并单独加以命名, 这组程序段就称为子程序。

2) 使用子程序的目的和作用

使用子程序可以减少不必要的编程重复, 从而达到简化编程的目的。其作用相当于一个固定循环程序。

3) 子程序调用指令 M98(FANUC 格式)

(1) 指令格式一。

M98 P □□□□ L□□□□

指令功能: 在自动方式下, 执行 M98 指令时, 当前程序段的其他指令执行完成后, 数控车床去调用执行 P 指定的子程序; L 后面的数字表示重复次数, 子程序最多可执行 9999 次。

M98 指令在 MDI 下运行无效。

(2) 指令格式二。

M98 P○○○○□□□□

○○○○代表调用子程序的次数，□□□□代表被调用的子程序号。

当调用次数未输入时，表示调用 1 次，此时子程序前导 0 可省略；当输入调用次数时，子程序号必须为 4 位数。

4) 子程序返回

指令格式：O(或：)××××

　　　　　　…

　　　　　M99 （P）

指令说明：其中 O(或：)××××为子程序号，"O"是 EIA 代码，"："是 ISO 代码。

例如，图 2-86 表示调用子程序(M99 中有 P 指令字)的执行路径。图 2-87 表示调用子程序(M99 中无 P 指令字)的执行路径。

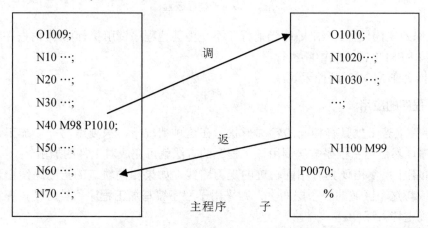

图 2-86　调用子程序(有 P)的执行路径

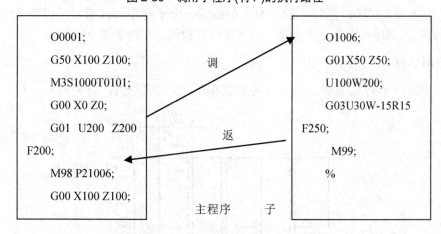

图 2-87　调用子程序(无 P)的执行路径

5) 子程序的嵌套

为了进一步简化程序，可以让子程序调用另一个子程序，这种程序的结构称为子程序嵌套。在编程中使用较多的是二重嵌套，最多可以进行四重嵌套，如图 2-88 所示。

说明：在 M99 返回主程序指令中，可以用地址 P 来指定一个顺序号，当这样的一个 M99 指令在子程序中被执行时，返回主程序后并不是执行紧接着调用子程序的程序段后的那个程序段，而是转向执行具有地址 P 指定的顺序号的那个程序段。

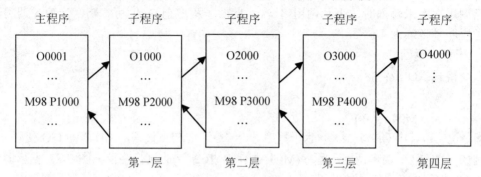

图 2-88 子程序嵌套

如果 M99 用于主程序结束(即当前程序不是由其他程序调用执行)，当前程序将反复执行，除非按 RESET 键才能中断执行。

M99 指令在 MDI 下运行无效。

2. 子程序的应用

(1) 零件上若干处具有相同的轮廓形状，在这种情况下，只要编写一个加工该轮廓形状的子程序，然后用主程序多次调用该子程序的方法就可完成对工件的加工。

(2) 加工中反复出现具有相同轨迹的走刀路线，如果相同轨迹的走刀路线出现在某个加工区域或在这个区域的各个层面上，则采用子程序编写加工程序比较方便，在程序中常用增量值确定切入深度。

(3) 在加工较复杂的零件时，往往包含许多独立的工序，有时工序之间需要适当调整，为了优化加工程序，把每个独立的工序编成一个子程序，就形成了模块式的程序结构，便于对加工顺序的调整，主程序中只有换刀和调用子程序等指令。

3. 应用示例

例 1 应用子程序完成图 2-89 所示零件的编程 (左刀尖对刀，刀宽为 3mm)。

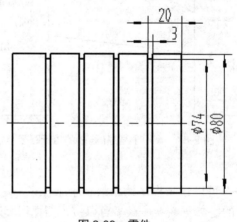

图 2-89 零件

主程序：

```
T0101;
M03 S600 G95;
G00 X82 Z0;
M98 P1234 L4;
G00 X150 Z100;
M30;
```

子程序：

```
O1234;
W-20;
G01 X74 F0.08;
G00 X82;
M99;
```

例 2　用子程序编写图 2-90 所示手柄外形槽的加工程序(设切槽刀刀宽为 2mm，左刀尖对刀)。

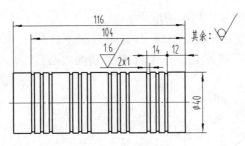

图 2-90　手柄槽子程序嵌套

主程序：

```
T0101;
M03 S600;
G00 X41 Z-104;
M98 P00042001;
G00 X150 Z100;
M30;
```

子程序：

```
O2001;
M98 P00032002;
W8;
M99;
```

子程序：

```
O2002;
G01 U-13 F100;
U13;
W6;
M99;
```

任务 2.5.2　子程序加工实践

例 1　应用子程序完成图 2-91 所示手柄零件的编程(外轮廓已加工至 ϕ24mm)。

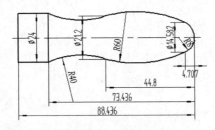

图 2-91　手柄零件

```
O9098(主程序名)
N1 T0101 G00 X24 Z1;
N2 G01 Z0 M03 S800 F100;     移到子程序起点处、主轴正转
N3 M98 P039099;              调用子程序，并循坏 3 次
N4 G00 X24 Z1;              返回对刀点
```

```
N5 M05;                          主轴停
N6 M30;                          主程序结束并复位
O9099;                           子程序名
N1 G01 U-18 F100;                进刀到切削起点处,注意留下后面切削的余量
N2  G03 U14.582 W-4.707 R8;      加工R8 圆弧
N3   U6.618 W-40.093 R60;        加工R60 圆弧
N4   G02 U2.8 W-28.636 R40;      加工切R40 圆弧
N5 G00 U3;                       离开已加工表面
N6 W73.436;                      回到循环起点Z轴处
N7  G01 U-6 F100;                调整每次循环的切削量
N8 M99;                          子程序结束,并回到主程序
```

例 2　子程序在数控车床切槽中的应用。

一般槽加工主要是针对槽宽远大于刀宽的情况下,如图 2-92 所示,选切槽刀刀宽为 4mm,以工件右端面中心点工件原点。

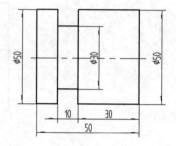

图 2-92　一般槽加工

方法一:

```
%0001;                  G00X100Z100;
T0101;切槽刀            M05;
M03S600;                M30;
G00X53Z-34;             %0002;
M98P0002;               G01U-23F10;
G00W-4;                 G04P3;
M98P0002;               G00X23;
G00W-2;                 M99;
M98P0002;
```

方法二:

```
%0003;                  %0004;
T0101;切槽刀            G01U-23F10;
M03S600;                G04P3;
G00X53Z-34;             G00X23;
M98P0004;               Z-1;
G00W-4;                 G01X-23F10;
M98P0004;               G04P3;
G00X100Z100;            G00X23;
M05;                    M99;
M30;
```

方法三:

```
%0005;                  %0006;
T0101;切槽刀            M03S600;
M98P0006L2;             G00X53Z-34;
G00W2;                  G01U-23F10;
M98P0006;               G04P3;
G00X100Z100;            G0X23;
M05;                    Z-4;
M30;                    M99;
```

注意事项如下。

(1) 一般编写程序时先编写主程序，再编写子程序。在子程序中，使用 U、W 指令可以减少计算量。

(2) 在主程序中，子程序调用完成返回后的语句中一定要设置正确的坐标指令，即在子程序的最后或在主程序的调用语句后加上绝对坐标指令 X、Z；否则将继续以相对坐标 U、W 方式运动，可能产生位置错误，甚至是撞刀等严重后果。

(3) 如果调用程序时使用刀补，刀补的建立和取消应在子程序中进行，如果必须在主程序中建立，则应在子程序中消除。但不能在子程序中建立，在主程序中消除；否则极易出错。

总结：

(1) 在循环调用时，子程序中必须保证第一次加工的终点是第二次加工的起点。

(2) 从子程序中可以看出，子程序分两部分，一是切削过程(必须知道从什么地方开始到什么地方结束)，二是相同结构的位置分布规律(X 方向和 Z 方向)。

拓展阅读 2-2
车削宏程序编程

第3章　数控铣与加工中心循环指令

项目 3.1　钻孔循环加工

【学习目的】

学习本项目主要目的是掌握指令 G81、G82 和 G73、G83 的格式与用法，理解 G81 与 G82 的区别、G73 与 G83 的区别，以及使用中要注意的问题；能运用相关知识加工中心孔、一般浅孔和深孔。

【任务列表】

序号	工作任务名称	达到专业能力目标
3.1.1	孔加工固定循环综述	① 孔加工固定循环的运动与动作 ② 定位平面与钻孔轴 ③ 孔加工固定循环指令格式
3.1.2	浅孔加工指令	① G81 指令应用(点钻) ② G82 指令应用(锪孔)
3.1.3	深孔加工指令	① G73 指令应用(断屑) ② G83 指令应用(排屑)

【任务实施】

任务 3.1.1　孔加工固定循环综述

在铣削加工中，工件的孔加工、型腔和凸台加工是数控铣床加工的主要内容。在编程过程中，对于孔加工，常常使用孔加工固定循环指令，对于型腔和凸台加工，常常使用子程序，应用循环指令和子程序可以简化加工程序并提高编程效率。

1. 孔加工固定循环的运动与动作

(1) 对工件孔加工时，根据刀具的运动位置可以分为初始平面、R 点平面、工件平面和孔底平面四个平面，如图 3-1 所示。

① 初始平面。初始平面是为安全操作而设定的定位刀具的平面。初始平面到零件表面的距离可以任意设定。若使用同一把刀具加工若干个孔，当孔间存在障碍需要跳跃或全部孔加工完成时，用 G98 指令使刀具返回到初始平面；否则，在中间加工过程中可用 G99 指令使刀具返回到 R 点平面，这样可缩短加工辅助时间。当使用同一把刀具加工多个孔时，刀具在初始平面内的任意移动将不会与夹具、工件凸台等发生干涉。

② R 点平面。R 点平面又叫 R 参考平面。这个平面表示刀具从快进转为工进的转折位置，R 点平面距工件表面的距离主要考虑工件表面形状的变化，一般可取 2~5mm。

③ 孔底平面。表示孔底平面的位置。加工盲孔时为 Z 轴高度，钻削盲孔时应考虑钻头钻尖对孔深的影响；加工通孔时刀具伸出工件孔底平面一段距离，即刀具要有一定的超越量，以保证通孔全部加工到位。

(2) 在孔加工过程中，刀具的运动由六个动作组成，如图 3-2 所示，图中的虚线表示快速进给，实线表示切削进给。

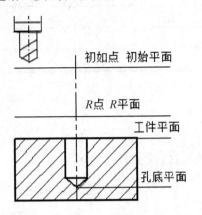

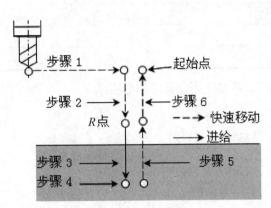

图 3-1　孔加工循环的平面　　　　图 3-2　固定循环的动作

① 动作 1：快速定位至初始点，X，Y 表示了初始点在初始平面中的位置。

② 动作 2：快速定位至 R 点，刀具自初始点快速进给到 R 点。

③ 动作 3：孔加工，以切削进给的方式执行孔加工的动作。

④ 动作 4：在孔底的相应动作，包括暂停、主轴准停、刀具移位等动作。

⑤ 动作 5：返回到 R 点，继续孔加工时刀具返回到 R 点平面。

⑥ 动作 6：快速返回到初始点，孔加工完成后返回初始点平面。

为了保证孔加工的加工质量，有的孔加工固定循环指令需要主轴准停、刀具移位。

2. 定位平面与钻孔轴

(1) 定位平面由 G17、G18 或 G19 决定，定位轴是除了钻孔轴的一个轴，如表 3-1 所示。

(2) 钻孔轴是 X、Y 或 Z 中的一个基本轴，不用于定义定位平面，或任意平行于基本轴的轴。

用于钻孔轴的轴(基本轴或平行轴)是根据在同一单节，如从 G73 到 G89 的 G 码指定的钻孔轴的轴位址决定的。

如果对钻孔轴未指定轴位址，则基本轴被假定为钻孔轴。

X_p：X 轴或平行于 X 轴的轴。

Y_p：Y 轴或平行于 Y 轴的轴。

Z_p：Z 轴或平行于 Z 轴的轴。

例如，假设 U、V、W 分别平行于 X、Y、Z，这个条件由参数 No.1022 指定。

G17 G81 ……………Z——：　　　Z 轴用于钻孔。

G17 G81 ……………W——：　　　W 轴用于钻孔。

G18 G81 ……………Y——：　　　Y 轴用于钻孔。

G19 G81 ……………X——：　　　X 轴用于钻孔。

G19 G81 ··············U——：　　　　U 轴用于钻孔。

G17～G19 可能指定在 G73～G89 没有指定的单节。

表 3-1　定位平面和钻孔轴

G　码	定位平面	钻孔轴
G17	Xp -Yp　平面	Zp
G18	Zp - Xp　平面	Yp
G19	Yp - Zp　平面	Xp

3. 孔加工固定循环指令格式

1) 指令格式

$$\begin{Bmatrix} G90 \\ G91 \end{Bmatrix} \begin{Bmatrix} G99 \\ G98 \end{Bmatrix} \quad \text{G73～G89 X\_\_ Y\_\_ Z\_\_ R\_\_ Q\_\_ P\_\_ F\_\_ K\_\_。}$$

2) 指令功能

孔加工固定循环。

3) 指令说明

(1) 在 G90 或 G91 指令中，Z 坐标值有不同的定义，如图 3-3 所示。

(2) G98、G99 为返回点平面选择指令，G98 指令表示刀具返回到初始点平面，G99 指令表示刀具返回到 R 点平面，如图 3-4 所示。

(3) 孔加工方式 G73～G89 指令，孔加工方式对应指令见表 3-2。

(4) X__ Y__　指定加工孔的位置(与 G90 或 G91 指令的选择有关)。

Z__指定孔底平面的位置(与 G90 或 G91 指令的选择有关)。

R__指定 R 点平面的位置(与 G90 或 G91 指令的选择有关)。

Q__在 G73 或 G83 指令中定义每次进刀加工深度，在 G76 或 G87 指令中定义位移量，Q 值为增量值，与 G90 或 G91 指令的选择无关。

P__指定刀具在孔底的暂停时间，用整数表示，单位为 ms。

F__指定孔加工切削进给速度。该指令为模态指令，即使取消了固定循环，在其后的加工程序中仍然有效。

K__指定孔加工的重复加工次数，执行一次 K1 可以省略。如果程序中选 G90 指令，则刀具在原来孔的位置上重复加工；如果选择 G91 指令，则用一个程序段对分布在一条直线上的若干个等距孔进行加工。K 指令仅在被指定的程序段中有效，有些系统也用 L 指定。

如图 3-3 左图所示，选用绝对坐标方式 G90 指令，Z 表示孔底平面相对坐标原点的距离，R 表示 R 点平面相对坐标原点的距离；如图 3-3 右图所示，选用相对坐标方式 G91 指令，R 表示初始点平面至 R 点平面的距离，Z 表示 R 点平面至孔底平面的距离。

4) 返回点 G98/G99

当刀具到达孔底时，刀具可能返回到 R 点或起始点，这是由 G98 和 G99 决定的。图 3-4 说明在指定 G98 和 G99 时刀具怎样移动的。一般地，G99 用作第一钻孔操作，G98 用作最后钻孔操作。

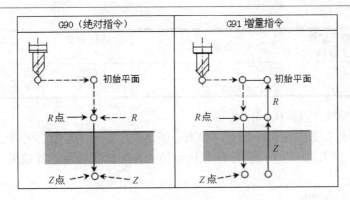

图 3-3　G90 与 G91 的坐标计算

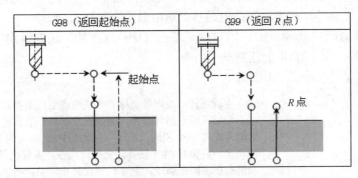

图 3-4　返回点 G98/G99

5) 固定循环功能

孔加工方式指令以及指令中 Z、R、Q、P 等指令都是模态指令，因此只要指定了这些指令，在后续的加工中不必重新设定。如果仅仅是某一加工数据发生变化，仅修改需要变化的数据即可。

在实际编程时，并不是每一种孔加工循环的编程都要用到以上格式所有代码，具体说明如表 3-2 所示。

表 3-2　固定循环功能表

G 代码	孔加工动作 (−Z 方向)	孔底动作	返回方式 (+Z 方向)	用　途
G80				取消固定循环
G81	切削进给		快速进给	浅孔、钻孔
G82	切削进给	暂停	快速进给	浅孔、锪孔、镗阶梯孔
G73	间歇进给		快速进给	深孔往复断屑钻
G83	间歇进给		快速进给	深孔往复排屑钻
G74	切削进给	暂停→主轴正转	切削进给	攻左旋螺纹
G84	切削进给	暂停→主轴反转	切削进给	攻右旋螺纹
G85	切削进给		切削进给	精镗孔
G89	切削进给	暂停	切削进给	精镗阶梯孔
G76	切削进给	主轴定向停止→刀具移位	快速进给	超精镗孔
G87	快速进给	主轴停止	切削进给	背镗孔(拉刀方式)

续表

G 代码	孔加工动作 (-Z 方向)	孔底动作	返回方式 (+Z 方向)	用　途
G86	切削进给	主轴停止	快速进给	粗镗孔
G88	切削进给	暂停→主轴停止	手动操作	手动退刀、镗孔

6) 取消固定循环进程 (G80)

G80 为取消孔加工固定循环指令，如果中间出现了任何 01 组的 G 代码，则孔加工固定循环自动取消。因此，用 01 组的 G 代码取消孔加工固定循环，其效果与用 G80 指令是完全相同的。

(1) 指令格式：G80；

(2) 指令功能：这个命令取消固定循环，机床回到执行正常操作状态。孔的加工数据，包括 R 点、Z 点等，都被取消；但是移动速率命令会继续有效。

注意：要取消固定循环方式，用户除了发出 G80 命令外，还能够用 G 代码 01 组 (G00、G01、G02、G03 等)中的任意一个命令。

孔加工固定循环指令的应用如下：

```
N01 G91 G00 X__ Y__;          M03 主轴正转，按增量坐标方式快速点定位至指定位置
N02 G81 X__ Y__Z__F__;        G81 为钻孔固定循环指令，指定固定循环原始数据
N03 Y__;                       钻削方式与 N02 相同，按 Y__移动后执行 N02 的钻孔动作
N04 G82 X__ P__ K__;          移动 X__后执行 G82 钻孔固定循环指令，重复执行 K__次
N05 G80;                       取消孔加工固定循环，除 F 代码之外全部钻削数据被清除
N06 G85 X__Z__R__P__;         G85 为半精镗孔固定循环指令，重新指定固定循环原始数据
N07 X__Z__;                    移动 X___后按 Z___坐标执行 G85 指令，前段 R___仍然有效
N08 G89 X__ Y__;              移动 X__ Y__后执行 G89 指令，前段的 Z__及 N06 段的 R__P__仍有效
N09 G80;                       除 F___外，孔加工方式及孔加工数据全部被清除
```

7) 重复

对于等间距重复钻孔，用 K_指定重复数 K 只在指定的单节有效。

任务 3.1.2　浅孔加工指令

1. 钻孔循环(G81)

此循环用于一般钻孔。执行切削进给到孔底，然后刀具从孔底以快速返回，如图 3-5 所示。G81 指令适用于普通的孔加工。

1) 指令格式

G81 X_Y_Z_R_F_K_。

其中，X_Y_：孔位置坐标数据。

　　　　Z_　：孔底深度(绝对坐标)。

　　　　R_　：每次下刀点或抬刀点(绝对坐标)。

　　　　F_　：切削进给率。

　　　　K_　：重复次数(仅限需要重复时)。

2) 指令说明

在 X，Y 轴定位之后，快速执行到 R 点；从 R 点到 Z 点执行钻孔；刀具以快速返回。

当使用 K 指定重复次数时，则 M 码只在第一个孔时执行。第二孔及以后的孔不执行。

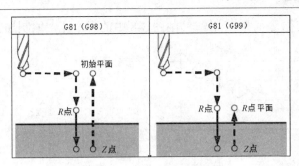

图 3-5　G81 指令加工路线

当在固定循环中指定刀长补正(G43、G44 或 G49)时，补正在执行定位到 R 点同时执行。

3) 限制

(1) 轴转换。在改变钻孔轴之前，必须取消固定循环。

(2) 钻孔。如果一个单节没有包含 X，Y，Z，R 或任一其他轴，不能执行钻孔；如果 Z 方向的移动量为零，则该指令不执行。

(3) R。在执行钻孔的单节指定 R。如果它们在不执行钻孔的单节中被指定，它们不能作为模态数据存储。

(4) 刀具补正。在固定循环模式，刀具补正被忽略。

4) 应用范例

例 1　应用 G81 编制图 3-6 所示的钻孔程序。

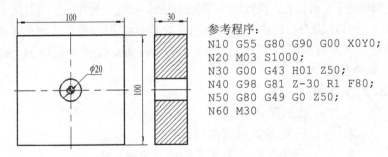

参考程序：
```
N10 G55 G80 G90 G00 X0Y0;
N20 M03 S1000;
N30 G00 G43 H01 Z50;
N40 G98 G81 Z-30 R1 F80;
N50 G80 G49 G0 Z50;
N60 M30
```

图 3-6　G81 钻孔零件图

例 2　应用 G81 编制图 3-7 所示的钻孔程序。

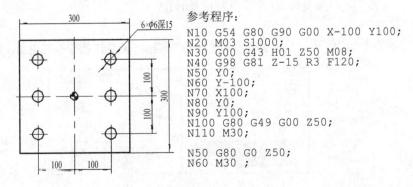

参考程序：
```
N10 G54 G80 G90 G00 X-100 Y100;
N20 M03 S1000;
N30 G00 G43 H01 Z50 M08;
N40 G98 G81 Z-15 R3 F120;
N50 Y0;
N60 Y-100;
N70 X100;
N80 Y0;
N90 Y100;
N100 G80 G49 G00 Z50;
N110 M30;

N50 G80 G0 Z50;
N60 M30 ;
```

图 3-7　G81 多孔加工零件图

例 3 重复固定循环简单应用，钻削图 3-8 中的五个孔，编制加工程序。

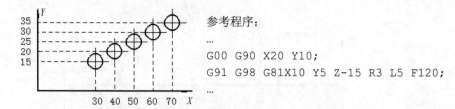

参考程序：
...
G00 G90 X20 Y10;
G91 G98 G81X10 Y5 Z-15 R3 L5 F120;
...

图 3-8　G81 多孔加工零件图

例 4 如图 3-9 所示，应用 G81、K 指令的固定循环编程(孔深 10mm)。

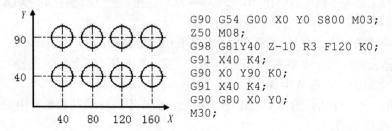

```
G90 G54 G00 X0 Y0 S800 M03;
Z50 M08;
G98 G81Y40 Z-10 R3 F120 K0;
G91 X40 K4;
G90 X0 Y90 K0;
G91 X40 K4;
G90 G80 X0 Y0;
M30;
```

图 3-9　G81 多孔固定循环

2. 锪孔循环(G82)

此循环用于一般钻孔。执行切削进给到孔底。在孔底暂停，然后刀具从孔底以快速返回。

G82 与 G81 指令相比较，唯一不同之处是 G82 指令在孔底增加了暂停，因而适用于锪孔或镗阶梯孔，提高了孔台阶表面的加工质量，而 G81 指令只用于一般要求的钻孔。

1) 指令格式

G82 X_Y_Z_R_P_F_K_。

其中，X_Y_：孔位置坐标数据。

　　　　Z_　：孔底深度(绝对坐标)。

　　　　R_　：每次下刀点或抬刀点(绝对坐标)。

　　　　P_　：孔底暂停时间(毫秒)。

　　　　F_　：切削进给率。

　　　　K_　：重复次数(仅限需要重复时)。

2) 说明

G82 指令除增加了到达孔底后暂停的过程外。其他参见 G81 指令有关说明，如图 3-10 所示。

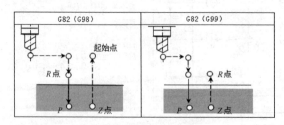

图 3-10　G82 循环路线

3) 应用范例

例 5 应用 G82 指令编制图 3-11 所示的钻孔程序。

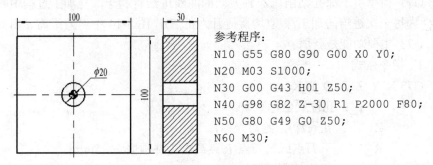

参考程序：
N10 G55 G80 G90 G00 X0 Y0;
N20 M03 S1000;
N30 G00 G43 H01 Z50;
N40 G98 G82 Z-30 R1 P2000 F80;
N50 G80 G49 G0 Z50;
N60 M30;

图 3-11 G82 钻孔零件图

例 6 应用 G82 编制图 3-12 所示的钻孔程序。

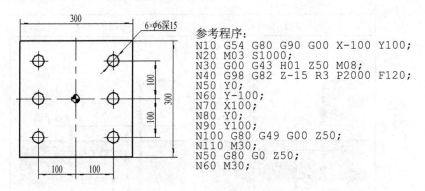

参考程序：
N10 G54 G80 G90 G00 X-100 Y100;
N20 M03 S1000;
N30 G00 G43 H01 Z50 M08;
N40 G98 G82 Z-15 R3 P2000 F120;
N50 Y0;
N60 Y-100;
N70 X100;
N80 Y0;
N90 Y100;
N100 G80 G49 G00 Z50;
N110 M30;
N50 G80 G0 Z50;
N60 M30;

图 3-12 G82 多孔加工零件图

例 7 应用 G82 编制图 3-13 所示的钻孔程序。

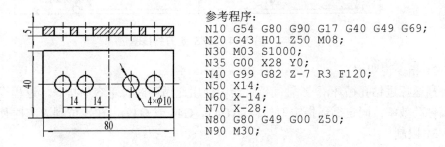

参考程序：
N10 G54 G80 G90 G17 G40 G49 G69;
N20 G43 H01 Z50 M08;
N30 M03 S1000;
N35 G00 X28 Y0;
N40 G99 G82 Z-7 R3 F120;
N50 X14;
N60 X-14;
N70 X-28;
N80 G80 G49 G00 Z50;
N90 M30;

图 3-13 G82 孔加工零件图

任务 3.1.3 深孔加工指令

深孔是指孔深与孔直径之比大于 5 而小于 10 的孔。加工深孔时，加工中散热差，排屑困难，钻杆刚性差，易使刀具损坏和引起孔的轴线偏斜，从而影响加工精度和生产率。

1. 高速深孔往复断屑钻 G73 指令

G73 指令用于深孔钻削，Z 轴方向的间断进给有利于深孔加工过程中断屑与排屑。指令 Q 为每一次进给的加工深度(增量值且为正值)，图 3-14 中退刀距离 d 由数控系统内部设定。G73 主要功能是断屑。

1) 指令格式

G73 X_ Y_ Z_ R_ Q_ F_ K_ 。

其中，X_ Y_ ：孔位置坐标数据。

   Z_ ：孔底深度(绝对坐标)。

   R_ ：下刀点或抬刀点(R 点高出工件顶面 2～5mm)。

   Q_ ：每次切削深度。

   F_ ：切削进给率。

   K_ ：重复次数(仅限于需要重复时)。

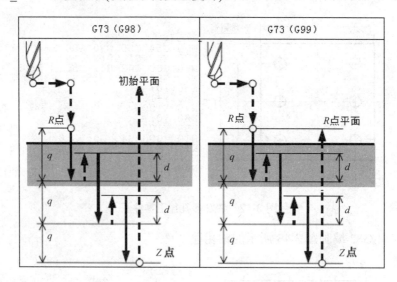

图 3-14   G73 走刀路线图

2) 指令说明

高速啄进钻孔循环沿 Z 轴间歇进给。使用此循环时，可容易排屑，返程设定较小值可提高钻孔效率；固定循环指定刀长补正(G43、G44 或 G49)，在定位到 R 点时使用补正。

3) 限制

(1) 轴变换。在钻孔轴改变之前，固定循环必须取消。

(2) 钻孔。在不指定 X、Y、Z、R 或任意其他轴的单节里，钻孔不执行。

(3) 刀具补正。在固定循环模式，刀具补正被忽略。

4) 应用范例

例 1   应用 G73 编制图 3-15 所示的深孔加工程序。

例 2   应用 G73 指令对图 3-16 所示的 5×ϕ8 mm、深为 50mm 的孔进行加工。

加工坐标系设置：G56 $X=-400$，$Y=-150$，$Z=-50$。

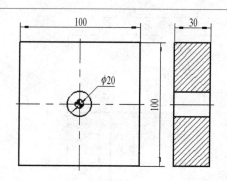

参考程序：
N10 G55 G80 G90 G00 X0 Y0;
N20 M03 S1000;
N30 G00 G43 H01 Z50;
N40 G98 G73 Z-30 R1 Q2 F120;
N50 G80 G49 G0 Z50;
N60 M30;

图 3-15　G73 孔加工零件图

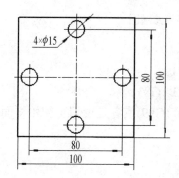

参考程序：
N10 G55 G80 G90 G00 X0 Y0;
N20 M03 S1000;
N30 G00 G43 H01 Z50;
N40 G99 G73 X40 Y0 Z-50 R3 Q5 F50;
　　　　X0 Y40;
　　　　X-40 Y0;
　　　　X0 Y-40;
N50 G80 G49 G0 Z50;
N60 M30;

图 3-16　G73 孔加工零件图

在本程序中，选择高速深孔钻加工方式进行孔加工，并以 G99 指令确定每一孔加工完后，回到 R 平面。设定孔口表面的 Z 向坐标为 0，R 平面的坐标为 3，每次切深量 Q 为 5，系统设定退刀断屑量 d 为 2。

2. 深孔排屑钻 G83 指令

1) 指令格式

G83 X_Y_Z_R_Q_F_K_。

其中，X_Y_：孔位置坐标数据。

$\quad$ Z_　：孔底深度(绝对坐标)。

$\quad$ R_　：从初始进刀平面到 R 点的距离。

$\quad$ Q_　：每次进刀量。

$\quad$ F_　：切削进给速度。

$\quad$ K_　：重复次数(仅限需要重复时)。

2) 指令说明

与 G73 指令略有不同的是，每次刀具间歇进给后回退至 R 点平面，这种退刀方式排屑畅通，此处的 "d" 表示刀具间断进给每次下降时由快进转为工进的那一点至前一次切削进给下降的点之间的距离，"d" 值由数控系统内部设定。由此可见，这种钻削方式适宜加工深孔。

G73 指令虽然能保证断屑，但排屑主要是依靠钻屑在钻头螺旋槽中的流动来实现的。因此深孔加工，特别是长径比较大的深孔，为保证顺利打断并排出切屑，应优先采用 G83 指令。G83 走刀路线如图 3-17 所示。

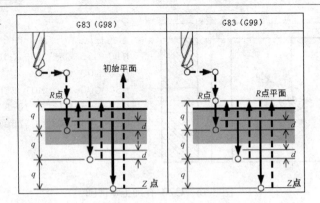

图 3-17 G83 走刀路线图

3) 指令应用

(1) 深孔钢件 G83；中厚钢件 G73；薄板 G81。

(2) 安全性 G83> G73> G81；效率 G81> G73> G83。

说明：G83 指令每切削 Q 深度后退刀至 R 点(G99)或者是退刀至初始平面(G98)，其他参见 G73 指令有关说明。

4) 应用范例

例 1 如图 3-18 所示，编写孔的加工程序。

5) 综合应用

例 2 用重复固定循环方式钻削加工图 3-19 所示的各孔，钻头直径为 10mm。其参考程序如表 3-3 所示。

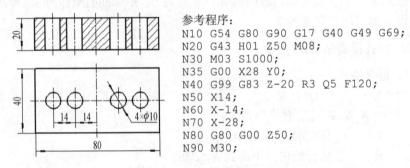

参考程序：
```
N10 G54 G80 G90 G17 G40 G49 G69;
N20 G43 H01 Z50 M08;
N30 M03 S1000;
N35 G00 X28 Y0;
N40 G99 G83 Z-20 R3 Q5 F120;
N50 X14;
N60 X-14;
N70 X-28;
N80 G80 G00 Z50;
N90 M30;
```

图 3-18 G83 孔加工零件图

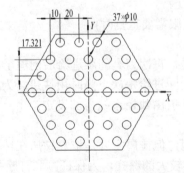

图 3-19 孔循环加工综合应用 1

表 3-3　例 2 的参考程序

程　序	注　释
O1100;	程序号
N01 G90 G92 X0 Y0 Z100;	使用绝对坐标方式编程，建立工件坐标系
N02 G00 X-50 Y51.963 M03 S800;	快进至 X=-50、Y=51.963，主轴正转，转速 800r/min
N03 Z20 M08 F40;	Z 轴快移至 Z=20，切削液开，进给速度 40mm/s
N04 G91 G81 G99 X20 Z-18 R-17 L4;	从左往右依次定位，循环四次钻削第一行四个孔
N05 X10 Y-17.321;	定位、钻削第二行最右边的孔
N06 X-20 L4;	从右往左依次定位，循环四次钻削第二行其余四个孔
N07 X-10 Y-17.321;	定位、钻削第三行最左边的孔
N08 X20 L5;	从左往右依次定位，循环五次钻削第三行其余五个孔
N09 X10 Y-17.321;	定位、钻削第四行最右边的孔
N10 X-20 L6;	从右往左依次定位，循环六次钻削第四行其余六个孔
N11 X10 Y-17.321;	定位、钻削第五行最左边的孔
N12 X20 L5;	从左往右依次定位，循环五次钻削第五行其余五个孔
N13 X-10 Y-17.321;	定位、钻削第六行最右边的孔
N14 X-20 L4;	从右往左依次定位，循环四次钻削第六行其余四个孔
N15 X10 Y-17.321;	定位、钻削第七行最左边的孔
N16 X20 L3;	从左往右依次定位，循环三次钻削第七行其余三个孔
N17 G80 M09;	取消固定循环，切削液关
N18 G90 G00 Z100;	绝对值输入，Z 轴快移至 Z=100
N19 X0 Y0 M05;	快速进给至 X=0、Y=0，主轴停
N20 M30;	主程序结束

例 3　加工图 3-20 所示的各孔。

T01　ϕ100mm 面铣刀；T02 ϕ20mm 端铣刀；T03 ϕ3.2mm 中心钻。

T04 ϕ6mm 钻头；T05 ϕ9.8mm 钻头；T06 ϕ10mm 铰刀。

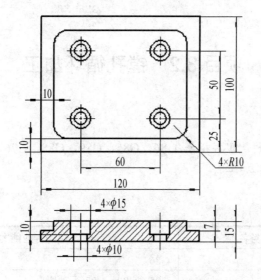

图 3-20　循环加工综合应用 2

参考程序：

```
O0003;                                    X90;
G40 G49 G80;                              Y75;
G91 G28 X0 Y0 Z0;                         X30;
M06 T01;                         G80 G91 G28 Z0;
N10 (φ 100 面铣刀);               M06;
S600 M03 T02;                    N40 (φ 6 钻头);
G90 G00 G54 X-60 Y0;             S600 M03 T05;
G43 Z10 H01;                     G90 G00 G21 X30 Y75;
G01 Z0 F300 M08;                 G43 Z10 H04;
    X160;                        G99 G73 Z-20 R3 Q5 F250 M08;
    Y75;                                Y25;
G91 G28 Z0;                             X90;
M06;                                    Y75;
N20(φ 20 端铣刀);                G80 G91 G28 Z0;
S1000 M03 T03;                   M06;
G90 G00 G54 X-60 Y95;            N50 (φ 9.8 钻头);
G43 Z10 H02;                     S600 M03 T06;
G01 Z-7 F200 M08;                G90 G00 G54 X90 Y75;
G42 X10 D17;                     G43 Z10 H05;
Y20;                             G99 G82 Z-10 R3 P1000 F200 M08;
G03 X20 Y10 R10;                         X30;
G01 X100;                                Y25;
G03 X110 Y20 R10;                        X90;
G01 Y80;                         G80 G91 G28 Z0;
G03 X100 Y90 R10;                M06;
G01 X20;                         N60 (φ 10 铰刀);
G03 X10 Y80 R10;                 S800 M03;
G01 Y60;                         G90 G00 G54 X90 Y25;
G40 X-5;                         G43 Z10 H06;
G91 G28 Z0;                      G99 G89 Z-10 R3 P1000 F200 M08;
M06;                                    Y75;
N30 (φ 3.2 中心钻);                      X30;
S800 M03 T04;                            Y25;
G90G00G54X30 Y25;                G80 G91 G28 Z0;
G43 Z10 H03;                     G28 X0 Y0;
G99 G81 Z-3 R3 F200 M08;         M30;
```

项目 3.2　镗孔循环加工

【学习目的】

学习本项目主要目的是掌握指令 G86、G85、G89、G88、G76、G87 的格式与用法，能运用相关知识完成镗孔加工。

【任务列表】

序　号	工作任务名称	达到专业能力目标
3.2.1	粗镗孔加工	G86
3.2.2	半精镗孔加工	G85、G89、G88(手动镗)
3.2.3	精密镗孔加工	G76、G87(背镗)

【任务实施】

任务 3.2.1　粗镗孔加工

镗孔循环(G86)：

此循环用于一般钻孔。执行切削进给到孔底，然后刀具从孔底以快速返回。

G86 命令适用于粗镗孔循环加工。G86 走刀路线如图 3-21 所示。

1) 指令格式

G86 X_ Y_ Z_ R_ F_ K_ 。

其中，X_ Y_：孔位置坐标数据。

　　　Z_　　：孔底深度(绝对坐标)。

　　　R_　　：下刀点或抬刀点(R 点高出工件顶面 2～5mm)。

　　　F_　　：切削进给率。

　　　K_　　：重复次数(仅限需要重复时) 。

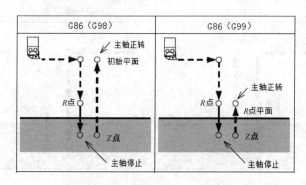

图 3-21　G86 指令走刀路线

2) 指令功能

在 X，Y 轴定位之后，快速执行到 R 点，从 R 点到 Z 点执行钻孔，主轴到达孔底后停止，刀具以快速返回。在指定 G86 之前，使用 M 码使主轴旋转。

由于 G86 进给孔底主轴停止 G00 快速退刀，所以常用于粗镗孔循环加工。

3) 应用范例

如图 3-22 所示，完成粗镗孔加工。

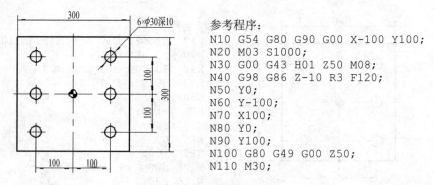

```
参考程序：
N10 G54 G80 G90 G00 X-100 Y100;
N20 M03 S1000;
N30 G00 G43 H01 Z50 M08;
N40 G98 G86 Z-10 R3 F120;
N50 Y0;
N60 Y-100;
N70 X100;
N80 Y0;
N90 Y100;
N100 G80 G49 G00 Z50;
N110 M30;
```

图 3-22　G86 编程示例图

任务 3.2.2　半精镗孔加工

1. 镗孔循环(G85)

执行 G85 时，刀具以切削进给方式加工到孔底，然后以切削进给方式返回到 R 平面。因此，G85 指令常用于铰孔和扩孔加工。G85 走刀路线如图 3-23 所示。

1) 指令格式

G85 X_Y_Z_R_F_K_。

其中，X_Y_：孔位置坐标数据。

　　　 Z_　：孔底深度(绝对坐标)。

　　　 R_　：下刀点或抬刀点(R 点高出工件顶面 2～5mm)。

　　　 F_　：切削进给率。

　　　 K_　：重复次数(仅限需要重复时)。

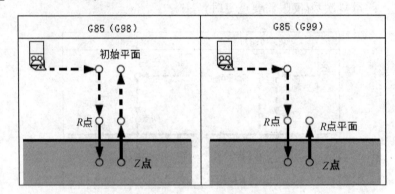

图 3-23　G85 指令走刀路线

2) 指令功能

在沿 X、Y 轴定位后，执行快速到 R 点，从 R 点到 Z 点执行镗孔，到达 Z 点后，执行切削进给返回到 R 点。在指定 G85 之前，使用 M 码使主轴旋转。

由于 G85 进给孔底主轴停止 G01 进给速度，所以常用于半精镗孔循环加工。

3) 示例

完成图 3-24 所示零件的半粗镗加工。

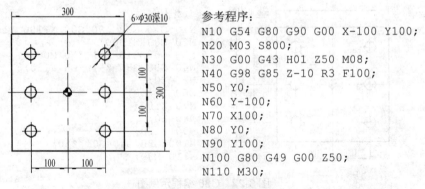

参考程序：
```
N10 G54 G80 G90 G00 X-100 Y100;
N20 M03 S800;
N30 G00 G43 H01 Z50 M08;
N40 G98 G85 Z-10 R3 F100;
N50 Y0;
N60 Y-100;
N70 X100;
N80 Y0;
N90 Y100;
N100 G80 G49 G00 Z50;
N110 M30;
```

图 3-24　G85 编程示例图

2. 镗孔循环(G89)

执行 G89 时，刀具以切削进给方式加工到孔底，在孔底暂停，然后以切削进给方式返回到 R 平面。因此，G89 指令常用于阶梯孔加工。G89 走刀路线如图 3-25 所示。

1) 指令格式

G89 X_Y_Z_R_P_F_K_。

其中，X_Y_：孔位置坐标数据。

   Z_ ：孔底深度(绝对坐标)。

   R_ ：下刀点或抬刀点(R 点高出工件顶面 2～5mm)。

   P_ ：孔底的停刀时间(单位：ms)。

   F_ ：切削进给率。

   K_ ：重复次数(仅限需要重复时)。

2) 指令功能

此循环与 G85 的区别在于执行孔底暂停，在 X、Y 轴定位之后，快速执行到 R 点。在指定 G89 之前，使用 M 码使主轴旋转，在同一单节指定 G89 和 M 码时，在执行第一次定位同时执行 M 码，然后系统处理下一步操作。

当使用 K 指定重复次数时，则 M 码只在第一个孔时执行。第二个孔及以后的孔不执行。当在固定循环中指定刀长补正(G43、G44 或 G49)时，补正在执行定位到 R 点同时执行。

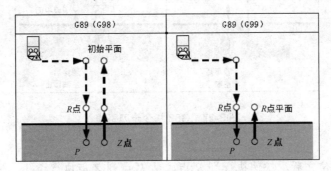

图 3-25　G89 指令走刀路线

3) 示例

如图 3-26 所示，完成孔加工。

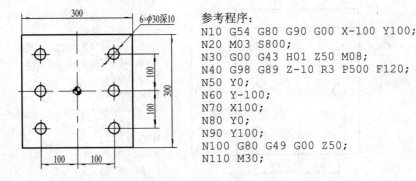

参考程序：
```
N10 G54 G80 G90 G00 X-100 Y100;
N20 M03 S800;
N30 G00 G43 H01 Z50 M08;
N40 G98 G89 Z-10 R3 P500 F120;
N50 Y0;
N60 Y-100;
N70 X100;
N80 Y0;
N90 Y100;
N100 G80 G49 G00 Z50;
N110 M30;
```

图 3-26　G89 编程示例图

3. 手动镗孔循环(G88)

执行 G88 时，刀具以切削进给方式加工到孔底，在孔底暂停后，主轴停转，这时可通过手动方式从孔中安全退出刀具，这种加工方式虽能提高孔的加工精度，但加工效率较低，因此该指令常用于单件加工。G88 走刀路线如图 3-27 所示。

1) 指令格式

G88 X_Y_Z_R_P_F_K_。

其中，X_Y_：孔位置坐标数据。

      Z_   ：孔底深度(绝对坐标)。

      R_   ：下刀点或抬刀点(R 点高出工件顶面 2～5mm)。

      P_   ：孔底的停刀时间(单位：ms)。

      F_   ：切削进给率。

      K_   ：重复次数(仅限需要重复时)。

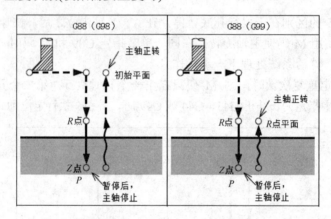

图 3-27　G88 指令走刀路线

2) 指令功能

在 X、Y 轴定位之后，快速执行到 R 点，从 R 点到 Z 点执行镗孔，镗完孔后暂停，主轴停止，刀具从孔底 Z 点手动退回到 R 点。

3) 示例

如图 3-28 所示，完成孔加工。

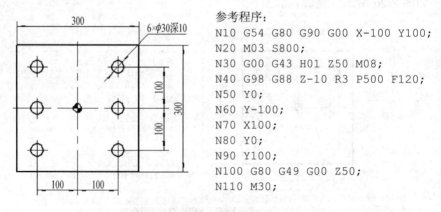

参考程序：
```
N10 G54 G80 G90 G00 X-100 Y100;
N20 M03 S800;
N30 G00 G43 H01 Z50 M08;
N40 G98 G88 Z-10 R3 P500 F120;
N50 Y0;
N60 Y-100;
N70 X100;
N80 Y0;
N90 Y100;
N100 G80 G49 G00 Z50;
N110 M30;
```

图 3-28　G88 编程示例图

任务 3.2.3　精密镗孔加工

1. 精密镗孔循环(G76)

进给孔底主轴定位，刀具向刀尖相反方向移动 Q，使刀具脱离工件表面，保证刀具不擦伤工件表面，然后快速退刀至 R 平面或初始平面。G76 常用于精密镗阶梯孔加工。G76 走刀路线如图 3-29 所示。

1) 指令格式

G76 X_Y_Z_R_Q_P_F_K_。

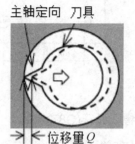

其中，X_Y_：孔位置坐标数据。

Z_　：孔底深度(绝对坐标)。

R_　：下刀点或抬刀点(绝对坐标)。

Q_　：孔底的偏移量。

P_　：孔底的停刀时间(单位：ms)。

F_　：切削进给率。

K_　：重复次数(仅限需要重复时)。

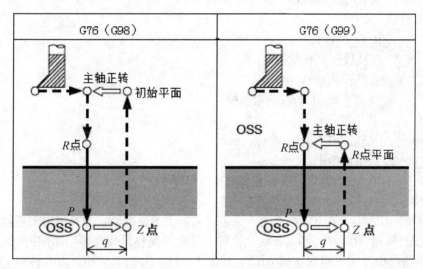

图 3-29　G76 指令走刀路线

2) 指令功能

在刀具到达孔底时，主轴停止在固定位置，沿反方向移动刀具并退出。这样保证加工表面不被破坏，保证镗孔的精度和效率。

在指定 G76 之前，使用 M 码使主轴旋转。在同一单节指定 G76 和 M 码时，在执行第一次定位同时执行 M 码，然后系统处理下一步操作。当使用 K 指定重复次数时，则 M 码只在第一个孔时执行。

第二孔及以后的孔不执行，当在固定循环中指定刀长补正(G43、G44 或 G49)时，补正在执行定位到 R 点同时执行。

3) 示例

如图 3-30 所示，完成孔加工。

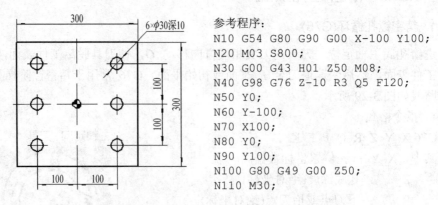

参考程序：
```
N10 G54 G80 G90 G00 X-100 Y100;
N20 M03 S800;
N30 G00 G43 H01 Z50 M08;
N40 G98 G76 Z-10 R3 Q5 F120;
N50 Y0;
N60 Y-100;
N70 X100;
N80 Y0;
N90 Y100;
N100 G80 G49 G00 Z50;
N110 M30;
```

图 3-30 G76 编程示例图

2. 反镗孔循环(G87)

由于 G87 循环刀尖无须在孔中经工件表面退出，故加工表面质量较好，所以该指令常用精密镗孔加工。G87 走刀路线如图 3-31 所示。

1) 指令格式

G87 X_Y_Z_R_Q_P_F_K_。

其中，X_Y_：孔位置坐标数据。

    Z_   ：孔底深度(绝对坐标)。

    R_ ：下刀点或抬刀点(绝对坐标)。

    Q_ ：孔底的偏移量。

    P_ ：孔底的停刀时间(单位：ms)。

    F_ ：切削进给率。

    K_ ：重复次数(仅限需要重复时)。

2) 功能

执行 G87 时，刀具在 G17 平面内快速定位后，主轴准停，刀具向刀尖相反方向移动 Q，然后快速移动到孔底(R 点)，在这个位置刀具按原偏移量反向移动相同的 Q 值，主轴正转并以切削进给方式返回到 Z 平面，主轴再次准停，并沿刀尖相反方向移动 Q，快速提刀至初始平面，并按原偏移量返回到 G17 平面的定位点。

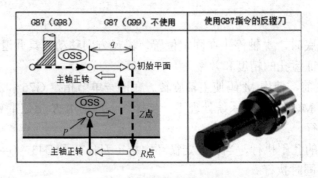

图 3-31 G87 指令走刀路线

3) 示例

如图 3-32 所示，完成孔加工。

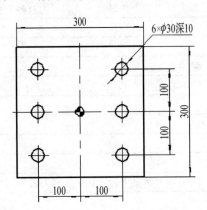

参考程序：
```
N10 G54 G80 G90 G00 X-100 Y100;
N20 M03 S800;
N30 G00 G43 H01 Z50 M08;
N40 G98 G87 Z-10 R3 P500 F120;
N50 Y0;
N60 Y-100;
N70 X100;
N80 Y0;
N90 Y100;
N100 G80 G49 G00 Z50;
N110 M30;
```

图 3-32　G87 编程示例图

3. 综合应用

如图 3-33 所示工件，利用 G81 钻孔、G82 钻柱坑、G85 铰孔、G86 搪孔、G87 背搪孔循环指令加工。

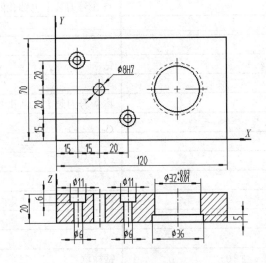

图 3-33　综合编程

所用刀具：T1 3mm 中心钻；T2 6mm 钻头；T3 7.8mm 钻头；T4 8H7 螺旋铰刀；T5 M6 沉头铣刀；T6 30mm 钻头；T7 可调式镗孔刀；T8 可调式背镗孔刀。

编程程序如表 3-4 所示。

表 3-4　程序清单

01818;	本程序适用于有臂式的 ATC
G28 G91 Z0;	
G28 XU YU;	

G54 T01;	1 号刀就换刀位置
M06 T02;	将 1 号刀装上主轴孔内，2 号刀就换刀位置
M03 S1500;	
G90 G0 X0 Y0;	
G43 Z5. H01;	起始点 Z5.
G99 G81 X15. Y55. R3 Z -6. F125;	钻中心孔
X30. Y35.;	
X50. Y15.;	
X85. Y35.;	
G80 G28 G91 Z0;	
M06 T03;	将 2 号刀装上主轴孔内，3 号刀就换刀位置
M03 S1200;	
G43 G90 G0 Z5. H02;	
G81 Z -24. F120;	钻ϕ6mm 孔
X50. Y15.;	
X15. Y55.;	
G80 G28 G91 Z0;	
M06 T04;	将 3 号刀装上主轴孔内，4 号刀就换刀位置
M03;	
G43 G90 G0 Z5. H03;	
G81 X30. Y35. Z -24.;	钻 7.8mm 孔
G80 G28 G91 Z0;	
M06 T05;	将 4 号刀装上主轴孔内，5 号刀就换刀位置
M03 S300;	
G43 G90 G0 Z5. H04;	
G85 Z -24. F300;	铰孔
G80 G28 G91 Z0;	
M06 T06;	将 5 号刀装上主轴孔内，6 号刀就换刀位置
M03 S400;	
G43 G90 G0 Z5. H05;	
G82 X15. Y55. Z -12. F80;	钻柱坑
X50. Y15.;	
G80 G28 G91 Z0;	
M06 T07;	将 6 号刀装上主轴孔内，7 号刀就换刀位置
M03 S200;	
G43 G90 G0 Z5. H06;	
G81 X85. Y35. Z -31. F50;	钻ϕ30mm 孔
G80 M05;	
G28 G91 Z0;	
M06 T08;	将 7 号刀装上主轴孔内，8 号刀就换刀位置
N2 M03 S800;	

G43 G90 G0 Z5. H07;	
G86 Z -22. F30;	搪 ϕ 32mm+0.03mm+0.01mm孔
G80 G0 Z200. M05;	
M00;	
G28 G91 Z0;	
M06;	将 8 号刀装上主轴孔内
N3 M03 S500;	
G43 G90 G0 Z5. H08;	
G87 R -25. Z -15. Q3000 F30;	搪 ϕ 36 mm孔
G80 G0 Z200. M05;	
M30;	

项目 3.3　攻螺纹循环加工

【学习目的】

学习本项目主要目的是掌握指令 G74、G84 的格式与用法，理解 G74 与 G84 的区别以及使用中要注意的问题，能运用相关知识加工螺纹孔。

【任务列表】

序　号	工作任务名称	达到专业能力目标
3.3.1	攻左牙循环 G74	掌握 G74 攻螺纹加工的指令及应用技巧
3.3.2	攻右牙循环 G84	掌握 G84 攻螺纹加工的指令及应用技巧

【任务实施】

任务 3.3.1　攻左牙循环 G74

1. 攻螺纹概述

(1) 柔性攻螺纹。使用丝锥和弹性攻螺纹刀柄，即柔性攻螺纹方式。

使用这种加工方式时，数控机床的主轴回转和 Z 轴进给一般不能实现严格同步，而弹性攻螺纹刀柄恰好能够弥补这一点，以弹性变形保证两者的一致，如果扭矩过大，就会脱开，以保护丝锥不断裂。编程时，使用固定循环指令 G74 或 G84 代码，同时主轴转速 S 代码与进给速度 F 代码的数值关系是匹配的。

(2) 刚性攻螺纹。使用丝锥和弹簧夹头刀柄，即刚性攻螺纹方式。

使用这种加工方式时，要求数控机床的主轴必须配置有编码器，以保证主轴的回转和 Z 轴的进给严格同步，即主轴每转一圈，Z 轴进给一个螺距。由于机床的硬件保证了主轴和进给轴的同步关系，因此刀柄使用弹簧夹头刀柄即可，但弹性夹套建议使用丝锥专用夹套，以保证扭矩的传递。

编程时使用 G84 或 G74 代码和 M29(刚性攻螺纹方式)，同时 S 代码与 F 代码的数值关系是匹配的。R 点位置应距离加工表面一定高度，待主轴到达指定转速后，再开始加工。

(3) 丝锥分为通孔丝锥和盲孔丝锥两种，区别是通孔从前端排屑，盲孔从后端排屑。当使用盲孔丝锥时，丝锥排屑槽的长度必须大于螺纹孔的深度，盲孔丝锥应导向锥的长度，如图 3-34 所示。

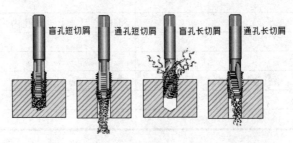

盲孔短切屑　　通孔短切屑　　盲孔长切屑　　通孔长切屑

图 3-34　攻螺纹切屑

2. 螺纹加工工艺

不通孔螺纹底孔长度确定：攻不通孔螺纹时，由于丝锥切削部分有锥角，端部不能切出完整的牙型，所以钻孔深度要大于螺纹的有效深度，即

$$H_{钻}=h_{有效}+0.7D$$

式中，$H_{钻}$ 为底孔深度；$h_{有效}$ 为螺纹的有效深度；D 为螺纹大径。

3. 攻左牙循环(G74)

在孔底位置主轴逆转执行攻左牙。

加工方式：主轴反转、进给攻牙、孔底、主轴暂停、主轴正转、快速退刀。G74 走刀路线如图 3-35 所示。

1) 指令格式

G74 X_ Y_ Z_ R_ Q_ P_ F_ K_ 。

其中，X_ Y_：孔位置坐标数据。

Z_　　：孔底深度(绝对坐标)。

R_　　：下刀点或抬刀点(绝对坐标)。

P_　　：孔底的停刀时间(单位：ms)。

F_　　：切削进给率，$F=$ 转速(n)×螺距(P)。

K_　　：重复次数(仅限需要重复时)。

2) 注意

(1) 攻螺纹时速度倍率、进给保持均不起作用。

(2) R 应选在距工件表面 7mm 以上的地方。

(3) 如果 Z 方向的移动量为零，则该指令不执行。执行攻牙时，主轴反转。在到达孔底时，主轴正转退出，这样可做出反牙螺纹。

在攻牙时忽略进给调整。进给保持不起作用，直到完成退刀。

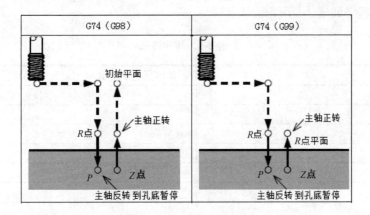

图 3-35　G74 走刀路线图

3) 应用范例

例 1　使用 G74 指令编制反螺纹攻螺纹加工程序，如图 3-36 所示，螺纹孔深 35mm。

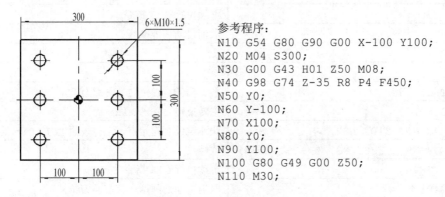

参考程序：
```
N10 G54 G80 G90 G00 X-100 Y100;
N20 M04 S300;
N30 G00 G43 H01 Z50 M08;
N40 G98 G74 Z-35 R8 P4 F450;
N50 Y0;
N60 Y-100;
N70 X100;
N80 Y0;
N90 Y100;
N100 G80 G49 G00 Z50;
N110 M30;
```

图 3-36　G74 编程示例图

例 2　如图 3-37 所示工件，利用 G73 钻孔后，再使用 G74 攻 8×1.25 螺纹。钻孔转速 800r/min，进给速率 60mm/min；攻螺纹转速 100r/min，进给速率=1.25×100=125(mm/min)。工件材质是铝合金。

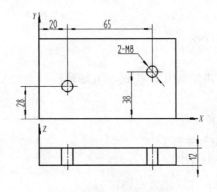

图 3-37　攻螺纹零件图

编制加工程序如表 3-5 所示。

表 3-5　程序清单

O1616;	本程序适合无臂式换刀机构
G40 G80 G49;	
G28 G91 Z0;	
G28 X0 Y0;	
G54;	
M06 T01;	换 1 号刀ϕ 6.8mm 钻头
M03 S800;	
G90 G00 X0 Y0;	
G43 Z10. G01;	启动刀长补正，并快速定位至工件表面上方 10mm（起始点高度）
G99 G73 X20. Y28. R3. Z -15. Q5000 F60;	R 点在工件表面上方 3mm，钻孔深度 15=12+0.3×8 =15
X85. Y38.;	继续执行 G73 指令
G80;	取消自动切削循环
G28 G91 Z0;	
M05 G49;	
M06 T02;	换 2 号刀，LM8×1.25 螺丝攻
M04 S100;	主转反转 100r/min
G90 G43 G00 Z10. H02;	快速定位至起始点，工件表面上方 10mm 处
G98 G74 X85. Y38. R3. Z -15. F125;	攻螺纹
X20. Y28.;	继续执行 G74 指令
G80 G49;	取消自动切削循环状态及刀长补正
G28 G91 Z0;	
M30;	

任务 3.3.2　攻右牙循环 G84

1. 攻右牙循环(G84)

在孔底位置主轴逆转执行攻右牙。

指令格式如下：

加工方式：主轴正转、进给攻牙、孔底、主轴暂停、主轴反转、快速退刀。G84 走刀路线如图 3-38 所示。

G84 X_ Y_ Z_ R_ Q_ P_ F_ K_ 。

其中，X_ Y_：孔位置坐标数据。

　　　　Z_　：孔底深度(绝对坐标)。

　　　　R_　：下刀点或抬刀点(绝对坐标)。

　　　　Q_　：分段攻牙，每次的进刀量。

　　　　P_　：孔底的停刀时间(单位：ms)。

F_　：切削进给率，F=转速(n)×螺距(P)。

K_　：重复次数(仅限需要重复时)。

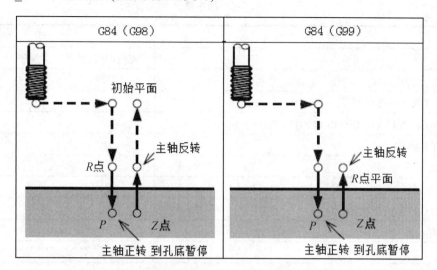

图 3-38　G84 走刀路线图

2. 注意

(1) 攻螺纹时速度倍率、进给保持均不起作用。

(2) R 应选在距工件表面 7mm 以上的地方。

(3) 如果 Z 方向的移动量为零，该指令不执行。

执行攻牙时，主轴正转。在到达孔底时，主轴反转退出。在攻牙时忽略进给调整，进给保持不起作用，直到完成退刀。

3. 应用范例

例 1　编制图 3-39 所示螺纹加工程序，设刀具起点距工作表面 100mm 处，螺纹切削深度为 10mm。

(1) 分析。在工件上加工孔螺纹，应先在工件上钻孔，钻孔的深度应大于螺纹深(定为 12mm)，钻孔的直径应略小于内径(定为 ϕ8mm)。

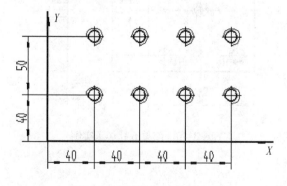

图 3-39　固定循环 G84 编程

(2) 螺纹的加工程序, 如表 3-6 所示。

表 3-6 程序清单

程　序	说　明
%8091;	先用 G81 钻孔的主程序
N10 G92 X0 Y0 Z100;	
N20 G91 G00 M03 S600;	
N30 G99 G81 X40 Y40 G90 R-98 Z-112 F200;	
N50 G91 X40 L3;	
N60 Y50;	
N70 X-40 L3;	
N80 G90 G80 X0 Y0 Z100 M05;	
N90 M30;	
%8092;	用 G84 攻螺纹的程序
N210 G92 X0 Y0 Z0;	
N220 G91 G00 M03 S300;	
N230 G99 G84 X40 Y40 G90 R-93 Z-110 F100;	
N240 G91 X40 L3;	
N250 Y50;	
N260 X-40 L3;	
N270 G90 G80 X0 Y0 Z100 M05;	
N280 M30;	

例 2　编制图 3-40 所示零件图, 完成简单五孔加工程序。

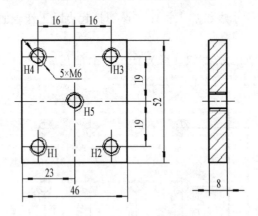

图 3-40　简单五孔加工实例

程序如下:

```
O0001; T01 - 90°中心钻
N1 G21;
```

```
N2 G17 G40 G80;
N3 G90 G54 G00 X7.0 Y7.0 S1200 M03 T02;  加工 H1 孔
N4 G43 Z25.0 H01 M08;
N5 G99 G82 R2.5 Z-3.4 P200 F200.0;
N6 X39.0 ;              加工 H2 孔
N7 Y45.0;              加工 H3 孔
N8 X7.0;               加工 H4 孔
N9 X23.0 Y26.0;        加工 H5 孔
N10 G80 G00 Z25.0 M09;
N11 G28 Z25.0 M05;
N12 M01;               T02 - 5 MM 钻螺纹孔
N13 T02;
N14 M06;
N15 G90 G54 G00 X7.0 Y7.0 S950 M03 T03;    加工 H1 孔
N16 G43 Z25.0 H02 M08;
N17 G99 G81 R2.5 Z-10.5 F300.0;
N18 X39.0;             加工 H2 孔
N19 Y45.0;             加工 H3 孔
N20 X7.0;              加工 H4 孔
N21 X23.0 Y26.0;       加工 H5 孔
N22 G80 G00 Z25.0 M09;
N23 G28 Z25.0 M05;
N24 M01;               T03 - M6X1 丝锥
N25 T03;
N26 M06;
N27 G90 G54 G00 X7.0 Y7.0 S600 M03 T01; 加工 H1 孔       .
N28 G43 Z25.0 H03 M08;
N29 G99 G84 R5.0 Z-11.0 F600.0;
N30 X39.0;             加工 H2 孔
N31 Y45.0;             加工 H3 孔
N32 X7.0;              加工 H4 孔
N33 X23.0 Y26.0;       加工 H5 孔
N34 G80 G00 Z25.0 M09;
N35 G28 X23.0 Y26.0;
N36 M30;
%;
```

例 3　加工图 3-41 所示零件。

(1) 编程要求。

① 材料：45#钢。

② 毛坯件的尺寸为 50mm×50mm×30mm。

③ 编写程序要求如下：以几何中心为编程原点，工件上表面已加工，只要求进行孔的加工。

(2) 程序编制。

① 零件图分析。该零件为孔类零件，所加工的孔均为盲孔，包括 4 个台阶孔、4 个螺纹孔，中心有阶梯盲腔结构比较复杂；该零件为对称零件，零件结构合理；尺寸精度要求较高，尤其是 ϕ35mm 的孔表面粗糙度要求较高；所用的材料为 45 钢，材料硬度适中，便

于加工。

② 机床的选择。零件加工精度要求较高，需要加工的孔大小不同，则所需的刀具较多，且从经济性和生产效率来考虑，选用三轴联动的数控加工中心。

③ 夹具的选择。零件外形为规则的方形，适宜平口钳装夹。

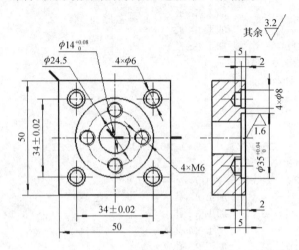

图 3-41　循环加工综合应用

④ 加工工艺的安排。

a. 工序安排。由于零件已进行过表面加工，再根据需要加工孔的分布情况，此工件能一次装夹完成孔的加工，即孔加工只需一道工序完成。

b. 工步安排。由零件尺寸要求、表面质量、零件材料、工件变形等因素考虑，在加工此零件时，应先进行 $\phi 14$mm 和 $\phi 35$mm 台阶孔粗加工，再进行台阶孔加工，然后进行 $\phi 14$mm 和 $\phi 35$mm 的精加工；最后进行 M6 螺纹孔加工(遵循先面后孔原则)。

⑤ 刀具选择。由于零件材料为 45 钢，故可加工性能较好。钻孔加工选用高速钢刀具便足够，精镗孔加工选用精镗刀。刀具的选用见表 3-7。

表 3-7　刀具卡片表

序　号	刀　号	刀具规格名称	数　量	加工部位	备　注
1	T01	$\phi 3$mm 中心钻	1	钻中心孔	
2	T02	$\phi 6$mm 麻花钻	1	加工孔 $\phi 14$mm 和 $4 \times \phi 6$mm	
3	T03	$\phi 10$mm 麻花钻	1	加工 $\phi 14$mm 的孔	
4	T04	$\phi 13.5$mm 麻花钻	1	加工 $\phi 14$mm 的孔	
5	T05	$\phi 10$mm 的键槽铣刀	1	粗加工 $\phi 35$mm 的孔	
6	T06	$\phi 8$mm 的平底钻头	1	加工 $\phi 8$mm 的沉孔	
7	T07	$\phi 14$mm 的铰刀	1	加工 $\phi 14$mm 的孔	
8	T08	$\phi 35$mm 的微调镗刀	1	精加工 $\phi 35$mm 的孔	
9	T09	$\phi 5.1$mm 麻花钻	1	加工 $4 \times$M6 的底孔	
10	T10	M6mm 的丝锥	1	$4 \times$M6 孔攻螺丝	

⑥ 切削用量的选择。切削用量的选择见表 3-8。

表 3-8　数控加工工艺卡片

夹具名称				夹具编号		使用设备		车间	
平口钳						VMC800L		数控中心	
工步号	工步内容			刀具号	刀具规格/mm	主轴转速/(r/min)	进给速度/(mm/min)	切削深度/mm	余量/mm
1	中心钻钻中心孔			T01	$\phi3$	500	100	1.5	
2	钻$\phi14$mm 的底孔和 4×$\phi6$mm 孔			T02	$\phi6$	800	60		
3	钻$\phi14$mm 的底孔			T03	$\phi10$	600	100		
4	钻$\phi14$mm 孔，为铰孔做准备			T04	$\phi13.5$	500	100		
5	粗加工$\phi35$mm 的孔			T05	$\phi10$	2000	400	2	0.3
6	加工$\phi8$mm 的沉孔			T06	$\phi8$	600	80		
7	铰$\phi14$mm 的孔			T07	$\phi14$	300	50		
8	精加工$\phi35$mm 的孔			T08	$\phi35$	1000	80		
9	钻中心孔			T01	$\phi3$	500	100		
10	加工 4×M6 的底孔			T09	$\phi5.1$	700	50		
11	4×M6 的孔攻螺纹			T10	M6	300	螺距 1.5		

⑦ 以工件上表面几何中心作为编程原点。零件参考程序见表 3-9。

表 3-9　钻、扩孔加工参考程序

孔加工程序	加工程序	程序注释
	O0001	程序名
	G90G94G80G21G17G80G49;	程序保护头
	G91G28Z0;	返回到换刀点
	M06T02;	自动换 2 号刀具
(中心孔程序略)	G90G00G43Z50.0H02;	刀具移动到工件上方 50mm，并调用 2 号长度补正号
	G54G00X-30.0Y17.0;	建立加工坐标系并快速移动到(-30, 17)位置
钻$\phi14$mm 的底孔和 4×$\phi6$mm 的孔	M03S800M08;	主轴正转，转速为 800r/min，且冷却液开
	G99G81X-17.0Y17.0Z-5.0R5.0F60;	钻孔(-17.0, 17.0)
	X17.0;	钻孔(17.0, 17.0)
	Y-17.0;	钻孔(17.0, -17.0)
	G00X-30.0;	为消除反向间隙所移动的距离
	G99G81X-17.0Z-5.0R5.0F60;	钻孔(-17.0, -17.0)
	G83X0Y0Z-32.0R5.0Q5.0F60;	钻孔(0, 0)
	G80M05;	固定循环取消
	G91G28Z0M09;	返回到换刀点并关冷却液
	M06T03;	自动换 3 号刀
钻$\phi14$mm 的底孔	G90G43G00Z50.0H03;	
	M03S600M08;	
	G99G83X0Y0Z-32.0R5.0Q5.0F100;	
	G80M05;	

孔加工程序	加工程序	程序注释
	O0001	程序名
钻 ϕ14mm 的孔，为铰孔做准备	G91G28Z0M09;	
	M06T04;	
	G90G43G00Z50.0H04;	
	M03S500M08;	
	G99G83X0Y0Z-32.0R5.0Q5.0F100;	
	G80M05;	
粗加工 ϕ35mm 的孔	G91G28Z0M09;	
	M06T05;	
	G90G43G00Z50.0H05;	
	M03S2000M08;	
	X0Y0;	
	Z5.0;	
	G01Z-2.0F500;	
	G01X-10.0F400;	
	G02I10.0F300;	
	G01X-12.2F400;	
	G02I12.2F300;	
	G01Z5.0M05;	
加工 ϕ8mm 的沉孔	G91G28Z0M09;	
	M06T06;	
	G90G43G00Z50.0H06;	
	M03S600M08;	
	G99G81X-17.0Y17.0Z-2.0R5.0F60;	
	X17.0;	
	Y-17.0;	
	G00X-30.0;	
	G99G81X-17.0Z-2.0R5.0F80;	
	G80M05;	
铰 ϕ14mm 的孔	G91G28Z0M09;	
	M06T07;	
	G90G43G00Z50.0H07;	
	M03S300M08;	
	G98G85X0Y0Z-35.0R5.0F50;	
	G80M09M05;	
程序结束	M05;	主轴停止
	M30;	程序结束

附：大孔径螺纹切削指令 G33

小直径的内螺纹大都用螺丝攻配合攻牙指令 G74、G84(参考固定循环指令)加工。

大孔径螺纹因刀具成本太高，故使用可调式的镗孔刀配合 G33 指令加工，可节省成本。

指令格式：G33 Z _F_ ;

其中，Z：螺纹切削的终点坐标值(绝对值)或切削螺纹的长度(增量值)。

F：螺纹的导程。

例 4　如图 3-42 所示，孔径已加工完成，使可调式镗孔刀，配合 G33 指令切削 M60×1.5 的内螺纹。

编程如表 3-10 所示。

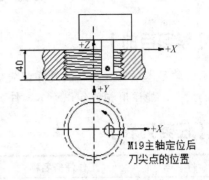

图 3-42　G33 加工大孔径螺纹示意图

表 3-10　程序清单

G54 M03 S400 G00 G90 X0 Y0;	
G43 Z10. H01;	做刀长补正，使刀具定位至工件上方 10mm 处，准备切削螺纹
G33 Z -45. F1.5;	第一次切削螺纹
M19;	主轴定向停止
G00 X -5.;	主轴中心偏移，防止提升刀具时碰撞工件
Z10.;	提升刀具
X0 M00;	刀具移至孔中心后，程序停止。调整镗孔刀的螺纹切削深度
M03;	使主轴正转
G04 X2.;	暂停 2s，使主轴转速达 400r/min 稳定
G33 Z -45. F1.5;	第二次切削螺纹
M19;	
G00 X -5.;	
Z10.;	
X0 M00;	
M03;	
G04 X2.;	
G33 Z -45. F1.5;	第三次切削螺纹
M19;	
G00 X -5.;	
Z10.;	
G28 G91 Z0;	
M30;	

项目 3.4　特殊指令加工

【学习目的】

学习本项目主要目的是掌握镜像、缩放、旋转、极坐标的编程格式以及使用中要注意的问题，能运用相关知识加工零件。

【任务列表】

序　号	工作任务名称	达到专业能力目标
3.4.1	镜像指令	掌握镜像加工的指令及应用技巧
3.4.2	缩放指令	掌握缩放加工的指令及应用技巧
3.4.3	旋转指令	掌握旋转加工的指令及应用技巧
3.4.4	极坐标指令	掌握极坐标加工的指令及应用技巧

【任务实施】

任务 3.4.1　镜像指令

1. 镜像加工指令 M21、M22、M23(FANUC 系统)

镜像加工编程也叫作轴对称加工编程，它是将数控加工的刀具轨迹沿某坐标轴作镜像变换而形成加工轴对称零件的刀具轨迹。对称轴(镜像轴)可以是 X 轴、Y 轴或原点。

1) 镜像指令

M21：X 轴镜像加工；M22：Y 轴镜像加工；M23：取消轴镜像加工。

2) 使用镜像指令时的注意事项

(1) 当只对 X 轴或 Y 轴进行镜像加工时，刀具的实际切削顺序将与原程序描述的切削顺序、刀具矢量方向及圆弧插补方向相反。当同时对 X 轴和 Y 轴进行镜像加工时，切削顺序、刀具补正方向、圆弧插补方向均不变，如图 3-43 所示。

(2) 使用镜像指令后，必须用 M23 取消镜像指令。

(3) 在 G90 模式下，镜像功能必须在工件坐标系原点开始使用，取消镜像也要回到该点。

(4) 对称在飞机零件图纸中常见，编程时只编一件就行，另一件按对称编程。

对称后有一个顺铣一个逆铣，但这种加工方法不适用于精加工，因此精加工时要求左、右件分别编程，保证都是顺铣。

3) 指令说明

(1) M21、M22、M23 不是 ISO 标准指令，而是特指 FANUC 系统。

(2) 当只对 X 轴或 Y 轴镜像时，刀具的实际切削顺序将与源程序相反，刀补矢量方向相反，圆弧插补转向相反。当同时对 X 和 Y 轴镜像时切削顺序、刀补、圆弧时针方向均不变。

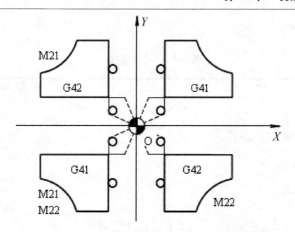

图 3-43　镜像时刀具补正变化的运动轨迹

(3) 镜像功能必须在工件坐标系坐标原点开始使用，在回到原点处取消镜像。

(4) 各镜像指令必须单独编写一个程序段，不允许与其他指令共用一个程序段，如 G00 X0 Y0 M21 非法。

(5) 镜像加工程序中不允许带有转移性质的指令。

(6) 镜像加工程序不允许嵌套使用。

(7) 使用镜像功能后必须用 M23 取消镜像。

注意：当使用镜像指令时，进给路线与上一加工轮廓进给路线相反，此时，圆弧指令，旋转方向反向，即 G02→G03 或 G03→G02；刀具半径补正，偏置方向反向，即 G41→G42 或 G42→G41。所以，对连续形状一般不使用镜像功能，防止走刀中有刀痕，使轮廓不光滑或加工轮廓间不一致现象。

2. 应用范例

如图 3-44 所示，完成零件加工。Z 轴起始高度 100mm，切深 10mm，材料 45 钢。

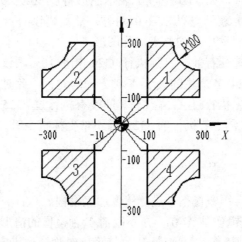

图 3-44　镜像编程示例 1

编程如表 3-11 所示。

表 3-11　程序清单

主　程　序	子　程　序
O1;	O102;
G17 G90 G54 G40 G49;	G90 G00 Z5;
G00 X0 Y0 S800 M03;	G41 X100 Y50 D01;
Z100 M08;	G01 Z-15 F200;
M98 P102;	Y300;
M21 M98 P102;	X200;
M23;	G03 X300 Y200 I100;
M21;	G01 Y100;
M22;	X50;
M98 P102;	G00 Z100;
M23;	G40 X0 Y0;
M22;	M99;
M98 P102;	
M30;	

3. 华中系统镜像加工指令：G24 G25

1) 指令格式

```
G24 X_Y_Z_; 建立镜像
  (M98 P_)
    G25;取消镜像加工
```

2) 指令说明

建立镜像由指令坐标轴后的坐标值指定镜像位置(对称轴、线、点)G24、G25 为模态指令，可相互注销，G25 为默认值。有刀补时，先镜像，然后进行刀具长度补正、半径补正。

当采用绝对编程方式时，如 G24 X-9.0 表示图形将以 $X=-9.0$ 的直线(//Y 轴的线)作为对称轴，G24 X6.0 Y4.0 表示先以 $X=6.0$ 对称，然后再以 $Y=4.0$ 对称，两者综合结果即相当于以点($x6$, $y4.0$)为对称中心的原点对称图形。

某轴对称一经指定，持续有效，直到执行 G25 指令且后跟该轴指令才取消，如 G25 $X0$，表示取消前面的由 G24 X 产生的关于 Y 轴方向的对称，此时 X 后所带的值基本无意义，即任意数值均一样。先执行过 G24 X，其间没有执行过 G25 X，后来又执行了 G24 Y，则对称效果是两者的综合。若执行的 G25 后不带坐标指令时，将取消最近一次指定的对称关系。

4. 应用范例

例 1　如图 3-45 所示，用镜像指令进行镜像加工编程。

分析：先按 Y 轴镜像(镜像轴 $X=0$)，在不取消 Y 轴镜像的情形下，接着再进行 X 轴镜像($Y=0$)，然后先取消 Y 轴镜像，再取消 X 轴镜像。每次镜像设定后，调用运行一次基本图形加工子程序，共得到四个不同方位的加工轨迹。

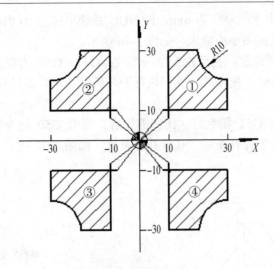

图 3-45 镜像编程示例 2

编程如表 3-12 所示。

表 3-12 程序清单

主 程 序	子 程 序
%0024　　 ; 主程序	%100①的加工程序
G92 X0 Y0 Z0;	G41 X10.0 Y4.0 D01;
G91 G17 M03 S600;	Y5.0;
M98 P100　 ; 加工①	G01 Z-28.0 F200;
G24 X0　　 ; Y 轴镜像，镜像位置为 X=0	Y30.0;
M98 P100　 ; 加工②	X20.0;
G24 Y0　　 ; X、Y 轴镜像，镜像位置为(0，0)	G03 X30.0 Y20.0 R10.0;
M98 P100　 ; 加工③	G01 Y10.0;
G25 X0　　 ; X 轴镜像继续有效，取消 Y 轴镜像	X5.0;
M98 P100　 ; 加工④	G00 Z5.0;
G25 Y0　　 ; 取消镜像	G40 X0 Y0;
M30;	M99;

任务 3.4.2 　缩放指令

1. 缩放功能指令 G50、G51(华中、FANUC 系统)

使用缩放指令可实现同一程序加工出形状相同、尺寸不同的工件。

1) 指令格式

```
G51 X  Y  Z  P
(M98 P)
G50
```

其中，G51 ：建立缩放。

G50 ：取消缩放。

X、Y、Z ：缩放中心的坐标值。

P：缩放系数 (华中系统单位为 mm；FANUC 系统单位为 0.001mm)。使用缩放功能可使原编程尺寸按指定比例缩小或放大，如图 3-46 所示。

G51 既可指定平面缩放，也可指定空间缩放；G51、G50 为模态指令，可相互注销，G50 为默认值。有刀补时，先缩放，然后进行刀具长度补正、半径补正。

2) 注意事项

在单独程序段指定 G51 指令时，比例缩放后必须用 G50 指令取消；比例缩放功能不能缩放偏置量，如刀具半径补正量、长度补正量等。如图 3-47 所示，图形缩放后，刀具半径补正量不变。

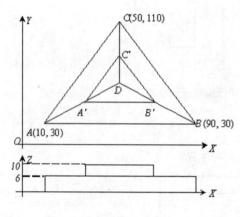

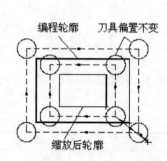

图 3-46　△ABC 缩放示意图　　　　图 3-47　图形缩放与刀具偏置量的关系

2. 应用示例

编制图 3-48 所示轮廓加工程序，已知刀具的始点位置为(0，0，100)。

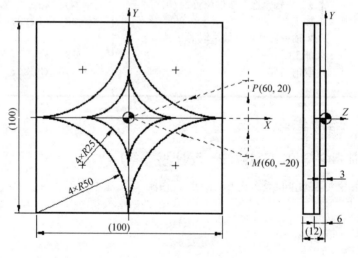

图 3-48　缩放编程

参考程序如表 3-13 所示。

表 3-13　参考程序

程　　序	说　　明
O24；主程序	O100；子程序 (4×R50 轮廓加工轨迹)
G90 G54 G00 Z100；加工前准备指令	G90 G01 Z-5 F120；切削进给
X0 Y0；快速定位到工件零点位置	G41 Y0 D01；建立刀补
S600 M03；主轴正转	X50；直线插补
X60 Y-20；快速定位到起刀点位置	G03 X0 Y-50 R50；圆弧插补
Z5；快速定位到安全高度	X-50 Y0 R50；圆弧插补
M08；冷却液开	X0 Y50 R50；圆弧插补
M98 P100；加工 4×R50 轮廓	X50 Y0 R50；圆弧插补
G51 X0 Y0 P0.5；缩放中心为(0，0)，缩放因子为0.5	G01 X60；直线插补
M98 P100；加工 4×R25 轮廓	G40 Y10；取消刀补
G50；缩放功能取消	G00 Z5；快速返回到安全高度
M09；冷却液关	X0 Y0；返回到程序原点
M05；主轴停	M99；子程序结束
M30；程序结束	

任务 3.4.3　旋转指令

1. 坐标系旋转(FANUC 系统)

FANUC 坐标系旋转指令 G68、G69

该指令可使编程图形按照指定旋转中心及旋转方向旋转一定的角度，G68 表示开始坐标系旋转， G69 用于撤销旋转功能。

1) 编程格式

```
G68 X_ Y_ R_
......
G69
```

其中：X、Y 是旋转中心的坐标值(可以是 X、Y、Z 中的任意两个，它们由当前平面选择指令 G17、G18、G19 中的一个确定)。当 X、Y 省略时，G68 指令认为当前的位置即为旋转中心。

R 为旋转角度，逆时针旋转定义为正方向，顺时针旋转定义为负方向。单位：0.001°。

例如，G68 R60 表示以程序原点为旋转中心，将图形旋转 60000°。

G68 X15. Y15. R60000 表示以坐标(15，15)为旋转中心将图形旋转 60°。

G69 表示关闭旋转功能 G68。

2) 与比例编程方式的关系

在比例模式时，再执行坐标旋转指令，旋转中心坐标也执行比例操作，但旋转角度不受影响，这时各指令的排列顺序如下：

```
G51···
G68···
    G41/G42···
    G40···
    G69···
    G50···
```

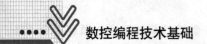
3) 坐标系旋转功能与刀具半径补正功能的关系

旋转平面一定要包含在刀具半径补正平面内，以图 3-49 为例：

```
N10 G92 X0 Y0;
N20 G68 G90 X10 Y10 R-30000;
N30 G90 G42 G00 X10 Y10 F100 H01;
N40 G91 X20;
N50 G03 Y10 J 5;
N60 G01 X-20;
N70 Y-10;
N80 G40 G90 X0 Y0;
N90 G69 M30;
```

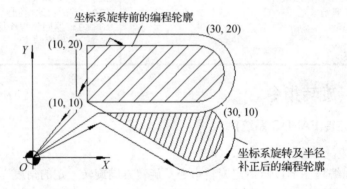

图 3-49　坐标系旋转与刀具半径补正

当选用半径为 $R5$ 的立铣刀时，设置：H01=5。

注：华中系统格式：G68 α__ β__P__

G68 中，$(\alpha、\beta\_)$是由 G17、G18 或 G19 定义的旋转中心的坐标值，P 为旋转角度，单位是(°)，$0 \leqslant P \leqslant 360°$。

2. 应用范例

例 1　使用旋转功能编制图 3-50 所示轮廓的加工程序，设刀具起点为(0，0，100)。

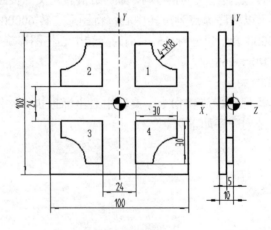

图 3-50　旋转示例 1

程序编制如表 3-14 所示。

表 3-14　程序清单

程　序	说　明
O24;	主程序
G90 G54 G00 Z100;	加工前准备指令
X0 Y0;	快速定位到工件零点位置
S600 M03;	主轴正转
Z5;	快速定位到安全高度
M08;	冷却液开
M98 P100;	加工①轮廓
G68 X0 Y0 R90000;	旋转中心为(0，0)，旋转角度为90°
M98 P100;	加工②轮廓
G68 X0 Y0 R180000;	旋转中心为(0，0)，旋转角度为180°
M98 P100;	加工③轮廓
G68 X0 Y0 R270000;	旋转中心为(0，0)，旋转角度为270°
M98 P100;	加工④轮廓
G69;	旋转功能取消
G00 Z100;	快速返回到初始位置
M09;	冷却液关
M05;	主轴停
M30;	程序结束
O100;	子程序(①轮廓加工轨迹)
G90 G01 Z-5 F120;	切削进给
G41 X12 Y10 D01 F200;	建立刀补
Y42;	直线插补
X24;	直线插补
G03 X42 Y24 R18;	圆弧插补
G01 Y12;	直线插补
X10;	直线插补
G40 X0 Y0;	取消刀补
G00 Z5;	快速返回到安全高度
X0 Y0;	返回到程序原点
M99;	子程序结束

例 2　如图 3-51 所示零件，设中间ϕ28mm 的圆孔与外圆ϕ130mm 已经加工完成，现需要在数控机床上铣出直径为ϕ120～40mm、深为 5mm 的圆环槽及七个腰形通孔。

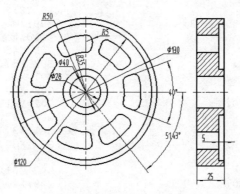

图 3-51　旋转示例 2

(1) 分析。根据工件形状尺寸特点，确定以中心内孔和外形装夹定位，先加工圆环槽，再铣七个腰形通孔，槽形坐标数据如图 3-52 所示。

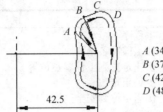

A (34.128, 7.766)
B (37.293, 13.574)
C (42.024, 15.296)
D (48.594, 11.775)

42.5

图 3-52　槽形坐标数据

铣圆环槽方法：采用 $\phi 20mm$ 左右的铣刀，按 $\phi 120mm$ 的圆形轨迹编程，采用逐步加大刀具补正半径的方法，一直到铣出 $\phi 40mm$ 的圆为止。

铣腰形通孔方法：采用 $\phi 8 \sim 10mm$ 的铣刀(不超过 $\phi 10mm$)，以正右方的腰形槽为基本图形编写子程序，并且在深度方向上分三次进刀切削，其余六个槽孔则通过旋转变换功能铣出。由于腰形槽孔宽度与刀具尺寸的关系，只需沿槽形周围切削一周即可全部完成，不需要再改变径向刀补重复进行。

(2) 编程如下：

```
%0010 主程序
G54 G90 X0 Y0 S1000 M03;
G43 Z50.0 H01;
G00 X25.0;
G01 Z-5.0 F100;
G41 G01 X60.0 D01 F300;设置 D01=10
G03 I-60;
G01 G40 X25.0;
G41 G01 X60.0 D02;设置 D02=20
G03 I-60;
G01 G40 X25.0;
G41 G01 X60.0 D03;设置 D03=30
G03 I-60;
G01 G40 X25.0;
G00 Z5.0;
G91 G28 Z0.0;
G28 X0 Y0;
M05;
M00 ;暂停、换刀
G90 G54 X0 Y0 S1500 M03;
G43 Z5.0 H02;
M98 P100;
G68 X0 Y0 R51430;
M98 P100;
G69;
G68 X0 Y0 R102860;
M98 P100;
G69;
G68 X0 Y0 R154290;
M98 P100;
G69;
G68 X0 Y0 R205720;
M98 P100;
G69;
```

```
G68 X0 Y0 R257150;
M98 P100;
G69;
G68 X0 Y0 R308570;
M98 P100;
G69;
G00 Z25.0;
M05;
M30;
%100;子程序
G00 X42.5;
G01 Z-12.0 F100;
M98 P110;
G01 Z-19.0 F100;
M98 P110;
G01 Z-25.5 F100;
M98 P110;
G00 Z5.0;
X0 Y0;
M99;
%110;嵌套的子程序
G01 G42 X34.128 Y7.766 D04;
G02 X37.293 Y13.574 R5.0;
G01 X42.024 Y15.296;
G02 X48.594 Y11.775 R5.0;
G02 Y-11.775 R50.0;
G02 X42.024 Y-15.296 R5.0;
G01 X37.293 Y-13.574;
G03 X34.128 Y-7.766 R5.0;
G02 X34.128 Y7.766 R35.0;
G40 G01 X42.5 Y0;
M99;
```

任务 3.4.4　极坐标指令

1. 极坐标指令 G15、G16(FANUC 系统)

1) 坐标值可以用极坐标(半径和角度)输入

角度的正向是所选平面的第 1 轴正向的逆时针转向，而负向是顺时针转向。半径和角度两者可以用绝对值指令或增量值指令(G90、G91)，如图 3-53 所示。

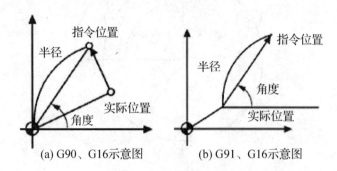

(a) G90、G16示意图　　(b) G91、G16示意图

图 3-53　极坐标半径及角度

极坐标轴的方位取决于 G17、G18 和 G19 指定的加工平面。

当用 G17 指定加工平面时，+X 轴为极轴，程序中的 X 坐标指定极半径，Y 坐标指定极角。

当用 G18 指定加工平面时，+Z 轴为极轴，程序中的 Z 坐标指定极半径，X 坐标指定极角。

当用 G19 指定加工平面时，+Y 轴为极轴，程序中的 Y 坐标指定极半径，Z 坐标指定极角。

2) 设定工件坐标系零点作为极坐标系的原点

用绝对值编程指令指定半径(零点和编程点之间的距离)。工件坐标系的零点被设定为极坐标系的原点。当使用局部坐标系(G52)时，局部坐标系的原点变成极坐标的中心。

指令格式：

$$\left.\begin{array}{l} \text{G17} \\ \text{G18} \\ \text{G19} \end{array}\right\} \text{G90(91) G16　开始极坐标方式}$$

$$\left.\begin{array}{l} \text{G00 IP\_} \\ \text{....} \\ \text{...} \end{array}\right\} \text{极坐标指令}$$

G15　　取消极坐标方式

IP_　　指定极坐标系选择平面的轴地址及其值

　　　　第 1 轴：极坐标半径

　　　　第 2 轴：极角

2. 示例

如图 3-54 所示,完成螺栓圆孔极坐标编程。

工件坐标的零点被设定为极坐标的原点,选择 *XY* 平面。

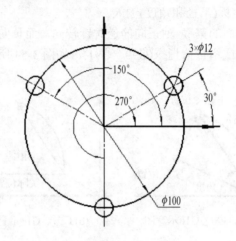

图 3-54 螺栓圆孔极坐标编程

1) 用绝对值指令指定角度和半径

N1 G17 G90 G16;指定极坐标指令和选择 XY 平面,设定工件坐标系的零点作为极坐标系的原点
N2 G81 X100.0 Y30.0 Z-20.0 R-5.0 F200.0;指定 100mm 的距离和 30° 的角度
N3 Y150.0;指定 100mm 的距离和 150° 的角度
N4 Y270.0;指定 100mm 的距离和 270° 的角度
N5 G15 G80;取消极坐标指令

2) 用增量值指定角度、用绝对值指定半径

N1 G17 G90 G16;指定极坐标指令和选择 XY 平面,设定工件坐标系的零点作为极坐标系的原点
N2 G81 X100.0 Y30.0 Z-20.0 R-5.0 F200.0;指定 100mm 的距离和 30° 的角度
N3 G91 Y120.0;指定 100mm 的距离和+120° 的增量角度
N4 Y120.0;指定 100mm 的距离和+120° 的增量角度

项目 3.5 铣削子程序编程

【学习目的】

学习本项目主要目的是掌握子程序的编程格式以及应用子程序加工零件的基本方法。

【任务列表】

序 号	工作任务名称	达到专业能力目标
3.5.1	子程序加工指令	① 掌握子程序的格式与调用代码 ② 子程序的应用分析
3.5.2	子程序零件加工	掌握子程序在加工实践中的应用

【任务实施】

任务 3.5.1 子程序加工指令

在一个加工程序中的若干位置，如果包含一连串在写法上完全相同或相似的内容，为了简化程序，可以把这些重复的程序段单独列出，并按一定的格式编写成子程序。

主程序在执行过程中如果需要某一子程序，可以通过调用指令来调用该程序，子程序执行后又可以返回主程序，继续执行后面的程序段。子程序在数控编程中应用相当广泛。合理、正确应用子程序功能，为编写和修改加工程序带来很大方便，能大大提高工作效率。

1. 子程序的应用原则

(1) 零件上有若干处相同的轮廓形状。在这种情况下只编写一个子程序，然后用主程序调用该子程序就可以了。

(2) 加工中反复出现有相同轨迹的走刀路线。被加工的零件需要刀具在某一区域内分层或分行反复走刀，走刀轨迹总是出现某一特定的形状，采用子程序比较方便，此时通常要以增量方式编程。

(3) 程序的内容具有相对独立性。在加工较复杂零件时，往往包含许多独立的工序，有时工序之间的调整也是允许的，为了优化加工顺序，把每个工序编成一个独立子程序，主程序中只需加入换刀和调用子程序等指令即可。

2. 调用子程序M98 指令(第一种方式)

指令格式：M98　P__　××××。
指令功能：调用子程序。
指令说明：P__为要调用的子程序号；××××为重复调用子程序的次数，若只调用一次子程序可省略不写，系统允许重复调用次数为1～9999 次。

3. 子程序结束 M99 指令

指令格式　M99
指令功能　子程序运行结束，返回主程序。
指令说明

(1) 执行到子程序结束 M99 指令后，返回至主程序，继续执行 M98　P__××××程序段下面的主程序。

(2) 若子程序结束指令用 M99　P__格式时，表示执行完子程序后，返回到主程序中由 P__指定的程序段。

(3) 若在主程序中插入 M99 程序段，则执行完该指令后返回到主程序的起点。

(4) 若在主程序中插入/M99 程序段，当程序跳步选择开关为 "OFF" 时，则返回到主程序的起点；当程序跳步选择开关为 "ON" 时，则跳过/M99 程序段，执行其下面的程序段。

(5) 若在主程序中插入/M99　P__程序段，当程序跳步选择开关为 "OFF" 时，则返回到主程序中由 P___ 指定的程序段；当程序跳步选择开关为 "ON" 时，则跳过该程序段，执行其下面的程序段。

4. 子程序调用 M98、M99 指令(第二种方式)

指令格式：M98 P___L___

指令说明

(1) 子程序是以 O 开始，以 M99 结尾的，子程序是相对于主程序而言的。

(2) M98 置于主程序中，表示开始调用子程序。

(3) M99 置于子程序中，表示子程序结束，返回主程序。

(4) P____ 为程序号，L___ 为调用次数。

(5) 主程序与子程序间的模态代码互相有效。

如主程序中使用 G90 模式，调用子程序，子程序中使用 G91 模式，则返回主程序时，在主程序里 G91 模式继续有效。

(6) 在子程序中多使用 G91 模式编程。

(7) 在半径补正模式下，如无特殊考虑，应避免主、子程序切换。

(8) 子程序可多重调用，最多可达四重。

(9) 每次调用子程序时的坐标系，刀具半径补正值、坐标位置、切削用量等可根据情况改变。

任务 3.5.2　子程序零件加工

例 1　如图 3-55 所示，用直径为 8mm 的立铣刀，粗铣图 3-55 所示工件的型腔。

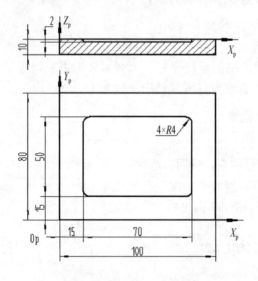

图 3-55　型腔加工示例

(1) 工艺分析。确定工艺路线，如图 3-56 所示，采用行切法，刀心轨迹 $B \rightarrow C \rightarrow D \rightarrow E \rightarrow F$ 作为一个循环单元，反复循环多次，设图 3-56 所示零件上表面的左下角为工件坐标系的原点。

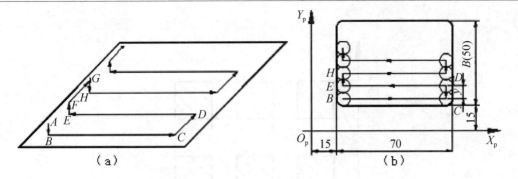

图 3-56　工艺路线

(2) 计算刀心轨迹坐标、循环次数及步进量(Y 方向步距)如图 3-56 所示，设循环次数为 n，Y 方向步距为 y，步进方向槽宽为 B，刀具直径为 d，则各参数关系为

循环 1 次：铣出槽宽 $y+d$

循环 2 次：铣出槽宽 $3y+d$

循环 3 次：铣出槽宽 $5y+d$

⋮

循环 n 次：铣出槽宽 $(2n-1)y+d=B$

根据图纸尺寸要求，将 $B=50$、$d=8$ 代入式 $(2n-1)y+d=B$ 中，即 $(2n-1)y=42$，取 $n=4$，得 $Y=6$，刀心轨迹有 1mm 重叠，可行。

(3) 加工程序，如表 3-15 所示。

表 3-15　加工程序

程　序	注　释
O1100;	程序号
N010 G90 G92 X0 Y0 Z20;	使用绝对坐标方式编程，建立工件坐标系
N020 G00 X19 Y19 Z2 S800 M03;	快速进给至 X=19，Y=19，主轴正转，转速 800r/min
N030 G01 Z-2 F100;	Z 轴工进至 Z=-2
N040 M98 P10104;	重复调用子程序 O1010 四次
N050 G90 G00 Z20;	Z 轴快移至 Z=20
N060 X0 Y0 M05;	快速进给至 X=0、Y=0，主轴停
N070 M30;	主程序结束
O1010;	子程序号
N010 G91 G01 X62 F100;	使用相对坐标方式编程，直线插补，X 坐标增量 62
N020 Y6;	直线插补，Y 坐标增量 6
N030 X-62;	直线插补，X 坐标增量-62
N060 Y6;	直线插补，Y 坐标增量 6
N070 M99;	子程序结束并返回主程序

例 2　加工图 3-57 所示轮廓，已知刀具起始位置为(0，0，100)，切深为 10mm，试编

制程序。

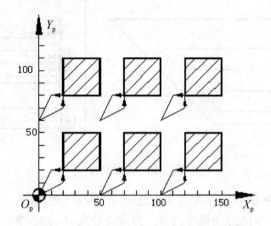

图 3-57 子程序轮廓加工

程序如表 3-16 所示。

表 3-16 程序清单

程 序	说 明
O100;	主程序
G90G54G00Z100.0S800M03;	加工前准备指令
M08;	冷却液开
X0.Y0.;	快速定位到工件零点位置
M98 P200 L3;	调用子程序(O200)，并连续调用 3 次，完成 3 个方形轮廓的加工
G90G00X0.Y60.0;	快速定位到加工另外 3 个方形轮廓的起始点位置
M98 P200 L3;	调用子程序(O200)，并连续调用 3 次，完成 3 个方形轮廓的加工
G90G00Z100.0;	快速定位到工件零点位置
X0.Y0.;	
M09;	冷却液关
M05;	主轴停
M30;	程序结束
O200;	子程序，加工一个方形轮廓的轨迹路径
G91Z-95.0;	相对坐标编程
G41X20.0Y10.0D1;	建立刀补
G01Z-10.0F100;	铣削深度
Y40.0;	直线插补
X30.0;	直线插补
X-40.0;	直线插补
G00Z110.0;	快速退刀
G40X-10.0Y-20.0;	取消刀补
X50.0;	为铣削另一方形轮廓做好准备
M99;	子程序结束

例 3 用直径为 5mm 的立铣刀，加工图 3-58 所示零件，其中方槽的深度为 5mm，圆槽的深度为 4mm，外轮廓厚度为 10mm。

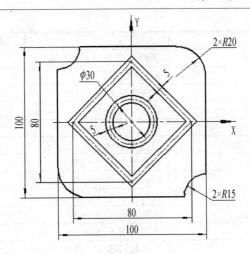

图 3-58　子程序加工图

(1) 工艺分析。该零件的工艺过程由三个独立的工序组成，为了便于程序的检查、修改和工序的优化，把各工序的加工轨迹编写成子程序，主程序按工艺过程分别调用各子程序，设零件上表面的对称中心为工件坐标系的原点。

(2) 加工程序，如表 3-17 所示。

表 3-17　加工程序

程　序	注　释
O1100;	程序号
N010 G90 G92 X0 Y0 Z20;	使用绝对坐标方式编程，建立工件坐标系
N020 G00 X40 Y0 Z2 S800 M03;	快速进给至 X=40、Y=0，主轴正转，转速 800r/min
N030 M98 O1010;	调用子程序 O1010
N040 G00 Z2;	Z 轴快移至 Z=2
N050 X15 Y0;	快速进给至 X=15、Y=0
N060 M98 O1020;	调用子程序 O1020
N070 G00 Z2;	Z 轴快移至 Z=2
N080 X60 Y-60;	快速进给至 X=60、Y=-60
N090 M98 O1030;	调用子程序 O1030
N100 G00 Z20;	Z 轴快移至 Z=20
N110 X0 Y0 M05;	快速进给至 X=0、Y=0，主轴停
N120 M30;	主程序结束
O1010;	子程序号
N010 G01 Z-5 F100;	Z 轴工进至 Z=-5，进给速度 100mm/min
N020 X0 Y-40;	直线插补至 X=0、Y=-40
N030 X-40 Y0;	直线插补至 X=-40、Y=0
N040 X0 Y40;	直线插补至 X=0、Y=40
N050 X40 Y0;	直线插补至 X=40、Y=0
M99;	子程序结束并返回主程序
O1020;	子程序号
N010 G01 Z-4 F150;	Z 轴工进至 Z=-4，进给速度 150mm/min
N020 G02 X15 Y0 R15;	顺圆插补至 X=15、Y=0

程　　序	注　　释
N030 M99;	子程序结束并返回主程序
O1030;	子程序号
N010 G00 Z-10;	Z 轴快移至 Z=-10
N020 G41 G01 X35 Y-50 F80 H05;	直线插补至 X=35、Y=-50，刀具半径左补正 H05=2.5mm
N030 X-30;	直线插补至 X=-30
N040 G02 X-50 Y-30 R20;	顺圆插补至 X=-50、Y=-30
N050 G01 Y35;	直线插补至 Y=35
N060 G03 X-35 Y50 R15;	逆圆插补至 X=-35、Y=50
N070 G01 X30;	直线插补至 X=30
N080 G02 X50 Y30 R20;	顺圆插补至 X=50、Y=30
N090 G01 Y-35;	直线插补至 Y=-35
N100 G03 X-35 Y-50 R15;	逆圆插补至 X=-35、Y=-50
N110 G40 G01 X-60 Y-60;	直线插补至 X=-60、Y=-60，取消刀具半径补正
N120 M99;	子程序结束并返回主程序

拓展阅读 3-1
铣削宏程序编程

第4章 数控机床操作与技能实训

项目 4.1 数控机床操作

任务 4.1.1 FANUC 0iT 系统车床操作

【加工任务】

加工图 4-1 所示零件。材料、工序、刀具、机床、程序分别如表 4-1 至表 4-4 所示。

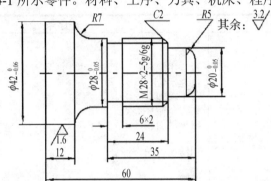

材料：45 钢
毛坯：ϕ44mm×100mm
加工设备：
FANUC 0 i-TC 数控车床

图 4-1 零件图及实物

表 4-1 加工工序

工步号	工步内容	G 功能	T 功能	S/(r/min)	v_f/(mm/r)	a_p/mm	加工余量
1	粗车右端外形轮廓	G71	T0101	500	0.2	2.5	0.5
2	精车右端外形轮廓	G70	T0202	800	0.1	0.25	0
3	切槽	G01	T0303	300	0.1		
4	车 M28×2 螺纹	G92	T0404	400	0.9 0.7 0.4 0.165		

表 4-2 加工刀具

序号	刀具号	刀具名称及规格	刀具材料	刀尖半径	刀位点	加工表面
1	T01	端面、外圆粗车右偏刀，主偏角 93°，副偏角 10°	YT20	R0.4 mm	刀尖	车端面、粗车外形
2	T02	外圆精车右偏刀，主偏角 93°，偏角 7°	YT20	R0.4 mm	刀尖	精车轮廓
3	T03	切槽刀，刀宽 4mm	W18Cr4V	R0.2 mm	刀尖	切槽
4	T04	60° 螺纹车刀	YT20	R0.2 mm	尖点	车外螺纹

表 4-3　M28×2-5g/6g　螺纹切削参数

实际大径 $d_0=27.7$	实际小径 $d_{01}=25.835$
前置量 $L_1=5$	后置量 $L_2=2$
切削点	切深 $2×a_p$
C1(26.9,-31)	0.9
C2(26.3,-31)	0.7
C3(25.9,-31)	0.4
C4(25.835,-31)	0.165

表 4-4　加工程序

	O0789	主程序号
N10	T0101;	
N020	G99 G00 X100 Z100;	
N030	M03 S500 ;	设定主轴转速,正转,换 1 号刀
N040	G00 X48 Z0;	快速定位
N050	G01 X0 F0.15;	车平端面
N060	G00 X45 Z2;	到粗车循环起点
N070	G71 U2.5 R1;	粗车轴面循环
N080	G71 P80 Q190 U0.5 W0.1 F0.2;	
N090	N80 G00 X0;	到精加工起点面处
N100	G01 Z0 F0.1;	
N110	G03 X20 Z-5 R5;	倒圆
N120	G01 Z-11;	粗加工ϕ20mm 外圆
N130	X24;	粗车台阶面
N140	X27.7 Z-13;	倒角
N150	Z-32;	车台螺纹外圆阶面
N160	X28;	
N170	Z-41;	粗加工ϕ28mm 外圆
N180	G02 X42 Z-48 R7;	车 R7mm 面
N190	G01 Z-65;	
N200	N190 U6;	
N210	G00 X100 Z100;	粗加工后到换刀点位置
N220	T0202 S800;	换精车刀
N230	G00 X45 Z2;	到精车循环起点
N240	G70 P80 Q190;	精车各表面
N250	G00 X100 Z100;	精加工后到换刀点位置
N260	T0303 S300;	换切槽刀
N270	G00 X30 Z-35;	
N280	G01 X24 F0.1;	切槽
N290	G00 X30;	
N300	Z-33;	
N190	G01 X24 F0.1;	
N200	G00X30;	
N210	X100 Z100;	到换刀点位置
N220	T0404 S400;	换螺纹刀
N230	G00 X32 Z-6;	到车螺纹循环起点
N240	G92 X26.9 Z- 31 P2;	车螺纹
N210	X26.3;	
N220	X25.9;	
N230	X25.835;	
N240	G00 X100 Z100;	回到换刀点位置
N250	M30;	程序结束

【加工过程】

1. 机床上电

(1) 检查数控机床的外观是否正常(见图 1-4)，如电气柜的门是否关好等。按机床通电顺序通电。

(1) 机床电源开关　　　(2) 机床系统电源开关　　　(3) 急停按钮

图 4-2　机床开关及按钮

(2) 通电后检查位置屏幕是否显示，如有错误会显示相关的报警信息。注意，在显示位置屏幕或报警屏幕之前，不要操作系统，因为有些键可能有特殊用途，如被按下可能会有意想不到的结果。

2. 手动回零操作(见表 4-5)

表 4-5　手动回零操作

序号	操作示意图	知识点
1	🔘按此按钮，使之对应的灯变亮	机床手动返回参考点
2	先按"+X"；再按"+Z" Ⅹ Ｚ ＋ ∿ －	注意：请务必先回 X 轴再回 Z 轴，这样可防止撞刀(与尾座)
3	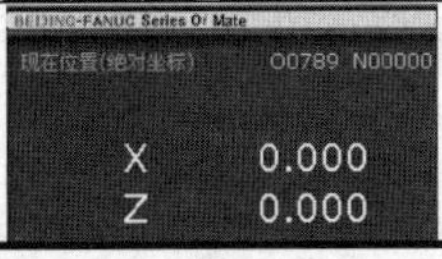 BEIJING-FANUC Series 0i Mate 现在位置(绝对坐标)　　O0789 N00000 X　　0.000 Z　　0.000	完成后的 CRT 显示如左图 注意：重复按位置 POS 键，可以在不同的显示页面间切换

3. 程序输入与编辑(见表 4-6)

表 4-6　程序输入与编辑

序号	操作示意图	知识点
1	按程序PROG 键，再按编辑②键进入程序操作界面 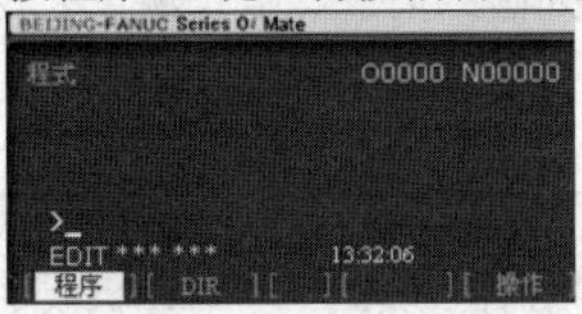 BEIJING-FANUC Series 0i Mate 程式　　　　　　O0000 N00000 >_ EDIT **** *** 13:32:06 程序 DIR 　　　‖ 操作 注意：请在编辑程序前打开程序锁 🔒 🔑 程序扩展： 按操作软键 操作 进入程序操作区，在这里可以对程序进行"复制""合并""替换"等操作。	(1) 按 DIR 下方的软键可查看已存的程序 (2) 按 程序 下方的软键进入程序操作界面，如左图所示 (3) 建立新程序，如"O0008" 按顺序按 Op 8 INPUT 结果为 。 注：数字前面的 000 由系统自动添加 (4) 如果要打开已有的程序，如"O0001" 按顺序按 Op 1 INSERT 键 (5) 如果要删除已有的程序，如"O0001" 按顺序按 Op 1 DELETE 键

序号	操作示意图	知 识 点
2	程序语句的输入： 例如，输入 T0101 S500 M03； 请依次按 T 0. 1 0. 1 S 5 0. 0. M 0. 3 EOB INSERT 即可完成。结果如右图 如输入时有错误可用 CAN 键回退消除； 如修改已完成的指令或数字等，可用移动光标键到 要修改的指令或数字下，然后用 ALERT INSERT DELETE 键辅助完成	本系统程序命名原则为：字母"O+四个数字"，数字前面的"零"可以省略。 EOB 为换行键，可输入并换行 O0008; T0101S500M03; : %
3	转换键：如要在"X"与"U" XU 之间转换输入，可用 SHIFT 键辅助完成	此键类似于计算机键盘上的"Shift"键
4	MDI 录入方式：按 PROG 键，按 ▣ 键进入 MDI 录入操作方式；如换 2 号刀，操作顺序如下：先按 T 键，再顺序按 0. 2 0. 0. EOB INSERT 键，再按循环启动 ▯ 完成	T 1 >_ MDI *** *** [程序] [MDI]

4. 手动对刀(见表 4-7)

表 4-7　手动对刀

序号	操作示意图	知 识 点
1	正确安装工件：找正并夹紧  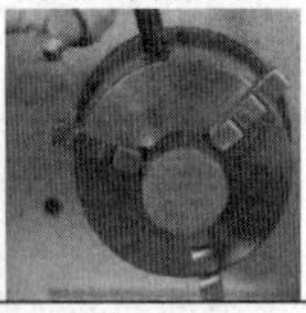	要保留足够的加工长度。 必要时要用百分表找正
2	调刀：在 MDI 方式下，将 1 号刀转到当前位置	注意：要用 T0100 指令格式 不要使用面板上的换刀键：TOOL
3	对 X 轴：在手动 方式下，按 键启动主轴正转，用 点动方式 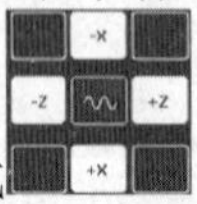 或手轮方式手动切外圆，保持 X 轴不变，沿 Z 轴方向退刀，停止主轴，并测量刚切过的外圆表面  	当靠近工件请用手动脉冲方式 或者用手轮方式移动刀架，并适当调整脉冲当量。 X 1 X 10 X 100 X 1000 切外圆距离：够卡尺测量外径即可。假设测量的直径为 43.18mm
4	输入 X 刀补值： 按 OFFSET SETTING 键进入偏置界面，选择 补正 形状 ，按光标键移动光标选择 G001X 偏置号；依次输入地址键、数字键 XU 4 3. . 1 8 键，再按测量软键 测量 X 轴刀具偏置值被设定；如右图所示。	(1) 用此法对刀在开机时要进入机械回零操作方式，使两轴回机械零点 (2) 用此对刀方法不存在基准刀非基准刀问题，在刀具磨损或调整任何一把刀时，只要对此刀进行重新对刀即可 刀具补正/几何 番号 G 001 -247.878

续表

序号	操作示意图	知识点
5	对 Z 轴：在手动　方式下，按　键启动主轴正转，用点动方式　或　手轮方式手动切端面，保持 Z 轴不变，沿 X 轴方向退刀，停止主轴	在端面上切一薄层，一圈切圆即可。此时 Z=0。注意：切记不要将刀偏值输入到磨耗里。另外，如用 G54～G59 指令编程请将刀偏值输入到对应的 G5x 里。 坐标系 此时最好每把刀都建立一个 G5x 坐标系，再分别对刀，为了安全，"形状"归零
6	输入 Z 刀补值：按　键进入偏置界面，选择　补正　形状，按光标键移动光标选择 G001Z 偏置号；依次输入地址键、依次输入地址 Z 键、数字 0 键，再按测量软键　测量　Z 轴刀具偏置值被设定，如右图所示	注意：换刀时要用 MDI 方式换刀，如 T0200、T0300、T0400 等，并且换刀后屏幕上显示当前刀号要正确 刀具补正/几何 G001 -247.878 -389.396 G002 -258.388 -388.396 G003 -258.388 -391.396 G004 -259.270 -390.596
7	同理，将其他三把刀对好，刀补结果如右图所示	
8	在以下情况要对刀补进行修正： • 刀具有磨损 • 利用刀补改变加工余量 • 重新对刀 注意：不用输入数字按　C.输入　键，系统直接将当前点的坐标放到刀偏值里	绝对值输入刀补：数字+　输入　增量值输入刀补：数字+　+输入　刀具偏置值清零：移动光标到要归零的刀偏上，按 0 键，再按　输入　键，即可完成
9	超程解除：按复位　键，然后反向按超程轴的按钮即可	复位后：所有轴运动停止；M、S 功能输出无效；自动运行结束，模态功能、状态保持

注：刀补输入方法

U -111.528 W -204.287
>_
JOG *** *** 17:02:40
[No检索][测量][C.输入][+输入][输入]

[测量]：输入格式：X50 或 Z0　结果：得到编程原点(刀尖)相对于机床原点的坐标。

[C.输入]：不用输入数值，直接按此软键得到刀尖在机床坐标系下的当前值。

[+输入]：输入格式：数字如 2 等，结果：以相对方式输入刀补值。

[输入]：输入格式：数字如 2 等，结果：以绝对方式输入刀补值。

5. 自动加工(见表 4-8)

表 4-8　自动加工

序　号	操作示意图	知识点
1	自动运行的启动： (1) 按　键选择自动操作方式 (2) 按　键启动程序，程序自动运行 (3) 单程序段 (4) 程序段选跳 在程序中不想执行某一段程序而又不想删除时，可选择程序段选跳功能。当程序段段首具有 "/" 号且程序段选跳开关打开时，在自动运行时此程序段跳过个运行。	从任意段自动运行： (1) 按　键进入编辑操作方式，按　键进入程序界面，打开加工的程序 (2) 将光标移至准备开始运行的程序段处(如从第四行开始运行，移动光标至第四行开头) (3) 如当前光标所在程序段的模态(G、M、T、F 指令)默认，并与运行该程序段的模态不一致，必须执行相应的模态功能后方可继续下一步骤。

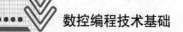

续表

序 号	操作示意图	知 识 点
1	自动操作方式下，程序段选跳开关打开的方法如下： (5) 可选择暂停◉，当此开关打开时，程序遇到"M01"指令时就停止，等待下一步操作 (6) 进给、快速速度、主轴速度的调整	注意：自动加工程序是从光标段的上一段开始执行，此时可能要在手动方式下开主轴、开冷却液、调刀补等操作 (4) 按▣键进入自动操作方式，按▣键启动程序运行 注：当程序段选跳开关未开时，程序段段首具有"/"号的程序段在自动运行时将不会被跳过，照样执行
2	自动运行的停止： (1) 指令停止(M00) (2) 按▣键停止 (3) 按复位键或按急停按钮 (4) 转换操作方式：在自动运行过程中转换为机械回零、手轮/单步、手动、程序回零方式时，当前程序段立即"暂停"；在自动运行过程中转换为编辑、录入方式时，在运行完当前的程序段后才显示"暂停"	含有 M00 的程序段执行后，停止自动运行，模态功能、状态全部被保存起来。按▣键后，程序继续执行
3	空运行：自动运行程序前，为防止编程错误而出现意外，可以选择空运行状态进行程序的校验。 (1) 方法：按空运行键▣，使状态指示区中的空运行指示灯亮，表示进入空运行状态 (2) 空运行—图形设置，按▣键进入图形界面	注意：空运行状态下，机床进给、辅助功能有效(如果机床锁住、辅助锁住开关处于关状态)。 请锁好：▣机床锁。 图形参数的设置方法： (1) 移动光标到需要设定的参数上 (2) 输入相应的数值 (3) 按▣键，完成设置 (4) 按▣ 图形键打开作图窗口 (5) 启动自动运行，开始作图 (6) 可修作图窗口的大小，这里从略

6. 紧急操作

在加工过程中，由于用户编程、操作以及产品故障等原因，可能会出现一些意想不到的结果，此时以下操作可以使系统立即停止工作。

1) 复位

按▣键，使所有轴运动停止；M、S 功能输出无效；自动运行结束，模态功能、状态保持。

2) 急停

机床运行过程中在危险或紧急情况下按急停按钮，数控机床即进入急停状态，此时机床移动立即停止，所有的输出(如主轴的转动、冷却液等)全部关闭◉。

3) 进给保持

机床运行过程中可按▣键使运行暂停。需要特别注意的是，螺纹切削、循环指令运行中，此功能不能使运行动作立即停止。

4) 切断电源

机床运行过程中在危险或紧急情况下可立即切断机床电源，以防事故发生。但必须注意，切断电源后数控机床显示坐标与实际位置可能有较大偏差，必须进行重新对刀等操作。

任务 4.1.2　GSK980TD 系统车床操作

【加工任务】

加工图 4-3 所示零件，加工工序、加工刀具、切削参数及程序清单分别如表 4-9 至表 4-12 所示。

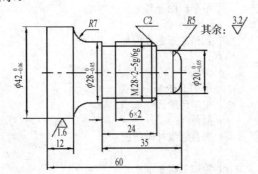

材料：45 钢
毛坯：$\phi 44mm \times 100mm$
加工设备：
GSK980TD 系统数控车床
编程原点：右端面轴心处

图 4-3　零件图及实物说明

表 4-9　加工工序

工步号	工步内容	G 功能	T 功能	$S/(r/min)$	$v_f/(mm/r)$	a_p/mm	加工余量
1	粗车右端外形轮廓	G71	T0101	500	0.2	2.5	0.5
2	精车右端外形轮廓	G70	T0202	800	0.1	0.25	0
3	切槽	G01	T0303	300	0.1		
4	车 M28×2 螺纹	G92	T0404	400	0.9　0.7　0.4　0.165		

表 4-10　加工刀具

序号	刀具号	刀具名称及规格	刀具材料	刀尖半径 /mm	刀位点	加工表面
1	T01	端面、外圆粗车右偏刀，主偏角 93° 副偏角 10°	YT20	$R0.4$	刀尖	车端面、粗车外形
2	T02	外圆精车右偏刀，主偏角93°、偏角7°	YT20	$R0.4$	刀尖	精车轮廓
3	T03	切槽刀，刀宽 4mm	W18Cr4V	$R0.2$	刀尖	切槽
4	T04	60° 螺纹车刀	YT20	$R0.2$	尖点	车外螺纹

表 4-11　M28×2-5g/6g 螺纹切削参数

实际大径 $d_0=27.7$	实际小径 $d_{01}=25.835$
前置量 $L_1=5$	后置量 $L_2=2$
切削点	切深 $2 \times a_p$
$C_1(26.9,-31)$	0.9
$C_2(26.3,-31)$	0.7
$C_3(25.9,-31)$	0.4
$C_4(25.835,-31)$	0.165

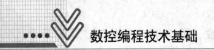

表 4-12 加工程序卡

O0456		主程序号
N010	T0101;	
N020	G99 G00 X100 Z100 M03 S500;	设定主轴转速，正转，换 1 号刀
N030	G00 X48 Z0;	快速定位
N040	G01 X0 F0.15;	车平端面
N050	G00 X45 Z2;	到粗车循环起点
N060	G71 U2.5 R1;	粗车轴面循环
N070	G71 P80 Q190 U0.5 W0.1 F0.2;	
N080	N80 G00 X0;	到精加工起点面处
N090	G01 Z0 F0.1;	
N100	G03 X20 Z-5 R5;	倒圆
N110	G01 Z-11;	粗加工φ20mm 外圆
N120	X24;	粗车台阶面
N130	X27.7 Z-13;	倒角
N140	Z-32;	车台螺纹外圆阶面
N150	X28;	
N160	Z-41;	粗加工φ28mm 外圆
N170	G02 X42 Z-48 R7;	车 R7 面
N180	G01 Z-65;	
N190	N190 U6;	
N200	G00 X100 Z100;	粗加工后到换刀点位置
N210	T0202 S800;	换精车刀
N220	G00 X45 Z2;	到精车循环起点
N230	G70 P80 Q190;	精车各表面
N240	G00 X100 Z100;	精加工后到换刀点位置
N250	T0303 S300;	换切槽刀
N260	G00 X30 Z-35;	
N270	G01 X24 F0.1;	切槽
N280	G00 X30;	
N290	Z-33;	
N300	G01 X24 F0.1;	
N190	G00X30;	
N200	X100 Z100;	到换刀点位置
N210	T0404 S400;	换螺纹刀
N220	G00 X32 Z-6;	到车螺纹循环起点
N230	G92 X26.9 Z- 31 P2;	车螺纹
N240	X26.3;	
N210	X25.9;	
N220	X25.835;	
N230	G00 X100 Z100;	回到换刀点位置
N240	M05;	主轴停转
N250	M30;	程序结束
N260		

【加工过程】

1. 机床上电

参见书中有关内容。

2. 手动回零操作(见表 4-13)

表 4-13　手动回零操作

序　号	操作示意图	知 识 点
1	➔⊕ 按此按钮,使之对应的灯变亮	机床手动返回参考点
2	+X　先按"+X"	注意:请务必先回 X 轴再回 Z 轴,这样可防止与尾座撞刀
3	+Z　再按"+Z"	
4	现在位置(绝对坐标)　　O0789 N0000 O0789　　　N0000 X　　　　　0.000 Z　　　　　0.000 手动速率　126　G功能码　G00,G98 实际速率　9999　加工产品数　　0 进给倍率　100%　切削时间　00:00:00 快速倍率　100%　S 0600 T 0100 机械回零	完成后的 CRT 显示如左图。 注意:按 键,再按 或 键可以在不同的显示页面间切换。

3. 程序输入与编辑(见表 4-14)

表 4-14　程序输入与编辑

序　号	操作示意图	知 识 点
1	按 键进入程序界面,在非编辑操作方式下程序界面有程序内容、程序状态、程序目录三个页面,通过 键、 键查看	按"程序"键,进入程序操作,此时有两种状态,即"非编""编辑"
2	按 键进入程序界面,在编辑 操作方式下只有程序内容页面,通过 键、 键显示当前程序的所有程序段内容	注:在"非编"状态下可查看已存的程序,如果想对"程序"进行操作,请按"编辑"键,进入可编辑操作方式
3	删除已有的程序:请在 方式下, 输入程序名,如"O5",依次按 O 5 键,再按 键即可	补充:程序改名及复制,选择编辑操作方式,进入程序内容显示页面,输入新程序名如"O01",按"修改"键是改名;按"转换"键是复制
4	建立新的程序:请在 方式下,输入程序名,如"O456" 依次按 O 4 5 6 键,再按 键即可	屏显 O0456; 本系统程序命名原则为:字母"O+四个数字",数字前面的"零"可以省略
5	打开已有的程序:请在 方式下, 输入程序名,如"O789" 依次按 O 7 8 9 键,再按 键即可	O0789; T0101; G99G00X50Z10; M03S500;
6	例如,输入 T0101; 依次按 "T""0""1""0""1" EOB 即可完成。 如输入错误,可用 键回退消除。 如修改已完成的指令或数字等,可用 来完成	EOB 为换行键,可输入;并换行

序　号	操作示意图	知　识　点
7	转换键：例如，要在"D""L" ⬚ 之间转换输入，请用 ⬚ 辅助完成	此键类似于计算机键盘上的 Shift 键
8	MDI 录入方式： 按 ⬚ 键进入录入操作方式；再按 ⬚ 键(必要时再按 ⬚ 键或 ⬚ 键)进入程序状态，页面如右图所示。 例如，换 2 号刀，"T0200"，操作顺序如下： 先按 ⬚ 键，再按 ⬚ 键，并用 ⬚ 键进入程序状态页面(如上图)，再依次按 ⬚ 0 2 0 0 ⬚ 键，最后按 ⬚ 键。换刀界面如右图	程序　　　　　　　　O0456 N-001 (程序段值) 　X　　　　　F　　　150 　Z　　G00　M 　U　　G97　S　　　0600 　W　　　　　T　　　　2 地址 　　　　　　　　　　录入方式

4. 手动对刀(见表 4-15)

表 4-15　手动对刀

序　号	操作示意图	知　识　点
1	正确安装工件：找正并夹紧	要保留足够的加工长度。 必要时要用百分表找正
2	在 MDI 方式下，将 1 号刀转到当前位置	注意：要用 T0100 格式
3	对 X 轴：在手动 ⬚ 方式下，按 ⬚ 键启动主轴正转，用点动方式或手轮方式手动切外圆，保持 X 轴不变，沿 Z 轴方向退刀 　　-X -Z　⬚　+Z 　　+X 停止主轴，并测量刚切过的外圆表面	如果用点动方式移动刀架，则要调低快速倍率。 如果用手轮方式则要注意正确调整倍率。 ⬚0.001 ⬚0.01 ⬚0.1 切外圆距离：够卡尺测量外径用即可 假设：测量的直径为 43.18mm
4	输入 X 刀补值： 按 ⬚ 键进入偏置界面，选择刀具偏置页面，按 ⬚ 键、⬚ 键移动光标选择偏置号； 依次输入 X 键、4 3 . 1 8 键及 ⬚ 键，X 轴刀具偏置值被设定；如右图所示	(1) 此法对刀时在开机时要进入机械回零操作方式，使两轴回机械零点 (2) 用此对刀方法不存在基准刀非基准刀问题，在刀具磨损或调整任何一把刀时，只要对此刀进行重新对刀即可 (3) 第一个程序段用 T 指令执行刀具长度补正或程序的第一个移动指令程序段包含执行刀具长度补正的 T 指令 偏置 NO.　　　　　　　X 01　　　-258.748

序　号	操作示意图	知 识 点
5	对 Z 轴：在手动 ⊙ 方式下，按 ↻ 键启动主轴正转，用点动方式或 手轮方式手动切端面，保持 Z 轴不变，沿 X 轴方向退刀，停止主轴	在端面上切一薄层，一圈切圆即可。此时 $Z=0$
6	输入 Z 刀补值：按 键进入偏置界面，选择刀具偏置页面，按 ⇧ 键、⇩⇧ 键移动光标选择偏置号；依次输入地址 Z 键、数字键 及 键，Z 轴刀具偏置值被设定；如右图所示	偏置 NO.　　　X　　　　　Z 01　-258.748　-394.154 02　-261.600　-394.200 03　-264.000　-399.522 04　-264.000　-399.526 注意：换刀时要用 MDI 方式换刀，如 T0200、T0300、T0400 等，并且换刀后屏幕上显示当前刀号要正确
7	同理，将其他三把刀对好，刀补结果如右图所示	
8	在以下情况要对刀补进行修正： • 刀具有磨损 • 利用刀补改变加工余量 • 重新对刀	绝对值输入刀补：X 或 Z+数字+ 输入 增量值输入刀补：U 或 W+数字+ 输入 刀具偏置值清零：X 刀偏清零，则按 ^{X} 键，再按 键，同理 Z 清零：^{Z}+
9	超程解除：按复位 键，然后反向按超程轴的按钮即可	● 复位后，所有轴运动停止 ● M、S 功能输出无效 ● 自动运行结束，模态功能、状态保持

5. 自动加工(见表 4-16)

表 4-16　自动加工

序　号	操作示意图	知 识 点
1	自动运行的启动： (1) 按 键选择自动操作方式 (2) 按 键启动程序，程序自动运行 (3) 单程序段 (4) 程序段选跳 在程序中不想执行某一段程序而又不想删除时，可选择程序段选跳功能。当程序段段首具有"/"号且程序段选跳开关打开时，在自动运行时此程序段跳过不运行。 自动操作方式下，程序段选跳开关打开的方法如下： 方法 1：按跳段 键使状态指示区中程序段选跳指示灯亮 方法 2：按进入机床软面板页面，按数字键使"*"号处于开状态 程序选跳（组5）：*关 开 (5) 进给、快速速度、主轴速度的调整。 进给倍率的调整、快速倍率的调整、主轴速度调整通过 ⇧ ⇩ 来调整它们的倍率 主轴 快速 进给 倍率 倍率 倍率	从任意段自动运行： (1) 按 键进入编辑操作方式，按 键进入程序界面，按 键或 键选择程序内容页面 (2) 将光标移至准备开始运行的程序段处(如从第四行开始运行，移动光标至第四行开头) (3) 如当前光标所在程序段的模态(G、M、T、F 指令)默认，并与运行该程序段的模态不一致，必须执行相应的模态功能后方可继续下一步骤 (4) 按 键进入自动操作方式，按 键启动程序运行 注：当程序段选跳开关未开时，程序段段首具有"/"号的程序段在自动运行将不会被跳过，照样执行

序　号	操作示意图	知 识 点
2	自动运行的停止： (1) 指令停止（M00） (2) 按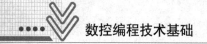键停止 (3) 按复位键或按急停按钮 (4) 转换操作方式：在自动运行过程中转换为机械回零、手轮/单步、手动、程序回零方式时，当前程序段立即"暂停"；在自动运行过程中转换为编辑、录入方式时，在运行完当前的程序段后才显示"暂停"	含有 M00 的程序段执行后，停止自动运行，模态功能、状态全部被保存起来 按键后，程序继续执行
3	空运行：自动运行程序前，为防止编程错误出现意外，可以选择空运行状态进行程序的校验 注意：空运行状态下，机床进给、辅助功能有效（如果机床锁住、辅助锁住开关处于关状态），也就是说，空运行开关的状态对机床进给、辅助功能的执行没有任何影响，程序中指定的速度无效 (1)方法：按空运行键使状态指示区中的空运行指示灯亮，表示进入空运行状态 (2)空运行－图形设置 按键进入图形界面，按键或键显示图形参数页面。 在图形显示页面，按一次 S 键，开始作图，按一次 T 键，停止作图	请锁好：机床锁住、辅助功能锁定。 (1) 图形参数的设置方法 ① 在录入操作方式下，按键、键移动光标到需要设定的参数上 ② 输入相应的数值 ③ 按键，完成设置 (2) 缩放比例：设定绘图的比例 (3) 图形中心：设定工件坐标系下 LCD 中心对应的工件坐标值 (4) 在图形显示页面，可通过编辑键盘上的键进行图形轨迹的实时放大、缩小

6. 紧急操作

参见任务 4.1.1 的有关内容。

任务 4.1.3　Simens 802sc 系统车床操作

【加工任务】

加工图 4-4 所示零件，加工工序、加工刀具、切削参数及程序清单如表 4-17 至表 4-20 所示。

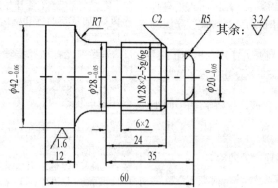

材料：45 钢
毛坯：ϕ44mm×100mm
加工设备：
Simens 802s 数控车床

图 4-4　零件图

表 4-17　加工工序

工步号	工步内容	G 功能	T 功能	S/(r/min)	v_f/(mm/r)	a_p/mm	加工余量
1	粗车右端外形轮廓	G71	T0101	500	0.2	2.5	0.5
2	精车右端外形轮廓	G70	T0202	800	0.1	0.25	0
3	切槽	G01	T0303	300	0.1		
4	车 M28×2 螺纹	G92	T0404	400	0.9　0.7　0.4	0.165	

表 4-18　加工刀具

序号	刀具号	刀具名称及规格	刀具材料	刀尖半径/mm	刀位点	加工表面
1	T01	端面、外圆粗车右偏刀，主偏角 93°、副偏角 10°	YT20	$R0.4$	刀尖	车端面、粗车外形
2	T02	外圆精车右偏刀，主偏角 93°、偏角 7°	YT20	$R0.4$	刀尖	精车轮廓
3	T03	切槽刀，刀宽 4mm	W18Cr4V	$R0.2$	刀尖	切槽
4	T04	60° 螺纹车刀	YT20	$R0.2$	尖点	车外螺纹

表 4-19　M28×2-5g/6g 螺纹切削参数

实际大径 $d0$=27.7	实际小径 d_{01}=25.835
前置量 L_1=5	后置量 L_2=2
切削点	切深 $2×a_p$
C_1(26.9,-31)	0.9
C_2(26.3,-31)	0.7
C_3(25.9,-31)	0.4
C_4(25.835,-31)	0.165

表 4-20　加工程序卡

CNF.MPF		主程序名
N010	T1D1;	换 1 号刀
N020	G95G00X50Z100;	
N030	M03S500;	设定主轴转速，正转
N040	G00X48Z0;	快速定位
N050	G01X0F0.15;	车平端面
N060	G00X45Z2;	到粗车循环起点
N070	_CNAME="L08";	
N080	R105=1.000 R106=0.500;	
N090	R108=1.500 R109=7.000;	
N100	R110=1.000 R111=0.250;	
N110	R112=0.100;	
N120	LCYC95;	粗车各表面
N130	G00X50Z100;	
N140	T2D1;	换精车刀
N150	R105=5 R106=0;	
N160	LCYC95;	精车各表面

L08.spf(子程序)
G01X10Z0
G03X20Z-5CR=5
G01Z-11
X24
X27.7Z-13
Z-32
X28
Z-41
G02X42Z-48CR=7
G01Z-65

续表

N170	G00X50Z100;	精加工后到换刀点位置
N180	T3D1S300;	换切槽刀
N190	G00X30Z-35;	
N200	G01X24F0.1;	切槽
N210	G00X30;	
N220	Z-33;	
N230	G01X24F0.1;	
N240	G00X30;	
N250	X50Z100;	到换刀点位置
N260	T4D1S400;	换螺纹刀
N270	G00X32Z-6;	到车螺纹循环起点
N280	R100=27.7R101=-11R102=25.835R103=-29;	车螺纹
N290	R104=2R105=1R106=0;	
N300	R109=5R110=3R111=0.541;	
N190	R112=0R113=4R114=1;	
N200	LCYC97;	
N210	G00X50Z100;	回到换刀点位置
N220	M05;	主轴停转
N230	M30;	程序结束
N240		

【加工过程】

1. 机床上电

具体参见有关内容。

2. 手动参考点操作(见表4-21)

表4-21 手动参考操作

序号	操作示意图	知 识 点
1	按此按钮,使之对应的灯变亮。 先按 +X 键;再按 +Z 键	机床手动返回参考点 注意:请务必先回 X 轴再回 Z 轴,这样可防止撞刀(与尾座)。
2	X1 0.000 mm Z1 0.000 mm SP 0.000 mm 0.000	(1) "回参考点"只有在 模式下可以进行 (2) 在"回参考点"窗口中显示该坐标轴是否回参考点:○坐标未回参考点;◉坐标已到达参考点。完成后的CRT显示如左图

3. 程序输入与编辑(见表4-22)

表4-22 程序输入与编辑

序号	操作示意图	知 识 点
1	按系统面板上的程序管理 键,再按 键右方软键进入程序界面 新程序: 请输定新程序名 注:*.mpf(主程序)或*.spf(子程序)。程式名称前两位必须为字母,子程序可以是一个字母加数字如"L01",必须输入扩展名	(1) 建立新程序,如 CNF.MPF 软键 ,在出现的对话框里输入 C N F 软键 确认 (2) 程序的选择、打开、改名、复制等请按系统提示操作

续表

序号	操作示意图	知 识 点
2	程序语句的输入： (1) 例如，输入 T1D1； 依次按 T 1 D 1 INPUT 键即可完成，结果如右图 (2) 如输入时有错误，可用 BACKSPACE 回退消除	INPUT 为回车/输入键 零件程序编辑：CNF.MPF T1D1
3	转换键：例如，要在“A”“J” A/J 之间转换输入，请用 SHIFT 键辅助完成	SHIFT 键类似于计算机键盘上的 Shift 上挡键
4	MDI 录入方式： 按 MDI 键，进入 MDI 录入操作方式 MDA－段 T2D0	例如，换 2 号刀输入“T2D0”，操作顺序如下： 按顺序按 T 2 D 0 键，再按循环启动 CYCLE START 键完成

4. 手动对刀(见表 4-23)

表 4-23　手动对刀

序号	操作示意图	知 识 点
1	正确安装工件：找正并夹紧 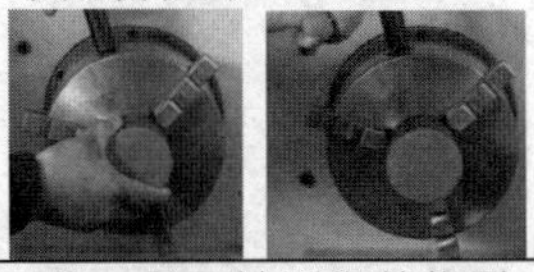	• 要保留足够的加工长度。 • 必要时要用百分表找正。
2	在 MDI 方式下，将 1 号刀转到当前位置	注意：要在 MDI 方式下用 T1D0 格式
3	对 X 轴：在手动 JOG 方式下，按 SPIN START 键启动主轴正转， 用点动方式 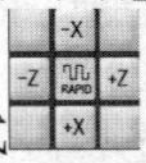 或手轮方式手动切外圆，保持 X 轴不变，沿 Z 轴方向退刀，停止主轴，并测量刚切过的外圆表面。 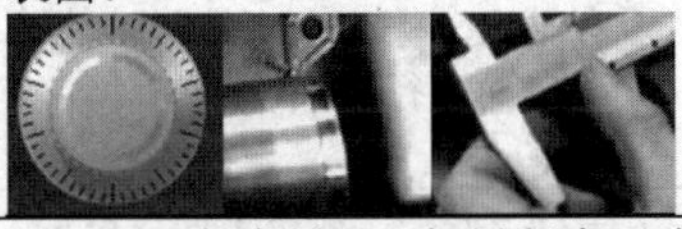	当靠近工件请用手动增量方式 [VAR] 或者用手轮方式移动刀架，每按一次 [VAR] 键可调整脉冲当量。 在 1INC 10INC 100INC 100INC 10000INC 之间切换。 切外圆距离：够卡尺测量外径用即可 假设：测量的直径为 43.18mm
4	用 T1D1 方式对刀：如果程序开头用 T1D1 设置坐标原点，请用“手动方式”“测量刀具”设定 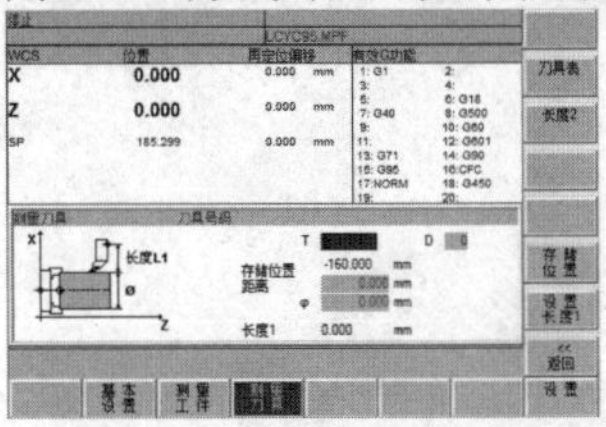 长度 1：测量 X 轴；长度 2：测量 Z 轴。 首先，确保明确测量值是放到哪个 D 值里，如图 T 2 D 1 。 输入 X 刀补值：在 ϕ 框内输入 43.18，再按 设置长度1 键，设置成功，如下图。 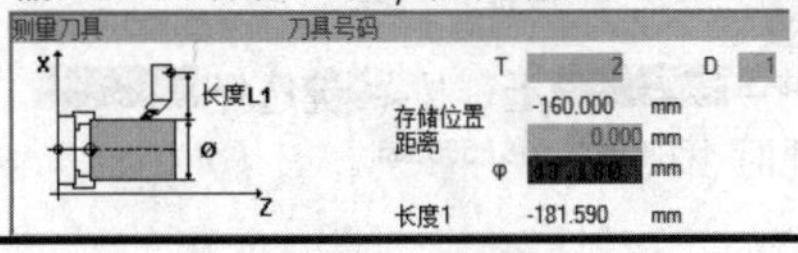	

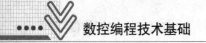

序号	操作示意图	知 识 点
5	对 Z 轴：启动主轴正转，用"点动方式"或"手轮方式"手动切端面，在端面上切一薄层，一圈切圆即可，此时 Z=0。保持 Z 轴不变，沿 X 轴方向退刀，停止主轴	
6	输入 Z 刀补值： 在测量刀具对话框右侧按 长度2 键进入，长度 2 的设置界面 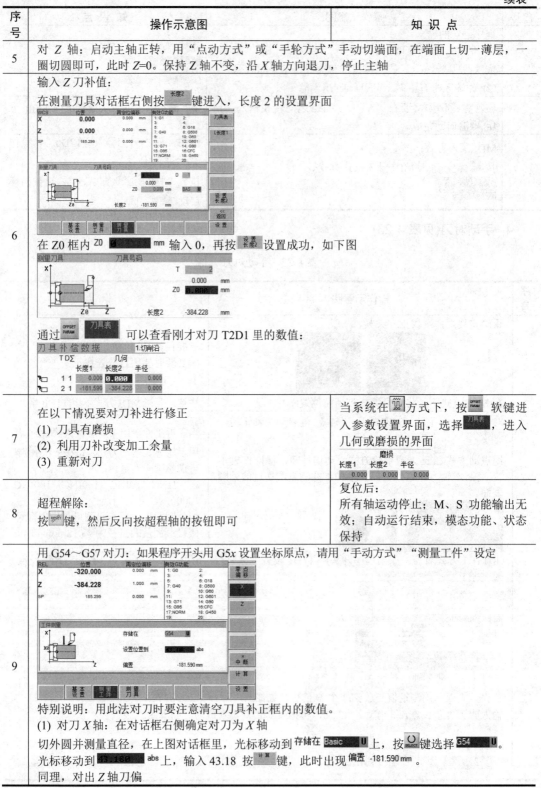在 Z0 框内 Z0 ▮▮ mm 输入 0，再按 设置长度2 设置成功，如下图 通过 OFFSET PARAM 刀具表 可以查看刚才对刀 T2D1 里的数值：	
7	在以下情况要对刀补进行修正 (1) 刀具有磨损 (2) 利用刀补改变加工余量 (3) 重新对刀	当系统在 方式下，按 OFFSET PARAM 软键进入参数设置界面，选择 刀具表 ，进入几何或磨损的界面 磨损 长度1　长度2　半径 0.000　0.000　0.000
8	超程解除： 按 RESET 键，然后反向按超程轴的按钮即可	复位后： 所有轴运动停止；M、S 功能输出无效；自动运行结束，模态功能、状态保持
9	用 G54～G57 对刀：如果程序开头用 G5x 设置坐标原点，请用"手动方式""测量工件"设定 特别说明：用此法对刀时要注意清空刀具补正框内的数值。 (1) 对刀 X 轴：在对话框右侧确定对刀为 X 轴 切外圆并测量直径，在上图对话框里，光标移动到 存储在 Basic U 上，按 SELECT 键选择 G54 U 。 光标移动到 43.180 abs 上，输入 43.18 按 计算 键，此时出现 偏置 -181.590 mm 。 同理，对出 Z 轴刀偏	

序号	操作示意图	知 识 点
9	(2)对 Z 轴时"零偏"输入"0"即可。  (3)通过 可以查看刚才对刀 G54 的数值:	

(1) 用此法对刀在开机时要进入机械回零操作方式，使两轴回机械零点。

(2) 用此对刀方法不存在基准刀与非基准刀问题，在刀具磨损或调整任何一把刀时，只要对此刀进行重新对刀即可。

5. 自动加工(见表 4-24)

表 4-24　自动加工

序号	操作示意图	知 识 点
1	自动运行的启动: 完成前面设置后，选择程序按 键，选择自动操作方式再按 键启动程序，程序自动运行。 也可以对程序进行控制: 程序测试　空运行进给　有条件停止　跳过 跳过　单一程序段	(1) 单程序段 (2) 进给速度、主轴速度的调整
2	自动运行的停止: (1)指令停止(M00) (2)按 键停止 (3)按复位键或按急停按钮 (4)转换操作方式:在自动运行过程中转换为机械回零、手轮/单步、手动、程序回零方式时，当前程序段立即"暂停"	含有 M00 的程序段执行后，停止自动运行，模态功能、状态全部被保存起来。 按 键后，程序继续执行。 程序中断后的再加工:可参见机床说明书
3	空运行:自动运行程序前，为防止编程错误出现意外，可以选择空运行状态进行程序的校验	

6. 紧急操作

在加工过程中，由于用户编程、操作及产品故障等原因，可能会出现一些意想不到的结果，此时以下操作可以使系统立即停止工作。

1) 复位

按 键，使所有轴运动停止；M、S 功能输出无效；自动运行结束，模态功能、状态保持。

2) 急停

机床运行过程中在危险或紧急情况下按"急停"按钮，数控机床即进入急停状态，此时机床移动立即停止，所有的输出(如主轴的转动、冷却液等)全部关闭。

3) 进给保持

机床运行过程中可按 ⬛ 键使运行暂停。需要特别注意的是螺纹切削、循环指令运行中，此功能不能使运行动作立即停止。

任务 4.1.4　FANUC 铣床操作

本任务的内容是 FANUC 数控系统铣床的基本操作要领训练。

知识目标：学会数控系统操作面板及其各个按钮的操作使用；学会数控铣床操作面板、菜单功能及其各个按钮的操作使用。

能力目标：　能够进行"手动""回零""点动""单段自动""连续自动"的操作，进行程序的校验和程序的仿真加工。

1. 典型数控系统操作面板介绍

数控系统操作面板由显示屏和 MDI 键盘两部分组成，如图 4-5 所示。其中显示屏用来显示有关坐标位置、程序、图形、参数、诊断、报警等信息，而 MDI 键盘包括字母键、数值键及功能键等，可以进行程序、参数、机床指令的输入及系统功能的选择。

图 4-5　数控系统操作面板

1) MDI 键盘说明(见表 4-25)

表 4-25　MDI 键盘说明

按　键	功　能
RESET	复位
CURSOR ↑、↓	向上、下移动光标
输入时自动识别所输入的是字母还是数字。 三个键需要连续单击，实现在相应字母间切换	
PAGE ↑ ↓	向上、下翻页
ALTER	编辑程序时修改光标块内容
INSRT	(1) 编辑程序时在光标处插入内容 (2) 插入新程序
DELET	(1) 编辑程序时删除光标块的程序内容 (2) 删除程序
I,#EOB	编辑程序时输入"；"；换行
CAN	删除输入区最后一个字符

按　键	功　能
POS	切换 CRT 到机床位置界面
PRGRM	切换 CRT 到程序管理界面
MENU OFSET	切换 CRT 到参数设置界面
AUX GRAPH	自动方式下显示运行轨迹
INPUT	DNC 程序输入；参数输入
OUTPUT START	DNC 程序输出键

2) 机床位置界面

按 POS 键进入机床位置界面。按[绝对] [相对] [综合]对应的软键分别显示绝对位置、相对位置和所有位置。

坐标下方显示进给速度 F、转速 S、当前刀具 T、机床状态(如"回零")，如图 4-6 所示。

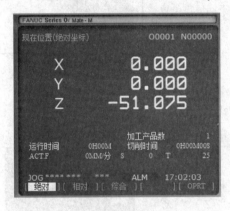

图 4-6　数控系统位置显示面板

3) 程序管理界面

按 PRGRM 键进入程序管理界面，按[程序]键显示当前程序，如图 4-7 所示，可以在这个界面下按其他软键进行相应操作。

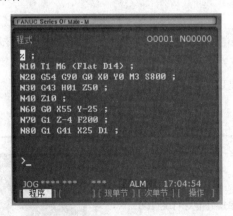

图 4-7　显示当前程序

2. 开机及回机床原点

操作内容及步骤如表 4-26 所示。

表 4-26　开机及回机床原点操作

内　　容		图　　示
打开电源	(1) 合上数控铣床(加工中心)控制柜总电源 (2) 合上操作面板电源。显示屏显示正常，无报警	 机床控制柜总电源 　　　操作面板总电源
手动回原点	(1) 将功能选择旋钮置于回原点位置	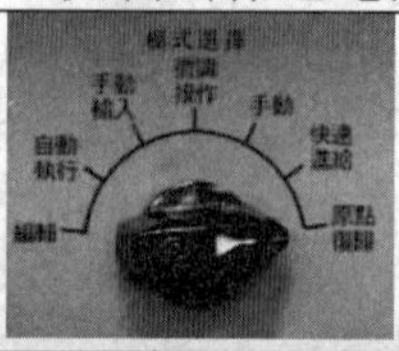 手动回原点
	(2) 旋转进给速度倍率按钮，选择较小的快速进给倍率(25%)	 进给速度倍率旋钮
	(3) 先将 Z 轴回原点，然后将 X 或 Y 轴回原点，即依次按"+Z""+X""+Y"坐标键	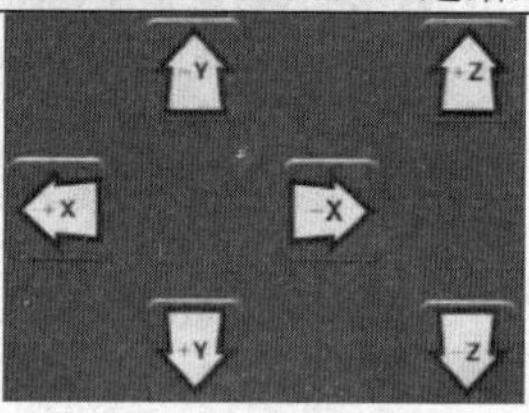 "+Z" "+X" "+Y" 坐标按键
(4) 当坐标原点指示灯点亮，表示回原点操作完成，此时机床坐标系各坐标显示均为零，开机及回原点成功		

3. 机床的手动控制

使用机床操作面板上的开关、按钮或手轮，用手动操作移动刀具，可使刀具沿各坐标轴移动。

1) 主轴启、停及转速控制(见表 4-27)

表 4-27　主轴启、停及转速控制

内　　容		图　　示
主轴启停方式	(1) 旋转功能选择旋钮进入"手动"方式 (2) 将主轴转速倍率旋钮置于 100(100%)	 主轴转速倍率旋钮

内　容	图　示
(3) 按"正转"键,此时主轴按照前一执行过程序的主轴转速 S 值正向旋转。若开机后未执行过程序,该操作无效	正转 "正转"键
(4) 旋转主轴转速倍率旋钮,提高或降低主轴转速。从显示屏上可看到转速值的变化	
(5) 按"停止"键,主轴停转 (6) 按"反转"键,此时主轴按照前一执行过程序的 S 值反向旋转	停止 "停止"键; 反转 "反转"键

手动数据输入	(1) 旋转功能选择旋钮进入手动"输入"方式 (2) 将主轴转速倍率旋钮置于 100(100%) (3) 输入"M03 S1000",按"Enter"或"Input"键,主轴以 1000r/min 的转速正向旋转 (4) 旋转主轴转速倍率旋钮提高或降低主轴转速。从显示屏上可看到转速值的变化 (5) 输入"M05",按"Enter"或"Input"键,主轴停转,也可以直接按"RESET"键

2) 快速进给运动控制(见表 4-28)

表 4-28　快速进给运动控制

	内　容	图　示
操作步骤	(1) 各坐标轴回原点	
	(2) 选择进入"快速进给"操作方式	
	(3) 旋转快速进给速度倍率旋钮,选择较低的进给倍率(25%)	
	(4) 按"-Z"键,观察机床主轴箱的运动 (5) 至行程中点附近时松手,按"+Z"键,观察机床主轴箱的运动	-Z "-Z"键; +Z "+Z"键
	(6) 按"-X"键,观察工作台的运动 (7) 至行程中点附近时松手,按"+X"键,观察机床工作台的运动	-X "-X"键; +X "+X"键
	(8) 按"-Y"键,观察工作台的运动 (9) 至行程中点附近时松手,按"+Y"键,观察机床工作台的运动	-Y "-Y"键; +Y "+Y"键
	(10) 熟练后逐步提高进给倍率至 50%、100%,按照以上步骤依次练习。注意观察进给速度的变化	
	(11) 当出现超程报警时,往坐标反方向移动,按"RESET"键消除报警	
说明	快进操作是用快速进给速度(机床设置的 G00 的运动速度)移动机床到所需的位置,这种操作不能进行切削加工。快进操作应选择适当的速度倍率,并保证安全	

3) 手摇脉冲发生器进给控制(见表 4-29)

表 4-29　手摇脉冲发生器进给控制

	内　容	图　示
操作步骤	(1) 各坐标轴回原点,选择进入"手脉操作"方式	
	(2) 选择 Z 轴	
	(3) 选择"100"移动量	
	(4) 向"-"方向旋转手轮,观察主轴箱的运动和显示屏的坐标显示	
	(5) 选择 X 轴;选择"100"移动量;向"-"方向旋转手轮,观察主轴箱的运动和显示屏的坐标显示	
	(6) 选择 Y 轴;选择"100"移动量;向"-"方向旋转手轮,观察主轴箱的运动和显示屏的坐标显示;分别选择"10""1"的移动量进行操作	

内　容	图　示
说明	手摇脉冲操作通过手动脉冲发生器进行，主要用于微量而精确的调整机床位置，如对刀时调整刀具位置	
注意	①手摇脉冲发生器以 5r/s 的速度转动，如超过了此速度，可能会造成刻度和移动量不符 ②如果选择了"100"倍率，快速移动手轮，刀具以接近快速进给的速度移动，此时机床会产生振动	

4. 工件装夹

表 4-30 以虎钳装夹工件为例来说明工件装夹的步骤。

表 4-30　工件装夹步骤

内　容	图　示
操作步骤	(1) 清洁机床工作台和虎钳安装表 (2) 将虎钳放置在工作台中间位置，钳口与 X 方向大致平行，稍微拧紧锁紧螺栓 (3) 将百分表吸附在主轴上，调整表头靠近钳口。 (4) 用手摇脉冲操作方式，沿 Y 方向移动工作台，并使百分表表头接触钳口，指针转动两圈左右 (5) 沿 X 方向移动工作台，观察指针的跳动，调整虎钳位置，使钳口的跳动控制在 0.01mm 内 (6) 将虎钳紧固在工作台上 (7) 张开虎钳，使钳口略大于工件宽度，清洁钳口和工件表面，将工件放入钳口中，工件基准面与钳口贴紧 (8) 转动虎钳手柄夹紧工件，同时用铜棒轻微敲击工件，使其与钳口表面贴实 (9) 用百分表检查工件是否正常；取下百分表	

5. 刀具安装及手动换刀

1) 刀具安装操作(见表 4-31)

表 4-31　刀具安装操作

内容(铣刀用莫氏锥度刀柄的使用)	图　示
操作步骤	根据刀具直径尺寸和锥柄号选择相应的刀柄。莫氏锥度刀柄用于装夹莫氏锥柄的铣刀。清洁工作表面；将刀柄放入卸刀座并卡紧。卸下刀柄拉钉；将铣刀锥柄装入刀柄锥孔中；用六角螺钉从刀柄中锁紧铣刀；装上刀柄拉钉并锁紧；检查	

2) 手动换刀(见表 4-32)

表 4-32　手动换刀

内　容	图　示
操作步骤	(1) 确认刀具和刀柄的重量不超过机床规定的最大许用重量 (2) 清洁刀柄锥面和主轴锥孔，主轴锥孔可使用主轴专用清洁棒擦拭干净 (3) 左手握住刀柄，将刀柄的缺口对准主轴端面键，垂直伸入到主轴内，不可倾斜 (4) 右手按换刀按钮，压缩空气从主轴内吹出以清洁主轴和刀柄，按住此按钮，直到刀柄锥面与主轴锥孔完全贴合，放开按钮，刀柄即被拉紧 (5) 确认刀具确实被拉紧后才能松手 (6) 卸刀柄时 ① 先用左手握住刀柄 ② 用右手按换刀按钮(否则刀具从主轴内掉下会损坏刀具、工件和夹具等) ③ 取下刀柄 卸刀柄时，必须要有足够的动作空间，刀柄不能与工作台上的工件、夹具发生干涉	

6. 对刀与刀具补正的设置

1) 对刀(见表 4-33)

表 4-33　对刀

内　容	图　示
(1) 将工件通过夹具装在机床工作台上，装夹时工件的四个侧面都应留出寻边器的测量位置	
(2) 将寻边器通过刀柄装到主轴上	
操作步骤	(3) 用寻边器进行 X 向、Y 向对刀，快速移动主轴，让寻边器测头靠近工件的左侧，改用手摇脉冲操作，让测头慢慢接触到工件左侧，直到寻边器发光　　寻边器测头接触工件左侧发光
	(4) 记下此时机床坐标系中的 X 坐标值，如-310.300mm
	(5) 移动寻边器使其上升至高于工件表面，向+X 方向移动寻边器，让寻边器测头靠近工件的右侧，改用手摇脉冲操作，让测头慢慢接触到工件右侧，直到寻边器发光　　寻边器测头接触工件右侧发光
	(6) 记下此时机床坐标系中的 X 坐标值，如-200.300mm，若测头直径为 10mm，则工件长度为 200.300-(-310.300)-10=100(mm)，据此可得到工件坐标系原点在机床坐标系中的 X 坐标值为-310.00+100/2+5=-255.300(mm)
	(7) 同样，工件在机床坐标系中的 Y 坐标也按上述步骤测得　　Y 坐标测量
说明	光电式寻边器的测头一般为 10mm 的钢球，用弹簧拉紧在光电式寻边器的测杆上，碰到工件时可以退让，并将电路导通，发出光信号。通过光电式寻边器的指示和机床坐标位置可得到被测表面的坐标位置
	(8) 使用指针式 Z 轴设定器进行 Z 轴对刀，将刀具装在主轴上，将 Z 轴设定器附着在已经装夹好的工件或夹具平面上
操作步骤	(9) 快速移动工作台和主轴，让刀具端面靠近 Z 轴设定器上表面，改用手摇脉冲操作，让刀具端面慢慢接触到 Z 轴设定器上表面，直到 Z 轴设定器发光或指针指示到零位　　设定器指示灯亮

内　容	图　示
操作步骤	(10) 记下此时机床坐标系中的 Z 值 (11) 在当前刀具情况下，工件或夹具平面在机床坐标系中的 Z 坐标为此值减去 Z 轴设定器的高度 (12) 若工件坐标系的 Z 坐标零点设定在工件或夹具的对刀平面上，则此值即为工件坐标系 Z 坐标零点在机床坐标系中的位置，也就是 Z 坐标零偏值 (13) 将测得的 X、Y、Z 输入到工件坐标系存储地址中(一般使用 G54～G59 代码存储对刀参数)	

2) 刀具补正的设置(见表 4-34)

表 4-34　刀具补正设置

内容(以 FANUC 0im 标准铣床为例)	图　示
操作步骤	(1) 按 ⌷键直到切换进入半径补正参数设定页面 (2) 用同样的方法进入长度补正参数设定页面设置长度补正	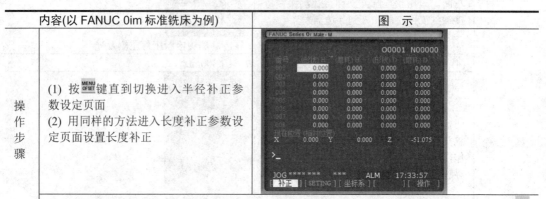

(3) 选择要修改的补正参数编号，按 MDI 键盘，将所需的刀具半径输入到输入域内。按 ⌷ 键，把输入域中间的补正值输入到指定的位置

7. 程序的输入、调试与运行

程序的输入、调试与运行见表 4-35。

表 4-35　程序的输入、调试与运行

内　容		图　示
程序的输入	(1) 选择编辑方式	
	(2) 按"程序"功能键，使显示屏显示程序画面	
	(3) 输入程序名 (4) 输入程序内容	NUM　O　0001 [程式] [LIB]　输入程序名
程序的调试	(5) NC 程序导入后，可检查运行轨迹。将操作面板的 MODE 旋钮切换到 AUTO 挡或 DRY RUN 挡	
	(6) 按控制面板中命令"AUX GRAPH"，转入检查运行轨迹模式	AUX GRAPH "检查轨迹"按钮
	(7) 按操作面板上按钮中的"Start"，即可观察数控程序的运行轨迹 注：检查运行轨迹时，暂停运行、停止运行、单段执行等同样有效	
程序的运行	(8) 将控制面板上 MODE 旋钮置于 AUTO 挡，进入自动加工模式	
	(9) 将选择单步开关置于"ON"位置	Single Block on off "单步运行"旋钮

内　容	图　示
(10) 按"Start"按钮，数控程序开始运行。注：自动/单段方式执行每一行程序均需按一次"Start"键	
(11) 选择跳过开关置于"ON"位置上，数控程序中的跳过符号"/"有效	 Opt Skip on off 程序段执行"跳过"旋钮
(12) 将 M01Stop 开关置于"ON"位置上，"M01"代码有效	 M01 Stop on off "M01"代码有效旋钮
(13) 根据需要调节进给速度(F)调节旋钮，来控制数控程序运行的进给速度，调节范围为 0～150%	 倍率旋钮

注：更多机床操作步骤可参见数控机床系统操作说明书和机床操作手册。

项目 4.2　数控高级车工技能考核试题

试题单

试题代码：2.1.1

试题名称：加工配合件(外圆车刀、外螺纹车刀、镗孔刀)

考生姓名：　　　　　　　　准考证号：

考核时间：240min

1. 操作条件

(1) 数控车床(FANUC 或 SIEMENS)。

(2) 外圆车刀、镗孔刀、外螺纹车刀、外径千分尺、游标卡尺等工量具。

(3) 零件图纸(图号 2.1.1～2.1.8)。

2. 操作内容

(1) 根据零件图纸(图号 2.1.1～2.1.8)完成零件加工。

(2) 零件尺寸自检。

(3) 文明生产和机床清洁。

3. 操作要求

(1) 按零件图纸(图号 2.1.1～2.1.8)完成零件加工。

(2) 文明生产和机床清洁。

(3) 操作过程中发生撞刀等严重生产事故者，鉴定立即终止。

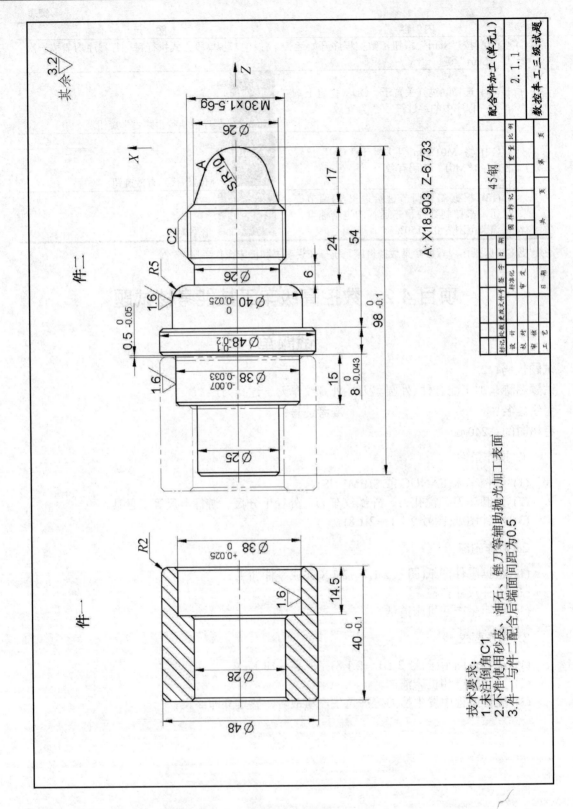

其余 3.2/

件二

件一

A: X18.903, Z-6.733

M30×1.5-6g
Ø26
SR10
A
X
Z
C2
R5
Ø26
1.6
Ø40 0 -0.025
0.5 0 -0.05
Ø48 0 -0.1
1.6
Ø38 -0.007 -0.033
15
8 0 -0.1
Ø25
17
24
54
6
98 0 -0.1

R2
Ø38 +0.025 0
1.6
14.5
40 0 -0.1
Ø28
Ø48

技术要求:
1. 未注倒角C1。
2. 不准使用砂皮、油石、锉刀等辅助抛光加工表面。
3. 件一与件二配合后端面间距为0.5。

配合件加工(单元1)

45钢

2.1.1

数控车工三级试题

图样代号
更改标记
共 页 第 页

标记 处数 更改文件号 签字 日期

设 计
校 对
审 定
工 艺
鉴 字
标准化
审 定
日 期
比 例

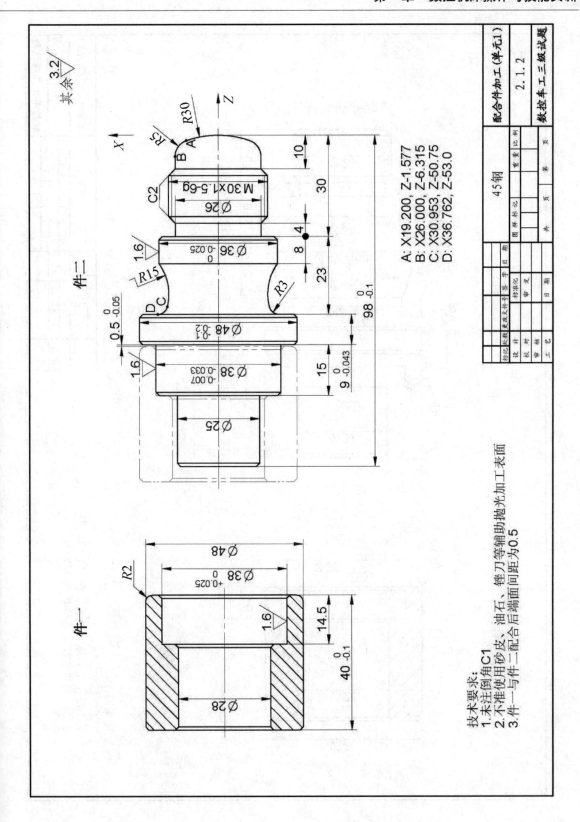

A: X19.200, Z-1.577
B: X26.000, Z-6.315
C: X30.953, Z-50.75
D: X36.762, Z-53.0

技术要求：
1. 未注倒角C1
2. 不准使用砂皮、油石、锉刀等辅助抛光.加工表面
3. 件一与件二配合后端面间距为0.5

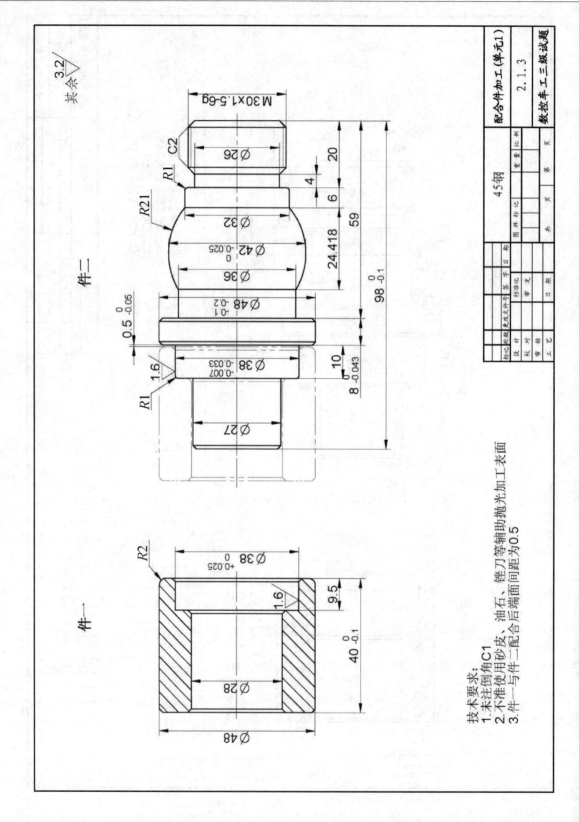

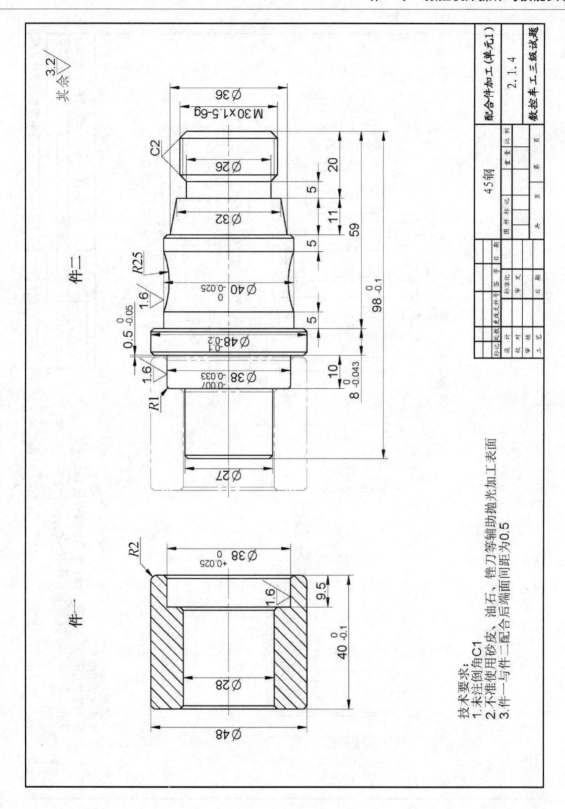

技术要求:
1. 未注倒角C1
2. 不准使用砂皮、油石、锉刀等辅助抛光加工表面
3. 件一与件二配合后端端面间距为0.5

数控车工三级试题		
配合件加工(单元1)		
2.1.4		

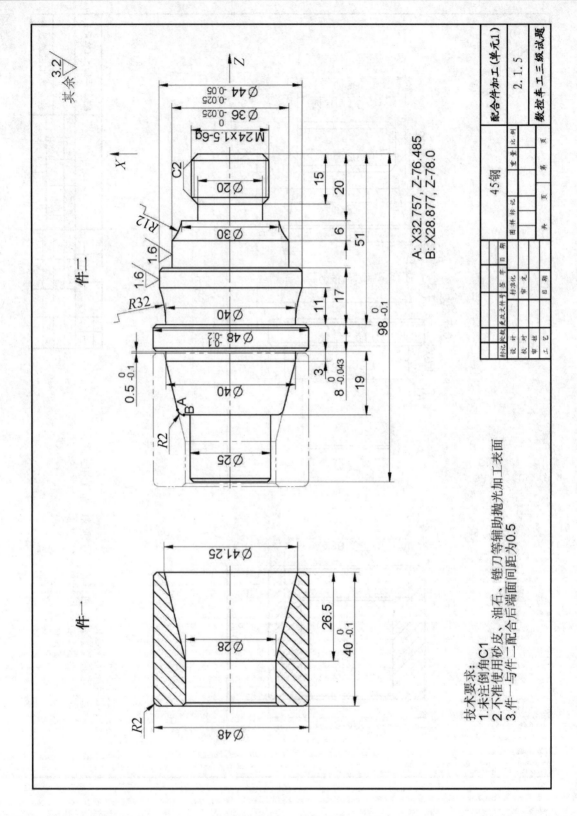

技术要求:
1. 未注倒角C1
2. 不准使用砂皮、油石、锉刀等辅助抛光加工表面
3. 件一与件二配合后端面间距离为0.5

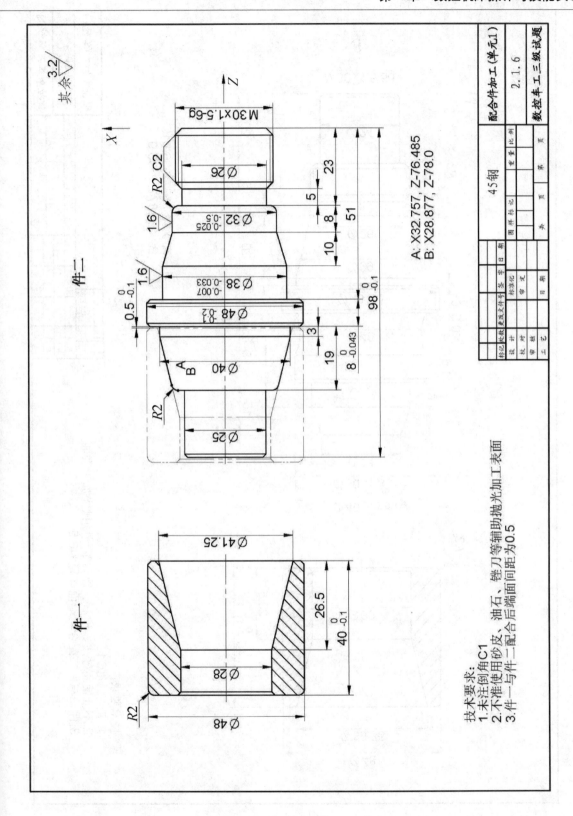

其余 $\sqrt{3.2}$

件二

件一

A: X32.757, Z-76.485
B: X28.877, Z-78.0

技术要求:
1. 未注倒角C1
2. 不准使用砂皮、油石、锉刀等辅助抛光加工表面
3. 件一与件二配合后端面间距为0.5

		配合件加工 (单元1)		
		数控车工三级试题		2.1.6
45钢				

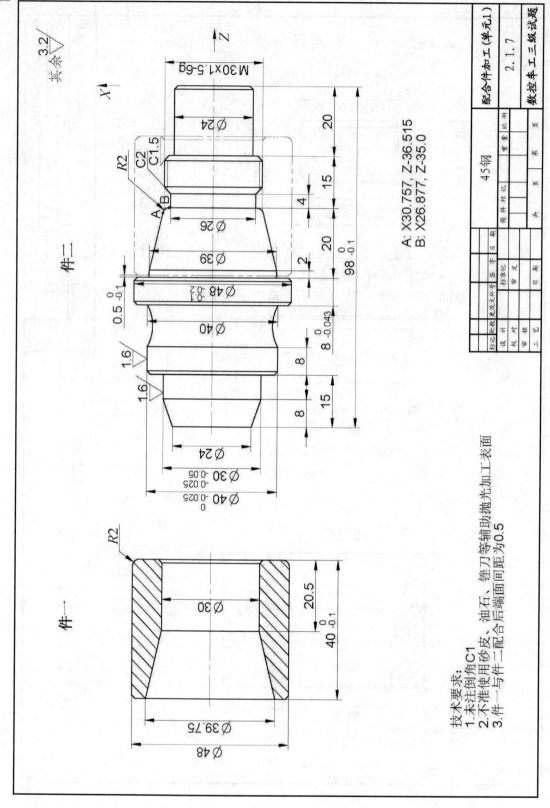

A: X30.757, Z-36.515
B: X26.877, Z-35.0

技术要求：
1. 未注倒角C1
2. 不准使用砂皮、油石、锉刀等辅助抛光加工表面
3. 件一与件二配合后端面间距为0.5

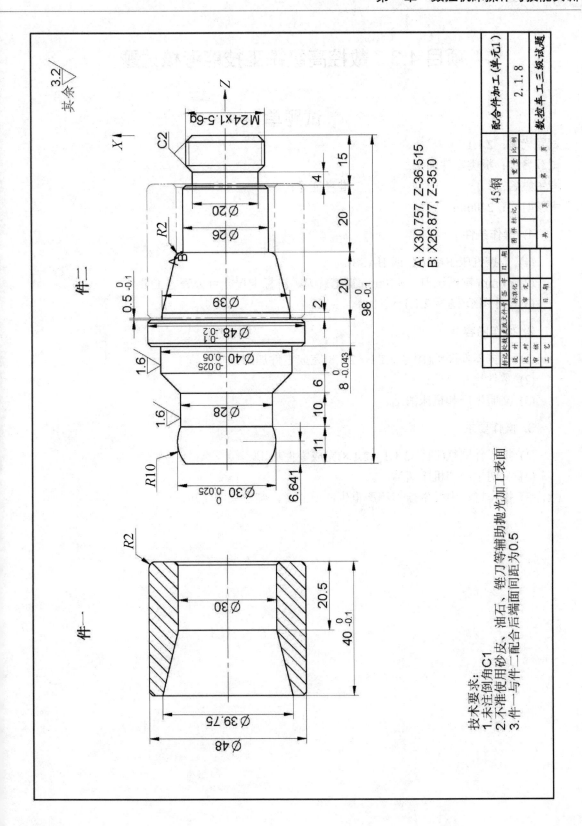

件二

其余 3.2

M24×1.5-6g

C2

Z

X

R2

Ø20

Ø26

B

R2

0.5 -0.1 0

Ø39

Ø48 -0.2 -0.1

Ø40 -0.025 -0.05

1.6

Ø28

1.6

R10

Ø30 -0.025 0

15

4

20

20

2

98 -0.1 0

8 -0.043 0

6

10

11

6.641

A: X30.757, Z-36.515
B: X26.877, Z-35.0

件一

R2

Ø30

Ø39.75

Ø48

20.5

40 -0.1 0

技术要求:
1. 未注倒角C1
2. 不准使用砂皮、油石、锉刀等辅助抛光加工表面
3. 件一与件二配合后端面间距为0.5

			配合件加工(单元1)	
			45钢	2.1.8
标记	处数	更改文件号	签字	日期
设 计			标准化	
校 对			审 定	
审 核			日 期	
工 艺		批 准		

数控车工三级试题

图样标记 重 量 比例

共 页 第 页

项目 4.3　数控高级铣工技能考核试题

试题单

试题代码：2.1.1

试题名称：板类零件加工

考生姓名：　　　　　　　　　准考证号：

考核时间：240min

1. 操作条件

(1) 数控铣床(FANUC 或 HASS)。

(2) ϕ6mm 键槽铣刀、ϕ10mm 键槽铣刀、游标卡尺、百分表等工量具。

(3) 零件图纸(图号 2.1.1～2.1.8)。

2. 操作内容

(1) 根据零件图纸(图号 2.1.1～2.1.8)完成零件加工。

(2) 零件尺寸自检。

(3) 文明生产和机床清洁。

3. 操作要求

(1) 按零件图纸(图号 2.1.1～2.1.8)完成零件加工。

(2) 文明生产和机床清洁。

(3) 操作过程中发生撞刀等严重生产事故者，鉴定立即终止。

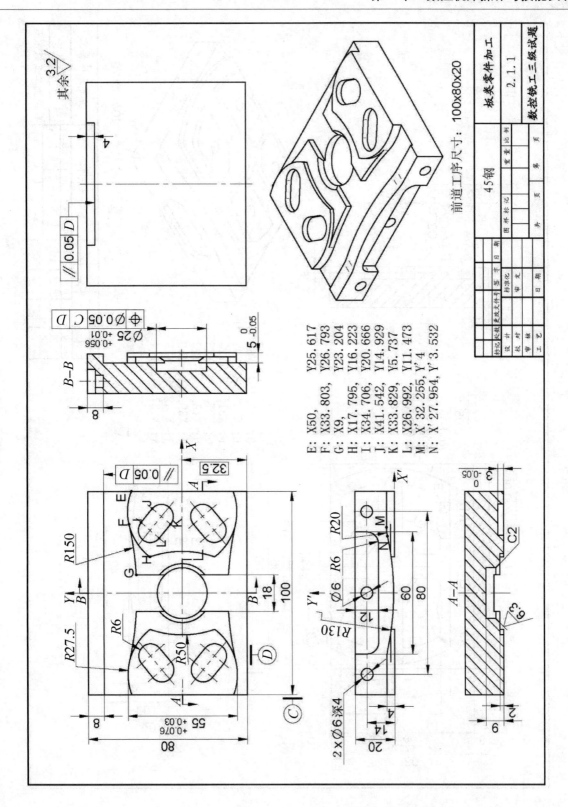

其余 3.2

E: X50,   Y25.617
F: X33.803,   Y26.793
G: X9,   Y23.204
H: X17.795,   Y16.223
I: X34.706,   Y20.666
J: X41.542,   Y14.929
K: X33.829,   Y5.737
L: X26.992,   Y11.473
M: X' 32.255, Y' 4
N: X' 27.954, Y' 3.532

前道工序尺寸：100x80x20

45 钢		审查比例	
	图样标记		第　页
			共　页

板类零件加工

2.1.1

数控铣工三级试题

数控编程技术基础

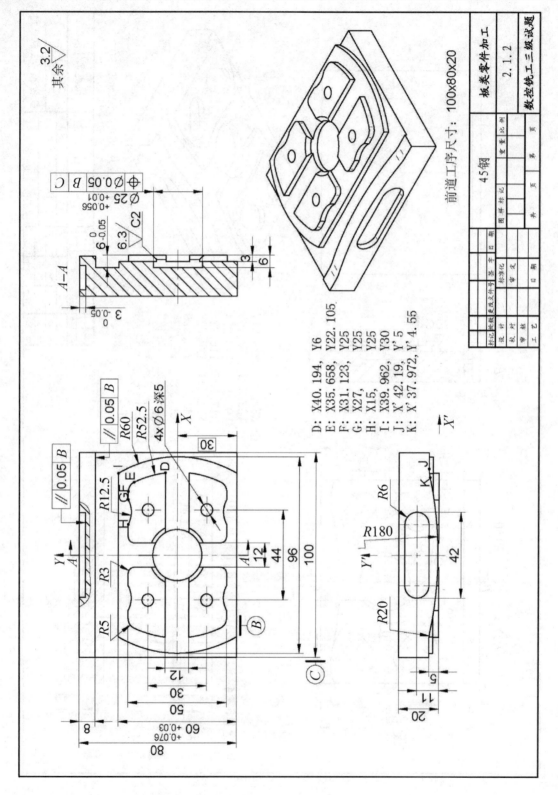

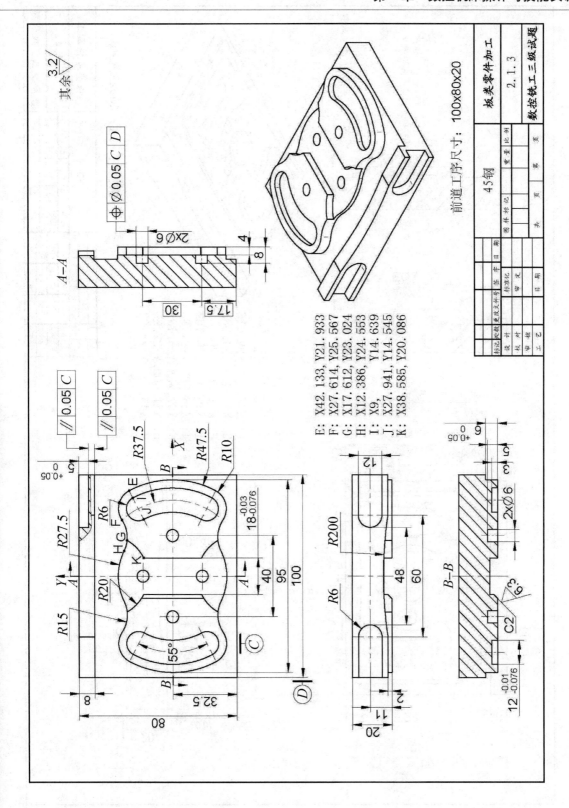

E: X42.133, Y21.933
F: X27.614, Y25.567
G: X17.612, Y23.024
H: X12.386, Y24.553
I: X9,　　Y14.639
J: X27.941, Y14.545
K: X38.585, Y20.086

前道工序尺寸：100x80x20

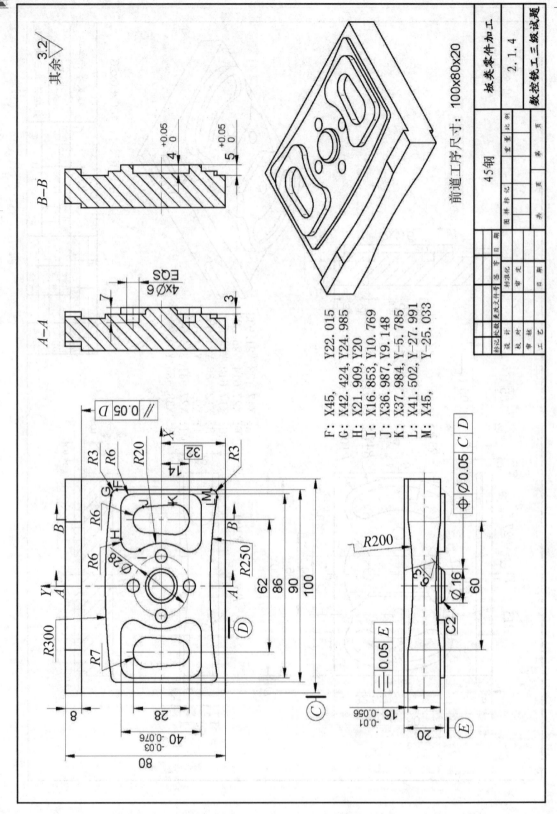

其余 $\sqrt{3.2}$

B–B

$4^{+0.05}_{0}$

$5^{+0.05}_{0}$

A–A

$4\times\phi6$
EQS

7

3

前道工序尺寸：100×80×20

F: X45,　　 Y22.015
G: X42.424, Y24.985
H: X21.909, Y20
I: X16.853, Y10.769
J: X36.987, Y9.148
K: X37.984, Y-5.785
L: X41.502, Y-27.991
M: X45,　　 Y-25.033

	45钢		板类零件加工
			2.1.4
		重量 比例	
图样标记			数控铣工三级试题
		共　页　第　页	
标记 处数 更改文件号 签 字 日 期			
设 计	标准化		
校 对	审 定		
审 核	日 期		
工 艺			

$\parallel$ 0.05 D

R3 R6 R20

X

32

14

R3

G F E

B

R6 R6

J K

H

$\phi28$

I

L M

Y A

R6

R250

A

B

62
86
90
100

R300

R7

ϕ 0.05 $C D$

R200

5

ϕ16

60

C2×20

$\perp$ 0.05 E

$16^{-0.01}_{-0.056}$

20

E

D

C

8
28
$40^{-0.03}_{-0.076}$
80

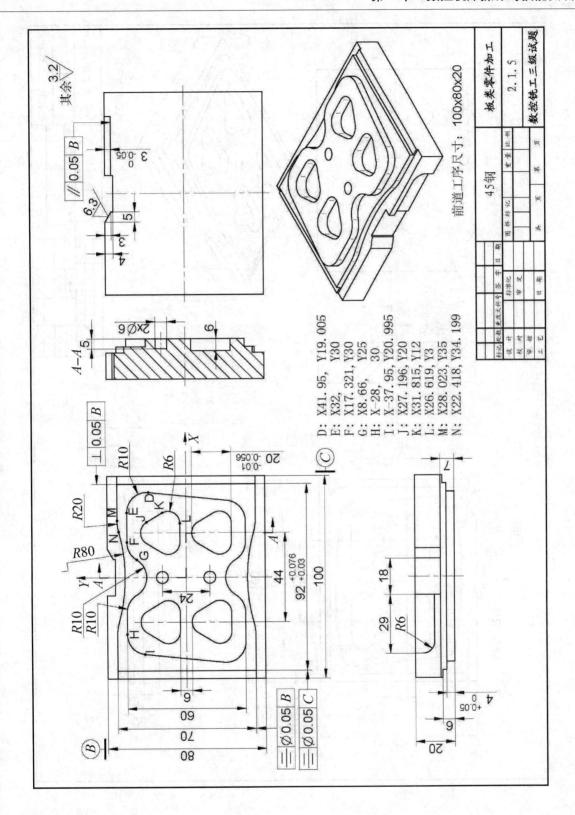

其余 3.2

前道工序尺寸：100x80x20

D: X41.95, Y19.005
E: X32, Y30
F: X17.321, Y30
G: X8.66, Y25
H: X-28, 30
I: X-37.95, Y20.995
J: X27.196, Y20
K: X31.815, Y12
L: X26.619, Y3
M: X28.023, Y35
N: X22.418, Y34.199

板类零件加工

45钢

数控铣工三级试题

2.1.5

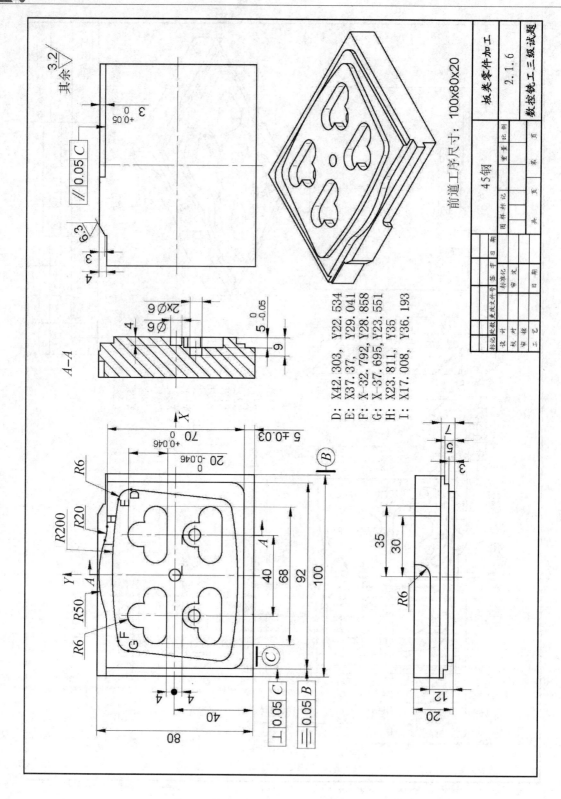

其余 3.2

A—A

2×∅6
∅6
5 ⁻⁰·⁰⁵
4
9

D: X42.303, Y22.534
E: X37.37, Y29.041
F: X-32.792, Y28.858
G: X-37.695, Y23.551
H: X23.811, Y35
I: X17.008, Y36.193

前道工序尺寸: 100x80x20

				45钢	板类零件加工	2.1.6
				图样标记	重量 比例	
					共 页 第 页	数控铣工三级试题

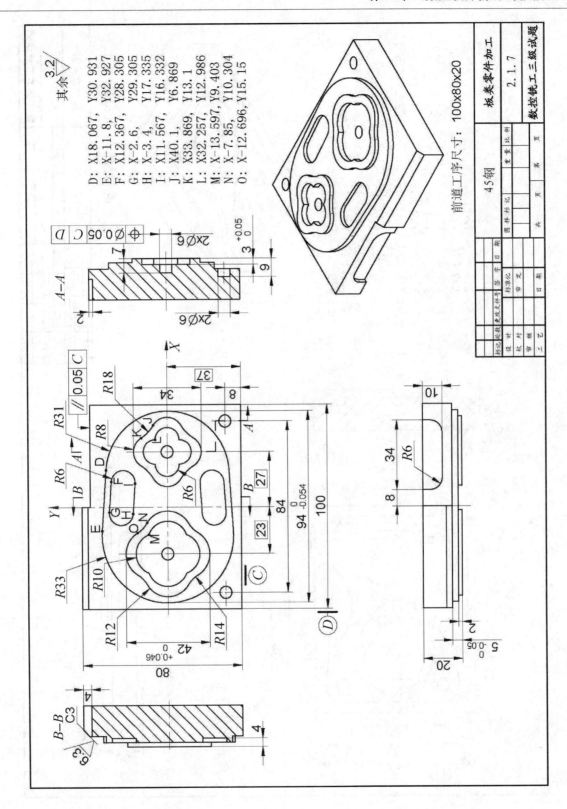

其余 $\sqrt{3.2}$

D: X18.067,　Y30.931
E: X-11.8,　Y32.927
F: X12.367,　Y28.305
G: X-2.6,　Y29.305
H: X-3.4,　Y17.335
I: X11.567,　Y16.332
J: X40.1,　Y6.869
K: X33.869,　Y13.1
L: X32.257,　Y12.986
M: X-13.597,　Y9.403
N: X-7.85,　Y10.304
O: X-12.696,　Y15.15

前道工序尺寸: 100x80x20

45钢

核类零件加工

2. 1. 7

数控铣工三级试题

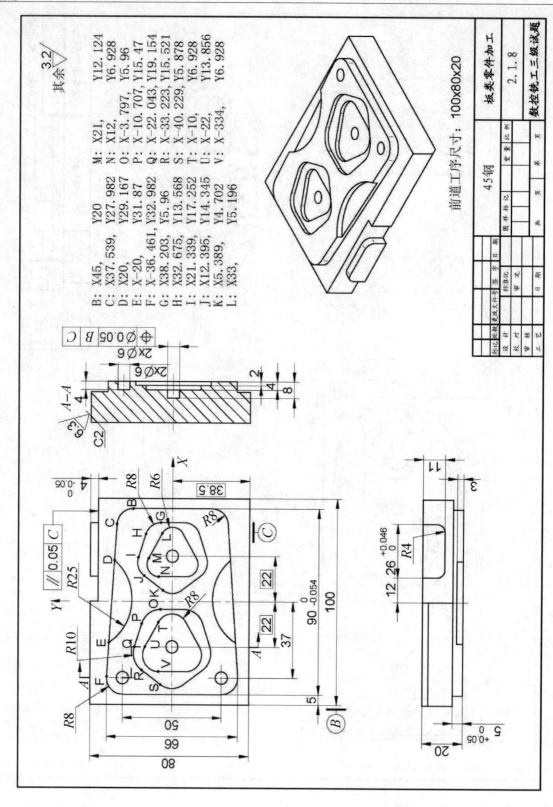

B: X45,   Y20
C: X37.539,   Y27.982
D: X20,   Y29.167
E: X-20,   Y31.87
F: X-36.461,   Y32.982
G: X38.203,   Y5.96
H: X32.675,   Y13.568
I: X21.339,   Y17.252
J: X12.395,   Y14.345
K: X5.389,   Y4.702
L: X33,   Y5.196

M: X21,   Y12.124
N: X12,   Y6.928
O: X-3.797,   Y5.96
P: X-10.707,   Y15.47
Q: X-22.043,   Y19.154
R: X-33.223,   Y15.521
S: X-40.229,   Y5.878
T: X-10,   Y6.928
U: X-22,   Y13.856
V: X-334,   Y6.928

其余 3.2 ∇

		板类零件加工		数控铣工三级试题
		2.1.8		
45钢		图样标记	重量比例	
		共 页 第 页		

前道工序尺寸：100x80x20